TABLEAU

DE

L'ÉCOLE DE BOTANIQUE

DU

MUSÉUM D'HISTOIRE NATURELLE.

TABLEAU

DE

L'ÉCOLE DE BOTANIQUE

DU

MUSÉUM D'HISTOIRE NATURELLE,

Par M. DESFONTAINES,

MEMBRE DE L'INSTITUT, ET PROFESSEUR DE BOTANIQUE.

A PARIS,

Chez J. A. BROSSON, Libraire, rue Pierre-Sarrazin, n° 6.

M. DCCC. IV.

Je préviens les CONTREFACTEURS et les DÉBITANS de Contre-façons, que j'userai de tous mes droits.

AVERTISSEMENT.

Le Tableau que j'offre au Public renferme les noms latins et français des plantes cultivées dans le jardin et dans les serres du Muséum d'Histoire naturelle. Ce petit Ouvrage est particulièrement destiné à faciliter la correspondance avec les Étrangers, et à leur indiquer les végétaux qu'ils peuvent acquérir, et ceux dont ils peuvent enrichir le Muséum par des échanges réciproques.

J'ai suivi les familles naturelles de M. de Jussieu, établies depuis un grand nombre d'années dans l'École de Botanique, et dont les avantages se font sentir de jour en jour. Les espèces ont été disposées méthodiquement, et, autant qu'il m'a été possible, d'après leurs rapports, afin d'en faciliter l'étude, et d'avoir un plan fixe pour un second ouvrage dont celui-ci est le type, et qui ne tardera pas à paroître. Chaque espèce y sera accompagnée d'une description abrégée, pour l'instruction de ceux qui suivent le Cours public que je fais tous les ans.

Les noms des auteurs ont été rapportés à chaque plante avec toute l'exactitude dont je suis capable, et ce travail a demandé beaucoup de soins et de recherches. J'ai ajouté à plusieurs espèces des synonymes dont quelques-uns étoient difficiles à trouver, afin que les Botanistes évitent à l'avenir d'indiquer, comme espèces distinctes, des plantes qui sont les mêmes, quoique désignées dans divers ouvrages sous des noms différens. Celles qui sont annuelles, bisannuelles, vivaces ou ligneuses, ont été distinguées par les signes universellement adoptés, et j'ai noté par des abréviations dont je donne l'explication, celles qu'il faut abriter dans la serre chaude ou tempérée sous le climat de Paris. M. Thouin l'aîné a bien voulu se charger de revoir cette partie de mon travail, et d'y faire les changemens qu'il a jugés convenables. M. Cels m'a donné des renseignemens utiles sur plusieurs plantes étrangères qu'il cultive dans son jardin ; et M. de la Marck m'a communiqué ses herbiers ; de sorte que j'ai pu comparer un grand nombre de plantes du jardin avec celles qu'il a décrites dans son Dictionnaire de Botanique, et que l'on peut compter sur l'exactitude des noms que j'ai donnés d'après lui.

J'ai desséché un individu de chaque espèce désignée dans mon Tableau, et j'ai écrit à côté le nom qu'elle y porte ; de manière qu'on pourra toujours en reconnoître l'identité, et même rectifier les erreurs de nomenclature qui pourroient m'être échappées. Cette précaution sera également utile pour vérifier facilement les plantes qui seront envoyées par les correspondans, et pour corriger, sans beaucoup de peine, les fautes inévitables qui se commettent chaque année dans l'École de Botanique, soit par la dissémination des graines d'une place dans une autre, soit par la transposition des étiquettes, ou autres accidens.

La collection de plantes vivantes cultivées au Muséum, et dont le nombre est de plus de six mille, sans y comprendre les variétés, est sans contredit une des plus riches de l'Europe ; elle offre un champ vaste à l'étude, et de grandes ressources à l'agriculture par les nombreuses distributions de graines que l'on y fait chaque année. Le jardin du Muséum est un dépôt où viennent se rendre toutes les richesses végétales que l'on peut se procurer des diverses parties du globe, et d'où elles se répandent dans nos départemens, chez les autres nations de l'Europe, et souvent même au-delà des mers. La France lui doit, depuis l'époque de sa création, un grand nombre d'arbres étrangers, de plantes économiques et d'agrément qui se sont multipliés sur son sol ; en un mot, cet Établissement, par son but d'utilité publique et par sa magnificence, est digne de la protection que le Gouvernement lui accorde.

EXPLICATION *des signes et des abréviations.*

⊙.... Annuelle.
♂.... Bisannuelle.
♃.... Vivace.
♭.... Ligneuse.
or.... Orangerie.

s. ch. . Serre-chaude.
F..... France.
Eur... Europe.
As. ... Asie.
Af. ... Afrique.
Am. s. Amérique septentrionale.

Am. m. Amérique méridionale (partie comprise entre les tropiques).
N. Ésp. Nouvelle-Espagne.
N. Holl. Nouvelle-Hollande.

(alim.) Alimentaire.
(écon.) Economique.
(méd.) Médicinale.
(orn.) Ornement.
(ven.) Vénéneuse.

Noms d'Auteurs par abréviation.

All... Allioni.
Andr. Andrews.
Bill... Billardière.
Bull.. Bulliard.
Cav... Cavanilles.
Curt.. Curtis.
Dec... Decandolle.
Desf.. Desfontaines.
Forsk. Forskal.
Haw. Haworth.
Hoff.. Hoffmann.
H. K.. Hortus Kewensis.
Jacq. Jacquin.
Juss.. Jussieu.
Lmk.. Lamarck.
Lapeyr. Lapeyrouse.

l'Her. L'Héritier.
L..... Linnæus.
L. f.. Linnæus filius.
Mass. Masson.
Mich.. Michaux.
Mill.. Miller.
Murr. Murray.
Pers.. Persoon.
Retz.. Retzius.
Salisb. Salisbury.
Thunb. Thunberg.
Vent.. Ventenat.
Vill... Villars.
Wald. Waldstein.
Wild. Wildenow.

ERRATA.

Pagina 14,	linea 30,	Ægylops,	lege Ægilops.
19,	5,	lacrima,	lacryma.
28,	10,	Polyanthes,	Polianthes.
31,	36,	Atholiza,	Antholyza.
33,	6,	Hedichium,	Hedychium Retz.
43,	32,	circinnatus,	circinatus.
53,	8,	Mongorium,	Mogorium.
71,	23,	Messerchmidia,	Messerschmidia.
77,	9,	Apocineæ,	Apocyneæ.
100,	23,	ægyptica,	ægyptiaca.
102,	28,	pyrenæus Lmk,	pyrenæus.
113,	29,	Poederia,	Pæderia.
121,	14,	Herbaceæ,	Herbacea.
133,	40,	Kakile,	Cakile.
136,	16,	Hyppocratea,	Hippocratea.
159,	41,	Agrostema,	Agrostemma.
170,	2,	Fuschia,	Fuchsia.
174,	5,	Mespylus,	Mespilus.
186,	32,	Raphnia,	Rafnia.
197,	22,	verpertilionis,	vespertilionis.
198,	10,	latilisiqua,	latisiliqua.
200,	29,	Spaphylea,	Staphylea.
203,	16 et 17,	Thumb,	Thunb.
211,	11,	cynocrambre,	cynocrambe.
222,	17,	gangeticum deleatur.	

TABLEAU

DE

L'ÉCOLE DE BOTANIQUE

DU

MUSÉUM D'HISTOIRE NATURELLE

DE PARIS.

CLASSIS I.	CLASSE I.
ACOTYLEDONES.	LES ACOTYLÉDONS.
ORDO I.	ORDRE I.
FUNGI.	LES CHAMPIGNONS.
I. Fungi pileo destituti	I. Champignons sans chapeau.
Mucor	*MOISISSURE*
mucédo *L.*	*commune.* F.
Trichia	*CAPILLINE*
cinnabaris *Bull.*	*rouge.* F.
Reticularia	*RÉTICULAIRE*
hortensis *Bull.*	*des jardins.* F.
Sphæria	*SPHÆRIA*
disciformis *Hoff.*	*en disque.* F.
Æcidium	*ÆCIDIUM*
berberidis *Pers.*	*du Berbéris.* F.
Lycoperdon	*LYCOPERDON*
bovista *L.*	*vesse de loup.* F.
stellatum *L?*	*étoilé.* F.
Tuber	*TRUFFE*
cibarium *Bull.*	*comestible.* F. (alim.)
Clathrus	*CLATHRE*
cancellatus *L.*	*à réseau.* F.

1

NIDULARIA	**NIDULAIRE**
striata *Bull.*	striée. *F.*
PEZIZA	**PÉZIZE**
cochleata *L.*	limaçon. *F.*
CLAVARIA	**CLAVAIRE**
ophioglossoïdes *L.*	ophioglosse. *F.*
coralloïdes *L.*	corail. *F.*

II. Fungi pileati.   II. Champignons à chapeau.

PHALLUS	**MORILLE**
esculentus *L.*	comestible. *F.* (alim.)
impudicus *L.*	fétide. *F.*
HELVELLA	**HELVELLE**
mitra *L.*	mitrée. *F.*
AURICULARIA	**AURICULAIRE**
reflexa *Bull.*	réfléchie. *F.*
HYDNUM	**HYDNUM**
repandum *L.*	festonné. *F.*
BOLETUS	**BOLET**
igniarius *L.*	amadouvier. *F.* ♃ (écon. méd.)
versicolor *L.*	bigarré. *F.* ♃
AGARICUS	**AGARIC**
campestris *L.*	des champs. *F.*
aurantiacus *Bull.*	oronge. *F.* (alim.)

ORDO II.

ALGÆ.

ORDRE II.

LES ALGUES.

BYSSUS	**BYSSUS**
aurea *L.*	doré. *F.*
botryoïdes *L.*	vert. *F.*
TREMELLA	**TREMELLE**
atrovirens *Bull.*	verte *F.*
CONFERVA	**CONFERVE**
rivularis *L.*	des ruisseaux. *F.*
ULVA	**ULVE**
intestinalis *L.*	intestinale. *F.* ☉
FUCUS	**VAREC**
nodosus *L.*	vésiculeux. *F.*
LICHEN	**LICHEN**
rugosus *L.*	ridé. *F.*
parietinus *L.*	des murs. *F.*
ciliaris *L.*	cilié. *F.*

caninus *L.*	*des chiens.* F.
deustus *L.*	*charbonné.* F.
pyxidatus *L.*	*en coupe.* F.
rangiferinus *L.*	*des rennes.* F.

ORDO III.

HEPATICÆ.

RICCIA	*RICCIE*
glauca *L.*	*glauque.* F.
BLASIA	*BLASIE*
pusilla *L.*	*naine.* F.
ANTHOCEROS	*ANTHOCÉROS*
lævis *L.*	*lisse.* F.
JUNGERMANNIA	*JUNGERMANNE*
tamarisci *L.*	*tamarix.* F.
MARCHANTIA	*HÉPATIQUE*
polymorpha *L.*	*de fontaine.* F. ♃

ORDO IV.

MUSCI.

SPLACHNUM	*SPLACHNUM*
ampullaceum *L.*	*vésiculeux.* F. ♃
POLYTRICHUM	*POLYTRIC*
commune *L.*	*commun.* F. ♃
HYPNUM	*HYPNUM*
sericeum *L.*	*soyeux.* F. ♃
FONTINALIS	*FONTINALE*
antipyretica *L.*	*des ruisseaux.* F. ♃
BRYUM	*BRYUM*
scoparium *L.*	*à balais.* F. ♃
PHASCUM	*PHASCUM*
acaulon *L.*	*sans tige.* F.
BUXBAUMIA	*BUXBAUMIA*
aphylla *L.*	*sans feuill.* F.
SPHAGNUM	*SPHAGNUM*
palustre *L.*	*des marais.* F. ♃
LYCOPODIUM	*LYCOPODE*
clavatum *L.*	*à massue.* F. ♃ (arts.)

ORDO V.	ORDRE V.
FILICES.	LES FOUGÈRES.

I. *Fructificatio in spicas distinctas disposita.*

I. Fructification en épis distincts,

OPHIOGLOSSUM
   vulgatum *L.*

OPHIOGLOSSE
   commune. F. ♃

ONOCLEA
   sensibilis *L.*

ONOCLÉA
   sensible. Am. s. ♃

OSMUNDA
   lunaria *L.*
   regalis *L.*
   spicant *L.*
   crispa *L.*

OSMONDE
   lunaire. F. ♃
   officinale. F. ♃ (méd.)
   spicant. F. ♃
   crépue. F. Alpes. ♃

II. *Fructificatio in altera foliorum superficie.*

II. Fructification sur le dos des feuilles,

ACROSTICHUM
   septentrionale *L.*
   aureum *L.*
   marantæ *L.*
   ilvense *vill.*

ACROSTIC
   du Nord. F. ♃
   doré. Am. m., s. ch. ♃
   de Maranta. F. Alpes. ♃
   velu. F. Alpes. ♃

POLYPODIUM.

POLYPODE.

   1. *Fronde indivisa.*

   1. Feuilles entières.

crassifolium *L.*

à feuill. épaisses. Am. m., s. ch. ♃

   2. *Fronde pinnatifida.*

   2. Feuilles presque pennées.

vulgare *L.*
cambricum *L.*
aureum *L.*

commun. F. ♃ (méd.)
lacinie. F. ♃
doré. Am. m., s. ch. ♃

   3. *Fronde trifoliata.*

   3. Feuilles ternées.

trifoliatum *L.*

à trois feuill. Am. m., s. ch. ♃

   4. *Fronde pinnata.*

   4. Feuilles pennées.

lonchitis *L.*
reticulatum *L.*

lonchitis. F. ♃
à réseau. Am. m., s. ch. ♃

   5. *Fronde sub-bipinnata.*

   5. Feuilles presque deux fois pennées,

phœgopteris *L.*
fragrans *L.*
dilatatum *Hoff.*
fontanum *L.*
cristatum *L.*
filix mas *L.*
filix fœmina *L.*

phœgopteris. F. ♃
odorant. F. Alpes. ♃
dilaté. F. ♃
de fontaine. F. ♃
à crêtes. F. ♃
fougère mâle. F. (méd.)
fougère femelle. F. ♃

thelipteris *L.* — *théliptéris.* F. ♃
aculeatum *L.* — *à aiguillons.* F. ♃
bulbiferum *L.* — *bulbifère.* F. ♃
rhæticum *L.* — *de Rhétie.* F. Alpes. ♃

6. *Aculeata.* — 6. Pétioles garnis d'épines.

arboreum *L.* — *en arbre.* Am. m. , s. ch. ♄

7. *Fronde supra-decomposita.* — 7. Feuillage décomposé.

dryopteris *L.* — *dryoptéris.* F. ♃
myrrhidifolium *vill.* — *à feuill. de myrrhis.* F. Alp. ♃

ASPLENIUM. — *SCOLOPENDRE.*

1. *Fronde simplici.* — 1. Feuilles simples.

serratum *L.* — *en scie.* Am. m. , s. ch. ♃
scolopendrium *L.* — *officinale.* F. ♃ (méd.)
— crispum. — — *crépue.*
hemionitis *L.* — *hémionitis.* F. m., or. ♃

2. *Fronde pinnatifida.* — 2. Feuilles presque pennées.
ceterach *L.* — *cétérac.* F. ♃ (méd.)

3. *Fronde pinnata.* — 3. Feuilles pennées.
denticulatum. — *dentelée.* Am. s. ♃
trichomanes *L.* — *trichomanès.* F. ♃
adianthum nigrum *L.* — *capillaire noir.* F. ♃ (méd.)
ruta muraria *L.* — *des murailles.* F. ♃ (méd.)
marinum *L.* — *maritime.* F. ♃

BLECHNUM — *BLECHNUM*
occidentale *L.* — *d'Occident.* Am. m., s. ch. ♃

PTERIS — *PTÉRIS*
aquilina *L.* — *commun.* F. ♃
cretica *L.* — *de Créte.* or. ♃
longifolia *L.* — *à feuill. longues.* Am. m., s. ch. ♃

ADIANTHUM. — *ADIANTHUM.*

1. *Fronde simplici.* — 1. Feuilles simples.
reniforme *L.* — *réniforme.* canaries. , or. ♃

2. *Fronde supra-decomposita.* — 2. Feuilles décomposées,
pedatum *L.* — *de Canada.* Am. s. ♃ (méd.)
capillus veneris *L.* — *Capillaire de Montpellier.* F. , or. ♃ (méd.)

DAVALLIA — *DAVALLIA*
canariensis *smith.* — *des Canaries.* canaries., or. ♃

TRICHOMANES — *TRICHOMANÈS*
membranaceum *L.* — *membraneux.* Am. m., s. ch. ♃

III. *Antheræ strobilo impositæ, pistilla a staminibus segregata.*

ZAMIA
cycadis *L.*
furfuracea *H. K.*
debilis *H. K.*
integrifolia *H. K.*

CYCAS
circinalis *L.*
revoluta *L.*
Riedlei.

IV. *Antheræ pistillis mixtæ in eodem involucro.*

PILULARIA
globulifera *L.*

MARSILEA
quadrifolia *L.*

V. *Plantæ filicibus affines, foliis non convolutis.*

SALVINIA
natans.

ISOETES
lacustris *L.*

EQUISETUM
arvense *L.*
sylvaticum *L.*
palustre *L.*
fluviatile *L.*
hyemale *L.*

III. Fleurs en chatons, pistils séparés des étamines.

ZAMIA
des Hottent. cap., s. ch. ♄
furfuracé. inde., s. ch. ♄
foible. inde. s. ch. ♄
à feuill. entières. AM. S., or. ♄

CYCAS
arrondi. inde, s. ch. ♄ (alim.)
roulé. chine, s. ch. ♄
de Riedlé. N. HOLL., s. ch. ♄

IV. Anthères mêlées avec les pistils dans une enveloppe commune.

PILULAIRE
à globules. F. ♃

MARSILEA
à quatre feuill. F. ♃

V. Plantes qui ont de l'affinité avec les fougères, et dont les feuilles ne sont pas roulées.

SALVINIA
flottant. F.

ISOÉTES
des marais. F, m. ♃

PRÊLE
des champs. F. ♃ (arts.)
des bois. F. ♃
des marais. F. ♃
des rivières. F. ♃
d'hiver. F. ♃

ORDO VI.

NAIADES.

ORDRE VI.

LES NAÏADES.

HIPPURIS
vulgaris *L.*

CHARA
vulgaris *L.*
hispida *L.*
flexilis *L.*

CERATOPHYLLUM
submersum *L.*
demersum *L.*

HIPPURIS
aquatique. F. ♃

CHARA
commun. F. ☉
hérissé. F. ☉
flexible. F. ☉

CERATOPHYLLUM
à fruit lisse. F. ♃
à fruit épineux. F. ♃

NAÏAS	NAIADE
marina *L.*	aquatique. F. ♃
— angustifolia.	— à feuill. étroites.
SAURURUS	SAURURUS
cernuus *L.*	incliné. AM. S. ♃
POTAMOGETON	POTAMOGÉTON
natans *L.*	flottant. F. ♃
perfoliatum *L.*	perfolié. F. ♃
densum *L.*	bifurqué. F. ♃
lucens *L.*	luisant. F. ♃
crispum *L.*	crépu. F. ♃
compressum *L.*	comprimé. F. ♃
pectinatum *L.*	pectiné. F. ♃
gramineum *L.*	à feuill. de gramen. F. ♃
pusillum *L.*	grêle. F. ♃
RUPPIA	RUPPIA
maritima *L.*	maritime. F. ♃
ZANICHELLIA	ZANICHELLE
palustris *L.*	des marais. F. ☉
CALLITRICHE	CALLITRIC
verna *L.*	printanier. F. ☉
— autumnalis.	— d'automne. ☉
LEMNA	LEMNA
polyrhiza *L.*	à larges feuill. F. ☉
minor *L.*	à petites feuill. F. ♃
— gibba.	— gibbeuse.
trisulca *L.*	à trois sillons. F. ♃

# CLASSIS II.	# CLASSE II.
MONOCOTYLEDONES.	MONOCOTYLÉDONS.
(*stamina hypogyna.*)	(étamines sous le pistil.)
## ORDO I.	## ORDRE I.
AROIDEÆ.	LES AROÏDES.
I. Spadix spatha involutus.	I. Spadix entouré d'un spathe.
ZOSTERA	ZOSTERA
marina *L.*	maritime. F. ♃

ARUM.	**ARUM.**
1. *Acaulia, foliis compositis.*	1. Point de tiges, feuilles composées.
dracunculus *L.*	serpentaire. F. ♃ (méd.)
dracontium *L.*	dracontium. Am. m. , s. ch. ♃
triphyllum *L.*	à trois feuill. Am. s. ♃
2. *Acaulia, foliis sim. licibus.*	2. Point de tige, feuilles simples.
maculatum *L.*	maculé. F. ♃ (méd.)
italicum *Lmk.*	d'Italie. ♃
arisarum *L.*	capuchon. F. m. , or. ♃
colocasia *L.*	colocase. inde, s. ch. ♃ (alim.)
pictum. *L. f.*	veiné. minorque, or. ♃
tenuifolium *L.*	à feuill. étroites. F. m. , or. ♃
muscivorum *L. f.*	gobbe-mouche. minorque. , or. ♃
divaricatum *L.*	divergent. inde, s. ch. ♃
trilobatum *L.*	trilobé. inde, s. ch. ♃
CALADIUM *vent.*	**CALADIUM.**
1. *Acaulia.*	1. Point de tige.
sagittæfolium.	hasté. Am. m. , s. ch. ♃
violaceum.	violet. Am. m. , s. ch. ♃
bicolor,	bicolor. Buénos-Ayres. , s. ch. ♃
helleborifolium.	à feuill. d'helléb. Am. m. , s. ch. ♃
2. *Caulescentia.*	2. Une tige.
arborescens.	en arbre. Am. m. , s. ch. ♃
variegatum.	moucheté. Am. m. , s. ch. ♃
CALLA	**CALLA**
æthiopica *L.*	d'Ethiopie. Afr., or. ♃ (orn.)
palustris *L.*	des marais. F. ♃
DRACONTIUM	**DRACONTIUM**
pertusum *L.*	perforé. Am. m. , s. ch. ♄
POTHOS	**POTHOS**
crassinervia *Jacq.*	à grosse nervure. Am. m. , s. ch. ♃
scolopendrioides.	à feuill. de scolopendre. Am. m. , s. ch. ♃
II. *Spadix spatha destitutus.*	II. Spadix sans spathe.
ACORUS	**ACORUS**
calamus *L.*	aromatique. F. ♃ (méd.)
gramineus *H. K.*	à feuill. étroites. chine, s. ch. ♃

ORDO II.

TYPHÆ.

TYPHA
    latifolia *L.*
    angustifolia *L.*
    minima *Roth.*

SPARGANIUM
    erectum *L.*
    simplex *curt.*
    natans *L.*

ORDRE II.

LES MASSÈTES.

MASSÈTE
    à larges feuill. F. ♃
    à feuill. étroites. F. ♃
    petite. F. ♃

RUBAN-D'EAU
    à tige droite. F. ♃
    à tige simple. F. ♃
    flottant. F. ♃

ORDO III.

CYPEROIDEÆ.

I. *Flores monoici.*

CAREX.

1. *Spita unica simplici.*

dioïca *L.*
/pulicaris *L.*

2. *Spicis androgynis.*

arenaria *L.*
tenella *Thuil.*
ovalis *Good.*
vulpina *L.*
muricata *L.*
stellulata *Good.*
divulsa *Good.*
curta *Good.*
elongata *L.*
brizoïdes *L.*
paniculata *L.*
teretiuscula *Good.*
remota *L.*

3. *Spicis sexu distinctis femineis sessilibus.*

digitata *L.*
flava *L.*
œderi *Roth.*
montana *L.*
tomentosa *L.*
præcox *Jacq.*
filiformis *L.*
distans *L.*

ORDRE III.

LES SOUCHETS.

I. Fleurs monoïques.

CAREX.

1. Un seul épi simple.

dioïque. F. ♃
pulicaire. F. ♃

2. Epis androgynes.

des sables. F. ♃
délicat. F. ♃
ovale. F. ♃
compacte. F. ♃
hérissé. F. ♃
étoilé. F. ♃
séparé. F. ♃
tronqué. F. ♃
allongé. F. ♃
brizoïde. F. ♃
paniculé. F. ♃
cylindrique. F. ♃
écarté. F. ♃

3. Epis femelles sessiles et séparés des mâles.

aigité. F. ♃
jaune. F. ♃
d'OEder. F. ♃
de montagne. F. ♃
cotonneux. F. ♃
précoce. F. ♃
filiforme. F. ♃
distant. F. ♃

4. *Spicis sexu distinctis , femineis pedunculatis.*	**4.** Epis femelles séparés des mâles et portés sur des pédoncules.

argentea *vill.*	*argenté.* F. ♃
panicea *L.*	*faux panis.* F. ♃
sylvatica *Huds.*	*des bois.* F. ♃
pallescens *L.*	*pâle.* F. ♃
plantaginea *Lmk.*	*à feuill. de plantain.* Am. s. ♃
pseudocyperus *L.*	*faux souchet.* F. ♃
depauperata *Good.*	*à fruits rares.* F. ♃

5. *Spicis sexu distinctis masculis pluribus.*	**5.** Plusieurs épis mâles séparés des femelles.

cespitosa *L.*	*gazonnant.* F. ♃
glauca *scop.*	*glauque.* F. ♃
stricta *Good.*	*serré.* F. ♃
riparia *Good.*	*des rivages.* F. ♃
paludosa *Good.*	*des marais.* F. ♃
acuta *Good.*	*aigu.* F. ♃
vesicaria *L.*	*vésiculeux.* F. ♃
ampullacea *Good.*	*renflé.* F. ♃
hirta *L.*	*velu.* F. ♃
hordeistichos *vill.*	*épi d'orge.* F. ♃

II. *Flores hermaphroditi.* **II.** Fleurs hermaphrodites.

SCHŒNUS. **SCHŒNUS.**

1. Culmo tereti. 1. Chaume cylindrique.

mariscus *L.*	*des étangs.* F. ♃
mucronatus *L.*	*acéré.* F. ♃
nigricans *L.*	*noir.* F. ♃
fuscus *L.*	*brun.* F. ☉

2. Culmo triquetro. 2. Chaume triangulaire.

compressus *L.*	*comprimé.* F. ♃
albus *L.*	*blanc.* F. ♃

ERIOPHORUM **LINAIGRETTE.**

polystachion *L.*	*à épis.* F. ♃
angustifolium *Roth.*	*à feuill. étroites.* F. ♃
vaginatum *L.*	*engaîné.* F. ♃

SCIRPUS. **SCIRPE.**

1. Spica unica. 1. Un seul épi.

articulatus *L.*	*articulé.* inde, s. ch. ♃
palustris *L.*	*des marais.* F. ♃
cespitosus *L.*	*gazonnant.* F. ♃
acicularis *L.*	*aiguille.* F. ♃
fluitans *L.*	*flottant.* F. ♃
ovatus *Roth.*	*ovale.* F. ♃
campestris *wild.*	*des champs.* F. ♃

2. *Culmo tereti, polystachio.*   2. Chaume cylindrique, à plusieurs épis.

  setaceus *L.*   *sétiforme.* F. ♃
  supinus *L.*   *couché.* F. ♃
  lacustris *L.*   *des étangs.* F. ♃
  holoschœnus *L.*   *à globules.* F. m., or. ♃
  romanus *L.*   *romain.* F. m., or. ♃
  australis *Lmk.*   *austral.* F. m., or. ♃

3. *Culmo triquetro, polystachio.*   3. Chaume triangulaire, à plusieurs épis.

  mucronatus *L.*   *piquant.* F. m., or. ♃
  maritimus *L.*   *maritime.* F. ♃
  sylvaticus *L.*   *des bois.* F. ♃
  annuus *All.*   *annuel.* F. ☉

CYPERUS.   *SOUCHET.*

    1. *Culmo tereti.*   1. Chaume cylindrique.

  articulatus *L.*   *articulé.* inde, s. ch. ♃

    2. *Culmo triquetro.*   2. Chaume triangulaire.

  viscosus *swartz.*   *visqueux.* Am. m., s. ch. ♃
  longus *L.*   *odorant.* F. ♃ (écon. méd.)
  tenuiflorus *Jacq.*   *à petites fleurs.* inde, s. ch. ♃
  esculentus *L.*   *comestible.* orient., or. ♃
  eragrostis *Lmk.*   *amourette.* Am. m., s. ch. ♃
  flavescens *L.*   *jaunâtre.* F. ♃
  fuscus *L.*   *brun.* F. ♃
  pannonicus *Jacq.*   *de Hongrie.* ♃
  papyrus *L.*   *papyrus.* égypte, s. ch. ♃
  flabelliformis *Rottb.*   *éventail.* inde, s. ch. ♃

KILLINGIA   *KILLINGIA.*
  triceps *L.*   *à trois têtes.* Am. m., s. ch. ☉

ORDO IV.   *ORDRE IV.*

GRAMINEÆ.   LES GRAMINÉES.

I. *Styli 2, stamina 1-2.*   I. 2 styles, 1 ou 2 étamines.

ANTHOXANTHUM   *FLOUVE*
  odoratum *L.*   *odorante.* F. ☉

CRYPSIS   *CRYPSIS*
  aculeata *H. K.*   *piquant.* F. m. ♃
  schœnoïdes *H. K.*   *faux schœnus.* F. m. ♃

II. *Styli 2, stamina 3, gluma uniflora.* II. 2 styles, 3 étamines, calice à une fleur.

ALOPECURUS   *ALOPÉCURE*
  utriculatus.   *à utricules.* F. ☉
  bulbosus *L.*   *bulbeux.* F. ♃

pratensis *L.*	*des prés.* F. ♃
geniculatus *L.*	*géniculé.* F. ♃
gerardi *vill.*	*de Gérard.* F. ♃

PHLEUM | *FLÉAU*

pratense *L.*	*des prés.* F. ♃
nodosum *L.*	*bulbeux.* F. ♃
alpinum *L.*	*des Alpes.* F. ♃
arenarium *L.*	*des sables.* F. ☉

LEERSIA | *LEERSIA*

oryzoides *wild.*	*des marais.* F. ♃

PHALARIS | *ALPISTE*

aspera *Retz.*	*rude.* F. ☉
phleoïdes *L.*	*fléau.* F. ♃
minor *Retz.*	*mineure.* orient. ☉
canariensis *L.*	*des Canaries.* Afr. ☉
paradoxa *L.*	*rongée.* orient. ☉
erucæformis *L.*	*chenillette.* sibérie. ☉
arundinacea *L.*	*roseau.* F. ♃
— picta.	— *panachée.* ♃

PASPALUM | *PASPALUM*

membranaceum *Lmk.*	*membraneux.* pérou, s. ch. ♃
stoloniferum *Bosc.*	*rampant.* pérou. ☉
sanguinale.	*pourpre.* F. ☉
dactylon.	*chiendent.* F. ♃

PANICUM | *PANIS*

    1. *Flores spicati.*   1. Fleurs en épis.

verticillatum *L.*	*verticillé.* F. ☉
viride *L.*	*vert.* F. ☉
glaucum *L.*	*glauque.* F. ☉
maritimum *Lmk.*	*maritime.* ☉
italicum *L.*	*d'Italie.* inde. ☉ (alim.)
crus-galli *L.*	*pié de poule.* F. ☉
colonum *L.*	*tacheté.* inde. ☉

    2. *Flores paniculati.*   2. Fleurs en panicule.

plicatum *Lmk.*	*plissé.* Am. m., s. ch. ♃
proliferum *Lmk.*	*prolifère.* Am. s. ♃
virgatum *L.*	*effilé.* Am. s. ♃
coloratum *L.*	*coloré.* Égypte. ☉
capillare *L.*	*capillaire.* Am. s. ☉
latifolium *L.*	*à larges feuill.* Am. m., s. ch. ♄
arborescens *L.*	*calumet.* inde, s. ch. ♄

MILIUM | *MIL*

paradoxum *L.*	*noir.* F. ♃
effusum *L.*	*étalé.* F. ♃
lendigerum *L.*	*tuberculeux.* F. ☉

AGROSTIS.

1. *Aristatæ.*

spica venti L.
interrupta L.
miliacea L.
canina L.

2. *Muticæ.*

dispar *Mich.*
cornucopiæ *Lmk.*
trichodium laxiflorum. *Mich.* }
stolonifera L.
alba L.
vulgaris *smith.* }
capillaris *Leers.* }
dulcis.
pumila L.
pungens L.
mexicana L.
tenacissima *Jacq.*
minima L.

POLYPOGON *Desf.*
monspeliense.

STIPA
pennata L.
ukranensis *Lmk.*
aristella L.
juncea L.
tenacissima L.
tortilis *Desf.*

SACCHARUM
officinarum L.
— violaceum.
cylindricum L.
ravennæ L.

LAGURUS
ovatus L.

III. *Stili 2, stamina 3, gluma uni aut multiflora, flores polygami.*

HOLCUS
spicatus L.
sorghum L.
saccharatus L.
halepensis L.
lanatus L.
mollis L.

AGROSTIS

1. Fleurs garnies d'arêtes.

des moissons. F. ☉
interrompu. F. ☉
faux millet. F. ♃
des chiens. F. ♃

2. Fleurs sans arêtes.

disparate. Am. s. ♃
corne d'abondance. Am. s. ♂

traçant. F. ♃
blanc. F. ♃
commun. F. ♃
doux. orient. ☉
nain. F. ♃
piquant. F. m. ♃
du Mexique. Am. m. ♃
à feuill. dures. inde, s. ch. ♃
filiforme. F. ☉

POLYPOGON
de Montpellier. F. m. ☉

STIPA
penniforme. F. m. ♃
d'Ukraine. ♃
à petites barbes. F. m. ♃
jonciforme. F. ♃
spart. Esp., or. ♃ (arts.)
tordu. Barbarie. ☉

SUCRE
officinal. inde, s.ch. ♃ (écon.)
— violet.
cylindrique. F. m., or. ♃
de Ravenne. italie, or. ♃

LAGURUS
ovale. F. m. ☉

III. 2 styles, 3 étamines, calice à une ou plusieurs fleurs, fleurs polygames.

HOLCUS
à épis. inde. ☉
sorgo. inde. ☉
sucré. inde ☉
d'Alep. syrie. ♃
laineux. F. ♃
velouté. F. ♃

ANDROPOGON	ANDROPOGON
contortum *l.*	*contourné.* inde. ♀
provinciale *lmk.*	*de Provence.* F. m. ♀
ischœmum *l.*	*digité.* F. ♀
annulatum *vahl.*	*annulaire.* Égypte.
bicorne *l.*	*bicorne.* Am. m., s. ch. ♀
hirtum *l.*	*hérissé.* F. m. ♀
distachion *l.*	*à deux épis.* F. m. ♀
barbatum *l.*	*barbu.* inde. ☉
gryllus *l.*	*paniculé.* F. m. ♀
schœnanthus *l.*	*jonc-odorant.* inde, s. ch. ♀ (m.)
ANTHISTIRIA	ANTHISTIRE
ciliata *l. f.*	*ciliée.* inde. ♂
CHLORIS *swartz.*	CHLORIS
petræa *swartz.*	*des rochers.* Am. m., s. ch. ♀
ciliata *swartz.*	*ciliée.* Am. m., s. ch. ♀
scoparia.	*à balais.* inde ☉
cynos. scoparius *lmk.*	
curtipendula *mich.*	*à fleurs pendantes.* Am. s. ♀
TRIPSACUM	TRIPSACUM
hermaphroditum *l.*	*hermaphrodite.* Am. m. ☉
dactyloïdes *l.*	*monoique.* Am. s. ♀
TRAGUS *haller.*	TRAGUS
racemosus.	*à grappes.* F. ☉
CENCHRUS	CENCHRUS
echinatus *l.*	*hérissé.* Am. m. ☉
ciliaris *l.*	*cilié.* Af. ☉
ECHINARIA *desf.*	ECHINARIA
capitata.	*à fleurs en tête.* F. m. ☉
ÆGYLOPS	ÆGYLOPS
ovata *l.*	*ovale.* F. ☉
triuncialis *l.*	*à longs épis.* F. ☉
squarrosa *l.*	*rude.* barb. ☉
ROTTBOLLIA	ROTTBOLLIA
incurva *l.*	*arqué.* F. ☉
IV. Styli 2, stamina 3, gluma bi aut triflora, flores hermaphroditi.	IV. 2 styles, 3 étamines, calice à deux ou trois fleurs, fleurs hermaphrodites.
AIRA	AIRA
cespitosa *l.*	*touffu,* F. ♀
flexuosa *l.*	*tortueux.* F. ♀
caryophyllea *l.*	*étalé.* F. ☉
præcox *l.*	*printanier.* F. ☉
minuta *l.*	*filiforme.* F. ☉
canescens *l.*	*blanchâtre.* F. ♀
pubescens *vahl.*	*pubescent.* F. m. ☉
aquatica *l.*	*aquatique.* F. ☉

MELICA
   ciliata *L.*
   lanuginosa.
   pyramidalis *Lm*
   uniflora *Retz.*
   nutans *L.*
   altissima *L.*
   cœrulea *L.*

MELICA
   cilié. F. ♃
   lanugineux. F. m. ♃
   pyramidal. F. m. ♃
   uniflore. F. ♃
   à fleurs penchées. F. ♃
   élevé. sibérie. ♃
   bleuâtre. F. ♃

V. Styli 2 , stamina 3 , glumæ multifloræ , flores glomerati.

V. 2 styles , 3 étamines , calice à plusieurs fleurs , fleurs agglomérées.

DACTYLIS
   cynosuroïdes *L.*
   glomerata *L.*

DACTYLIS
   cynosure. Am. s. ♃
   aggloméré. F. ♃

VI. Styli 2 , stamina 3 , glumæ multifloræ supra rachim densè spicatæ.

VI. 2 styles , 3 étamines , calice à plusieurs fleurs disposées le long de l'axe en épis serrés.

SESLERIA
   cœrulea.

SESLERIA
   bleuâtre. F. ♃

CYNOSURUS
   cristatus *L.*
   echinatus *L.*
   durus *L.*
   aureus *L.*

CYNOSURUS
   des prés. F. ♃
   hérissé. F. m. ⊙
   roide. F. ⊙
   jaune. F. m. ⊙

ELEUSINE *Gært.*
   ægyptiatica.
   indica
   coracana.

ELEUSINÉ
   d'Egypte. ⊙
   des Indes. ⊙
   coracan. Barbarie. ⊙ (écon.)

LOLIUM
   tenue *L.*
   temulentum *L.*
   multiflorum *Lmk.*
   perenne *L.*

LOLIUM
   grêle. F. ♃
   ivroye. F. ⊙
   à fleurs nombreuses. F. ♃
   raigrass. F. ♃

ELYMUS
   arenarius *L.*
   giganteus *Vahl.*
   virginicus *L.*
   sibiricus *L.*
   ramosus.
   histrix *L.*
   hordeiformis.

ELYME
   des sables. F. ♃
   gigantesque. ♃
   de Virginie. Am. s. ♃
   de Sibérie. ♃
   rameux. ♃
   divergent. orient. ♃
   épi d'orge. ♃

HORDEUM
   vulgare *L.*
   — celeste.
   hexastichon *L.*
   zeocriton *L.*

ORGE
   commune. Russie. ⊙ (alim.)
   — nue.
   hexagone. ⊙ (alim.)
   éventail. ⊙ (alim.)

distichon *L.*   à deux rangs. RUSSIE. ⊙ (alim.)
— nudum.   — nue.
maritimum *L.*   maritime. F. ⊙
secalinum *L.*   des prés. F. ⊙
murinum *L.*   des murailles. F. ⊙
jubatum *L.*   chevelue. SYRIE. ⊙

TRITICUM   *FROMENT*
æstivum *L.*   d'été. ⊙ (alim.)
hybernum *L.*   d'hiver. ⊙ (alim.)
turgidum *L.*   renflé. ⊙ (alim.)
compositum *L.*   rameux. ⊙ (alim.)
durum *L. Desf.*   corné. ⊙ (alim.)
spelta *L.*   épautre. ⊙ (alim.)
monococcum *L.*   monosperme. ⊙ (alim.)
polonicum *L.*   de Pologne. ⊙ (alim.)
cristatum.   à crêtes. ♉
junceum *L.*   jonciforme. F. ♉
repens *L.*   chiendent. F. ♉ (méd.)
— aristatum.   — barbu.
caninum *L.*   des chiens. F. ♉
glaucum.   glauque. ♉
prostratum *L.*   couché. SIBÉRIE. ⊙
planum.   aplati. ÉGYPTE. ⊙
tenellum. *L.*   grêle. F. ⊙
filiforme.   filiforme. F. ⊙
unilaterale *L.*   unilatéral. F. ⊙

SECALE   *SEIGLE*
cereale *L.*   cultivé. ⊙ (alim.)
creticum *L.*   de Crète. ⊙

VII. Styli 2, stamina 3, glumæ multifloræ vagæ.   VII. 2 styles, 3 étamines, calice à plusieurs fleurs, épillets étalés.

BROMUS   *BROME*
mollis *L.*   velu. F. ⊙
secalinus *L.*   des seigles. F. ⊙
grossus.   à gros épillets. F. ⊙
squarrosus *L.*   rude. F. ⊙
dumetorum *Lmk.*   des buissons. F. ♉
arvensis *L.*   des champs. F. ⊙
pratensis *Lmk.*   des prés, F. ♉
sterilis *L.*   stérile. F. ⊙
maximus *Desf.*   à grands épis. F. ⊙
tectorum *L.*   des toits. F. ⊙
giganteus *L.*   gigantesque. F. ♉
rubens *L.*   pourpre. F. m. ⊙
inermis *L.*   sans arêtes. F., ALPES. ♉
pinnatus *L.*   penné. F. ♉
sylvaticus *Lmk.*   des bois. F. ♉

distachyos *L.*   *à deux épis.* F. m. ⊘
stipoides *L.*   *stipoïde.* F. m. ☉

FESTUCA   *FÉTUQUE*

1. *Panicula secunda.*   1. Panicule unilatérale.

bromoides *L.*   *bromoïde.* F. ♃
ovina *L.*   *des moutons.* F. ♃
capillata *Lmk.*   *capillaire.* F. ♃
heterophylla *Jacq.*   *à feuill. variables.* F. ♃
rubra *Leers.*   *rouge.* F. ♃
duriuscula *L.*   *à feuill. dures.* F. ♃
amethystina *L.*   *améthyste.* F. ♃
glauca *Lmk.*   *glauque.* F. ♃
dumetorum *wild.*   *des buissons.* F. ♃
elatior *L.*   *élevée* F. ♃
myurus *L.*   *myurus.* F. ♃
spadicea *smith.*   *jaune.* F. ♃

2. *Panicula æquali.*   2. Panicule égale.

diandra *Mich.*   *à deux étamines.* Am. s. ♃
fascicularis *Lmk.*   *fasciculée.* Am. s. ♃
virgata *Lmk.*   *effilée.* Am. m. ☉
decumbens *L.*   *tombante.* F. ☉ (écon.)
calycina *L.*   *à grand calice.* F. m. ♃
fluitans *L.*   *flottante.* F. ♃
divaricata *Desf.*   *étalée.* Barbarie. ☉
phleoides *vill.*   *fléau.* F. ♃

POA   *POA*

aquatica *L.*   *aquatique.* F. ♃
alpina *L.*   *des Alpes.* F. ♃
bulbosa *L.*   *bulbeux.* F. ♃
trivialis *L.*   *commun.* F. ♃
angustifolia *L.*   *à feuill. étroites.* F. ♃
pratensis *L.*   *des prés.* F. ♃
trinervata *schrad.* }
sylvatica *pollick.* }   *à trois nervures.* F. ♃
pilosa *L.*   *velu.* F. ♃
annua *L.*   *annuel.* F. ☉
compressa *L.*   *comprimé.* F. ♃
nemoralis *L.*   *des bois.* F. ♃
rigida *L.*   *roide.* F. ☉
maritima *L.*   *maritime.* F. ♃
cristata *L.*   *à crêtes.* F. ♃
divaricata *Gouan.*   *étalé.* F. m. ☉
peruviana *Jacq.*   *du Pérou.* Am. m. ☉
gracilis.   *grêle.* ☉
abyssinica *L.*   *d'Abyssinie.* Afr. ☉

tenella *L.*
ciliaris *L.*

BRIZA
  minor *L.*
  media *L.*
  maxima *L.*
  eragrostis *L.*

UNIOLA
  latifolia *mich.*

AVENA
  elatior *L.*
  — nodosa.
  striata *Lmk.*
  sativa *L.*
  — nuda.
  orientalis *schreb.*
  brevis *Roth.*
  fatua *L.*
  sterilis *L.*
  pubescens *L.*
  versicolor *L.*
  pratensis *L.*
  bromoides *L.*
  distichophylla *vill.*
  flavescens *L.*
  panicea *Lmk.*
  fragilis *L.*

ARUNDO
  donax *L.*
  — variegata.
  phragmites *L.*
  epigeios *L.*
  calamagrostis *L.*
  arenaria *L.*

VIII. Styli 2 , stamina 6 aut plura.

ORYZA
  sativa *L.*

ZIZANIA
  aquatica *L.*

IX. Stylus 1, stigma 1.

NARDUS
  stricta *L.*

LYGEUM
  spartum *L.*

---

délicat. inde. ☉
cilié. Am. m. ☉

BRIZA
  triangulaire. F. m. ☉
  moyen. F. ♃
  à grandes fleurs. F. m. ☉
  éragrostis. F. ☉

UNIOLA
  à larges feuill. Am. s. ♃

AVOINE
  fromental. F. ♃ (écon.)
  — *noueuse.*
  striée. F. Alpes. ♃
  cultivée. ☉ (écon.)
  — *nue.*
  d'orient. ☉
  courte. Allem. ☉
  avron. F. ☉
  stérile. F. ☉
  pubescente. F. ♃
  bigarrée. F. ♃
  des prés. F. ♃
  bromoïde. F. ♃
  distique. F. Alpes. ♃
  jaunâtre. F. ♃
  panis. F. m. ☉
  fragile. F. ☉

ROSEAU
  à quenouilles. F. m. ♃
  — *panaché.*
  à balais. F. ♃
  épigeios F. ♃
  plumeux. F. ♃
  des sables. F. ♃

VIII. 2 styles, 6 étamines ou plus.

RIZ
  cultivé. inde. ☉ (alim.)

ZIZANIA
  aquatique. Am. s. ☉ (alim.)

IX. 1 style , 1 stigmate.

NARD
  serré. F. ♃

LYGEUM
  sparte. F. m. ♃ (arts.)

ZEA
  maïs *L.*
    X. Stylus 1, stigma divisum.

MAIS
  cultivé. rérou. ☉ (alim.)
    X. 1 style, stigmate divisé.

COIX
  lacrima, *L.*
  arundinacea *Lmk.*

COIX
  larme de Job. inde. ☉
  vivace. Am. m., s. ch. ♃

CORNUCOPIÆ
  cucullatum *L.*

CORNUCOPIÆ
  en capuchon. orient. ☉

CLASSIS III.

MONOCOTYLEDONES.

(stamina perygina.)

ORDO I.

PALMÆ.

I. Fronde pinnata.

PHOENIX
  dactylifera *L.*

ARECA
  oleracea *L.*

COCOS
  nucifera *L.*

ELAÏS
  guineensis *L.*

CARYOTA
  urens *L.*

  II. Folia palmata.

CORYPHA
  hystrix.

CHAMÆROPS
  humilis *L.*

SABAL
  Adansonii *Guers.*
  chamærops acaulis *Mich.* }

LATANIA
  chinensis *Jacq.*

CLASSE III.

MONOCOTYLÉDONS.

(étamines attachées au calice.)

ORDRE I.

LES PALMIERS.

I. Feuilles pennées.

DATTIER
  cultivé. Af., s. ch. ♄ (écon.)

AREC
  chou-palmiste. Am. m., s. ch. ♄
    (écon.)

COCOTIER
  cultivé. inde, s. ch. ♄ (écon.)

ELAIS
  de Guinée. Am. m., s. ch. ♄

CARYOTA
  piquant. inde, s. ch. ♄

II. Feuilles palmées.

CORYPHA
  hérissé. Am. s., or. ♄

CHAMÆROPS
  commun. Af. s., or. ♄

SABAL

  d'Adanson. Am. s., or. ♄

LATANIER
  de Chine. s. ch. ♄

RHAPIS	RHAPIS
flabelliformis *Jacq.*	*évantail.* inde, s. ch. ♄
arundinacea *H. K.*	*de Caroline.* Am. s., or. ♄
CUCIFERA (*Hyphœne* Gaert.)	CUCI.
thebaica *Delile.*	*de la Thébaïde.* Af., s. ch. ♄

ORDO II.

ASPARAGI.

I. *Flores hermaphroditi.*

ORDRE II.

LES ASPERGES.

I. Fleurs hermaphrodites.

DRACÆNA	DRACÆNA
draco *L.*	*sang-dragon.* canar., s. ch. ♄ (méd.)
terminalis *L.*	*pourpre.* chine, s. ch. ♄
marginata *Lmk.*	*à bords rouges.* madagascar, s. ch. ♄
reflexa *Lmk.* }	*abaissé.* isle de F., s. ch. ♄
cernua *Jacq.* }	
umbraculifera *Jacq.*	*en parasol.* inde, s. ch. ♄
DIANELLA	DIANELLE
nemorosa *L.*	*des bois.* inde, s. ch. ♃
cœrulea.	*bleue.* ♃
FLAGELLARIA	FLAGELLARIA
indica *L.*	*des Indes.* inde, s. ch. ♄
ASPARAGUS	ASPERGE
tenuifolius *Lmk.*	*à feuill. menues.* F. ♃
officinalis *L.*	*officinale.* F. ♃ (alim..)
— maritima.	— *maritime.*
decumbens *Jacq.* }	*crépue.* cap, s. ch. ♃
crispus *Lmk.* }	
mauritianus *Lmk.*	*de l'Ile de France.* s. ch. ♄
retrofractus *L.*	*coudée.* Afr., s. ch. ♄
asiaticus *L.*	*d'Asie.* inde, s. ch. ♄
albus *L.*	*blanche.* orient, or. ♄
acutifolius *L.*	*à feuill. aiguës.* F. m. ♄
aphyllus *L.*	*sans feuill.* orient, or. ♄
horridus *L. f.*	*hérissée.* orient, or. ♄
capensis *L.*	*du Cap.* s. ch. ♄
sarmentosus *L.*	*sarmenteuse.* ceylan., s. ch. ♄
MEDEOLA	MEDEOLA
asparagoïdes *L.*	*sarmenteux.* cap., s. ch. ♃
TRILLIUM	TRILLIUM
sessile *L.*	*sessile.* Am. s. ♃

PARIS	PARISETTE
quadrifolia *L.*	à quatre feuill. F. ♃
CONVALLARIA	MUGUET
maialis *L.*	de mai. F. ♃ (orn.)
japonica *Thunb.*	du Japon. s. ch. ♃
POLYGONATUM (*Convallaria L.*)	SCEAU-DE-SALOMON
uniflorum.	à une fleur. F. ♃
multiflorum.	à plusieurs fleurs. F. ♃
verticillatum.	verticillé. F., Alpes. ♃
SMILACINA (*Convallaria L.*)	SMILACINE
racemosa.	à grappes. A. s. ♃
stellata.	étoilée. Am. s. ♃
bifolia.	à deux feuill. F. ♃

II. Flores dioici, germen superum.	II. Fleurs dioïques, ovaire supère.

RUSCUS	FRAGON
aculeatus *L.*	épineux. F. ♄ (méd.)
hypophyllum *L.*	sans foliole. italie. ♄
hypoglossum *L.*	à foliole. italie. ♄
androgynus *L.*	androgyne. canaries, or. ♄
racemosus *L.*	à grappes. italie. ♄

SMILAX	SMILAX
1. *Caule aculeato, fruticoso.*	Tiges épineuses, ligneuses.
aspera *L.*	rude. F. m., or. ♄ (méd.)
— auriculata.	— auriculé.
mauritanica *Desf.*	de Mauritanie. Afr. s., or. ♄
excelsa *L.*	élevé. orient, or. ♄
horrida.	hérissé. Am. s. ♄
laurifolia *L.*	à feuill. de laurier. Am. s. ♄
caduca *L.*	caduc. Am. s. ♄
pubera *Mich.*	velu. Am. s. ♄
2. *Caule herbaceo.*	2. Tiges herbacées.
herbacea *L.*	herbacé. Am. s. ♃
lanceolata *L.*	lancéolé. Am. s. ♃

DIOSCOREA	IGNAME
villosa *L.*	velue. Am. s. ♃

III. Flores dioici, germen semi-inferum.	III. Fleurs dioïques, ovaire presque infère.

UBIUM (*Dioscorea L.*)	UBIUM
alatum.	ailé. Am. m., s. ch. ♃ (alim.)
aculeatum.	épineux. inde, s. ch. ♃
altissimum.	élevé. Am. m., s. ch. ♃

TAMNUS	TAMNE
communis *L.*	commun. F. ♃ (méd.)

ORDO III.

JUNCI.

I. *Germen unicum, capsula trilocularis, calix glumaceus.*

APHYLLANTHES
  monspeliensis *L.*

JUNCUS

  1. *Culmo nudo.*

  acutus *L.*
  maritimus *Lmk.*
  conglomeratus *L.*
  effusus *L.*
  glaucus *wild.*
  inflexus *L.*
  squarrosus *L.*

  2. *Culmo folioso.*

  articulatus *L.*
  sylvaticus *wild.*
  bulbosus *L.*
  tenageia *L. f.*
  bufonius *L.*
  niveus *L.*
  campestris *L.*
  pilosus *L.*
  compactus.
  maximus *wild.*

II. *Germen unicum, capsula trilocularis, calix semi-petaloideus.*

COMMELINA

  1. *Petala inæqualia.*

  communis *L.*
  africana *L.*
  erecta *L.*

  2. *Petala æqualia aut subæqualia.*

  virginica *L.*
  tuberosa *L.*
  cristata *L.*
  zanonia *L.*

TRADESCANTIA
  virginica *L.*

ORDRE III.

LES JONCS.

I. Un seul ovaire, capsule à trois loges, calice glumacé.

APHYLLANTE
  de Montpellier. F. m. ♃

JONC

  1. Chaume nud.

  aigu. F. ♃
  maritime. F. ♃
  aggloméré. F. ♃
  épars. F. ♃
  glauque F. ♃
  courbé. F. ♃
  rude. F. ♃

  2. Chaume feuillu.

  articulé F. ♃
  des bois. F. ♃
  bulbeux. F. ♃
  à fleurs sessiles. F. ☉
  dichotome F. ☉
  blanc. F. ♃
  des champs. F. ♃
  velu. F. ♃
  compacte. F. ♃
  à larges feuill. F. ♃

II. Un seul ovaire, capsule à trois loges, les trois divisions internes du calice en forme de pétales.

COMMELINE

  1. Pétales inégaux.

  commune. AM. m. ☉
  d'Afrique. s. ch. ♃
  droite. AM. s. ♃

  2. Pétales égaux ou presque égaux.

  de Virginie. AM. s. ♃
  tubéreuse. AM. m., s. ch. ♃
  à crétes. ceylan. ☉
  à fruit mou. AM. m., s. ch. ♃

ÉPHÉMÈRE
  de Virginie. AM. s. ♃

erecta *jacq.*
rosea *mich.*
discolor *smith.*

droite. Am. m. ⊙
rose. Am. s. ♃
de deux couleurs. Am. m.,
s. ch. ♃

III. *Germina plura, capsulæ totidem uni-*
loculares, flores in stapo umbellati aut
verticillati.

III. Plusieurs ovaires, autant de capsulés
à une loge, fleurs en ombelle ou verti-
cillées sur une hampe.

BUTOMUS
umbellatus *l.*

BUTOME
ombellifère. F. ♃

ALISMA
plantago *l.*
ranunculoïdes *l.*
natans *l.*
damasonium *l.*

ALISMA
plantain d'eau. F. ♃
renoncule. F. ♃
flottant. F. ♃
étoilé. F. ♃

SAGITTARIA
sagittifolia *l.*

FLÉCHIÈRE
aquatique. F. ♃

IV. *Germina plura, sæpius 3, capsulæ*
todidem uniloculares interdum basi coa-
litæ, flores paniculati aut spicati.

IV. Plusieurs ovaires, ordinairement trois,
autant de capsules à une loge quelquefois réunies par la base, fleurs en pani-
cule ou en épis.

SCHEUCHZERIA
palustris *l.*

SCHEUCHZERIA
des marais. F., Alpes. ♃

TRIGLOCHIN
palustre *l.*
maritimum *l.*

TRIGLOCHIN
des marais. F. ♂
maritime. F. ♃

NARTHECIUM
caliculatum *l.*
helonias borealis *wild.* }

NARTEC

caliculé. F., Alpes. ♃

HELONIAS
bullata *l.*
augustifolia *mich.*

HÉLONIAS
rose. Am. s. ♃
à feuill. étroites. Am. s. ♃

VERATRUM
album *l.*
nigrum *l.*
luteum *l.*

VERATRUM
blanc. F. ♃ (ven.)
noir. sibérie. ♃ (ven.)
jaune. Am. s. ♃

COLCHICUM
autumnale *l.*
variegatum *l.*
montanum *l.*

COLCHIQUE
d'automne. F. ♃ (ven.)
panaché. orient. ♃ (orn.)
de montagne. F., Alpes. ♃

MERENDERA *ramond.*
bulbocodioïdes.

MERENDERA
bulbocodium. F. m., or. ♃

ORDO IV.

L I L I A.

TULIPA
   sylvestris *L.*
   suaveolens *Roth.*
   gesneriana *L.*

ERYTHRONIUM
   dens canis *L.*

METHONICA *(Gloriosa* L.)
   superba

UVULARIA
   amplexifolia *L.*
   perfoliata *L.*

FRITILLARIA
   imperialis *L.*

   persica *L.*
   meleagris *L.*
   latifolia *Dec.*

LILIUM
   candidum *L.*
   bulbiferum *L.*
   croceum.
   pomponium *L.*
   pyrenaïcum *Gouan.*
   martagon *L.*
   chalcedonicum *L.*
   superbum *L.*

YUCCA
   gloriosa *L.*
   aloïfolia *L.*

   —pendula.
   draconis *L.*
   filamentosa *L.*

SANSEVIERA
   Zeylanica *wild.*
   guineensis. *wild.*

ALETRIS
   capensis *L.*
   fragrans *L.*

ORDRE IV.

LES LIS.

TULIPE
   sauvage. F. ♃
   odorante. As. ♃ (orn.)
   des jardins. orient. ♃ (orn.)

ERYTHRONIUM
   dent de chien. F., Alp. ♃ (orn.)

METHONICA
   superbe de Malabar. inde ;
   s. ch. ♃ (orn.)

UVULAIRE
   des Alpes. F. ♃
   perfoliée. Am. s. ♃

FRITILLAIRE
   couronne impériale. Asie. ♃
   (orn.)
   de Perse. Asie. ♃
   damier. F. ♃ (orn.)
   à larges feuill. ♃

LIS
   blanc. As. ♃ (orn., méd.)
   bulbifère. F., Alpes. ♃ (orn.)
   orangé. ♃ (orn.)
   pomponien. F. m. ♃ (orn.)
   des Pyrénées. F. ♃ (orn.)
   martagon. F.; Alpes. ♃ (orn.)
   hémérocale. As. ♃ (orn.)
   superbe. Am. s. ♃ (orn.)

YUCCA
   à feuill. entières. Am. s. ♄ (orn.)
   à feuill. d'aloès. Am. s., or. ♄
   (orn.)
   —à feuill. pendantes
   à larges feuill. Am. m., s. ch. ♄
   filamenteux. Am. s., or. ♄

SANSEVIÉRA
   de Ceylan. s. ch. ♃
   de Guinée. s. ch. ♃

ALETRIS
   du Cap. s. ch. ♃ (orn.)
   odorant. cap., s. ch. ♄

farinosa *L.* — *farineux.* Am. s. ♃

uvaria *L.* — *à grappes.* cap., or. ♃ (orn.)

glauca *H. K.* — *glauque.* cap, or. ♃ (orn.)

sarmentosa *Andr.* — *sarmenteux.* cap, or. ♃

PITCAIRNIA — *PITCAIRNIA*

bromeliæfolia *l'Her.* — *à feuill. d'ananas.* Am. m., s. ch. ♃

angustifolia *H. K.* — *à feuill. étroites.* Am.m.,s.ch. ♃

latifolia *H. K.* — *à larges feuill.* inde, s.ch. ♃

ALOE — *ALOÈS*

purpurea *Lmk.* — *à bords rouges.* île bourbon. s. ch. ♄

vulgaris *C. B.* — *commun.* Afr., s.ch. ♄ (méd.)

abyssinica *Lmk.* — *d'Abyssinie.* s. ch. ♄

rubescens *Dec.* — *rougeâtre.* inde, s.ch. ♄

succotrina *L.* — *soccotrin.* cap, s.ch. ♄ (méd.)

fruticosa *Lmk.* — *corne de belier.* cap, s. ch. ♄

ferox *H. K.* — *hérissé.* cap, s. ch. ♄

mitræformis *Lmk.* — *mitré.* cap, s. ch. ♄

— angustior. — *— a feuill. étroites.*

rhodocantha *Dec.* — *à épines rouges.* cap, s. ch. ♄

perfoliata *L.* — *perfolie.* cap, s. ch. ♄

brevifolia *Dec.* — *à feuill. courtes.* cap,s.ch. ♄

humilis *L.* — *nain.* cap, s. ch. ♃

umbellata *Dec* — *ombellifère.* cap, s. ch. ♄

maculata. } picta *Dec.* } — *moucheté.* cap, s. ch. ♄

— major. — *— à larges feuill.*

variegata *L.* — *perroquet.* cap, s. ch. ♄

disticha *L.* — *bec de canne.* cap, s. ch. ♃

— triangularis. — *—triangulaire.* cap, s. ch. ♃

— latifolia. — *— a larges feuill.* cap, s.ch. ♃

carinata *Dec.* — *tuberculeux.* cap, s. ch. ♃

obliqua *H. K.* — *oblique.* cap, s. ch. ♄

plicatilis *L.* — *éventail.* cap, s. ch. ♄

spiralis *L.* — *en spirale.* cap, s. ch. ♃

viscosa *L.* — *visqueux.* Afr., s. ch. ♃

retusa *L.* — *écrasé.* cap, s. ch. ♃

rigida. — *piquant.* cap, s. ch. ♃

margaritifera *L.* — *perlé.* cap., s. ch. ♃

— minor. — *— petit.*

arachnoïdea *L.* — *patte d'araignée.* cap, s.ch. ♃

atrovirens *Dec.* — *vert livide.* cap, s. ch. ♃

ANTHERICUM — *ANTHÉRIC*

frutescens *L.* — *arbrisseau.* cap, s. ch. ♄

alooïdes *L.* — *à feuill. d'aloès.* cap, s. ch. ♃

asphodeloïdes *L.*	*à feuill. d'asphodèle.* cap , s. ch. ♃
annuum *L.*	*annuel.* cap. ⊙

PHALANGIUM (*Anthericum L.*)   *PHALANGIUM*

revolutum.	*recourbé.* cap , or. ♃
ramosum.	*rameux.* F. ♃
liliago.	*à grappes.* F. ♃ (orn.)
liliastrum.	*lis Saint-Bruno.* F. , Alp. ♃ (orn.)
bicolor *Desf.*	*bicolor.* F. ♃
elatum *H. K.*	*élevé.* cap., s. ch. ♃
milleflorum *Dec.*	*à fleurs nombreuses.* N. Holl. ♃
albucoïdes *H. K.*	*faux albuca.* cap , s. ch. ♃

ASPHODELUS   *ASPHODÈLE*

luteus *L.*	*jaune.* F. m. ♃
ramosus *L.*	*rameux.* F. m. ♃
spicatus.	*à grappe.* F. m. ♃
fistulosus *L.*	*fistuleux.* F. m. ⊙

EUCOMIS   *EUCOMIS*

regia.	*couronné.* cap , s. ch. ♃
punctata *l'Her.*	*tacheté.* cap , s. ch. ♃

HYACINTHUS   *JACINTHE*

non scriptus *L.*	*des bois.* F. ♃
patulus.	*étalée.* Eur. ♃
amethystinus *Lmk.* }	
amethystinus *L.* }	
hispanicus *Lmk.* }	*améthyste.* Pyrén. ♃
romanus *L.*	*romaine.* Barb., or. ♃
serotinus *L.*	*rouillée.* Esp. ♃
orientalis *L.*	*d'orient.* Asie. ♃ (orn.)
viridis *L.*	*verte.* Esp. ♃

MUSCARI   *MUSCARI*

suaveolens.	*odorant.* orient. ♃ (orn.)
comosus.	*chevelu.* F. ♃
monstrosus.	*monstrueux.* F. ♃ (orn.)
racemosus.	*à grappes.* F. ♃

PHORMIUM   *PHORMIUM*

tenax *Forst.*	*lin de la N. Zélande.* or. ♃ (écon.)

LACHENALIA   *LACHENALIA*

pendula *H. K.*	*à fleurs pendantes.* cap , or. ♃
lanceæfolia *Jacq.*	*lancéole.* cap , or. ♃
pallida *Thunb.*	*à fleurs pâles.* cap , or. ♃
tricolor *Jacq.*	*tricolor.* cap., or. ♃

ALBUCA
- major *L.*
- alba *Lmk.*
- minor *L.*

SCILLA
- maritima *L.*
- peruviana *L.*
- italica *L.*
- amœna *L.*
- liliohyacinthus *L.*
- hyacinthoïdes *L.*
- bifolia *L.*
- undulata *Desf.*
- autumnalis *L.*

ERIOSPERMUM
- lanceæfolium *Jacq.*

ORNITHOGALUM
- luteum *L.*
- pyrenaïcum *L.*
- pyramidale *L.*
- narbonense *L.*
- umbellatum *L.*
- longibracteatum *Jacq.*
- arabicum *L.*

ALLIUM
    1. *Folia teretia.*
- cepa *L.*
- schœnoprasum *L.*
- ascalonicum *L.*
- flavum *L.*
- vineale *L.*
- sphærocephalum *L.*
- pallens *L.*
- paniculatum *L.*
- lusitanicum *L.*
- capillare *Cav.*
- carinatum *L.*

    2. *Folia plana.*
- angulosum *L.*
- roseum *L.*
- striatum *Jacq.* }
- gracile *H. K.* }
- subhirsutum *L.*
- nutans *L.*
- sativum *L.*
- scorodoprasum *L.*
- arenarium *L.*

ALBUCA
- *jaune.* cap., or. ♃
- *blanc.* cap, or. ♃
- *petit.* cap, or. ♃

SCILLE
- *maritime.* F. m., or. ♃ (méd.)
- *du Pérou.* F. m. ♃ (orn.)
- *d'Italie.* ♃
- *agréable.* orient. ♃
- *lis-jacinte.* F., Alpes. ♃
- *jacinte.* canar. ♃
- *à deux feuill.* F. ♃
- *ondée.* barb., or. ♃
- *d'automne.* F. ♃

ERIOSPERME
- *en lance.* cap, or. ♃

ORNITHOGALE
- *jaune.* F. ♃
- *des Pyrénées.* F. ♃
- *pyramidal.* F. m. ♃
- *de Narbonne.* F. m. ♃
- *ombellifère.* F. ♃
- *à longues bractées.* cap, or. ♃
- *d'Arabie.* Alger, or. ♃ (orn.)

AIL
    1. Feuilles cylindriques.
- *oignon.* ♂ (écon. méd.)
- *civette.* sibér. ♃ (écon.)
- *échalotte.* palest. ♃ (écon.)
- *jaune.* F. ♃
- *des vignes.* F. ♃
- *à tête ronde.* F. ♃
- *pâle.* F. ♃
- *paniculé.* suisse. ♃
- *de Portugal.* ♃
- *capillaire.* sicile. ♃
- *en carène.* suisse. ♃

    2. Feuilles planes.
- *anguleux.* F., Alpes. ♃
- *rose.* F. m. ♃
- *strié.* cap, or. ♃
- *velu.* orient. ♃
- *penché.* sibér. ♃
- *cultivé.* sicile. ♃ (écon. méd.)
- *rocambolle.* F. ♃ (écon.)
- *des sables.* F. ♃

obliquum *L.* — oblique. sibér. ♃

ampeloprasum *L.* — ampeloprasum. or. ♃

porrum *L.* — poireau. suisse. ♂ (écon.)

monspessulanum *couan.* — de Montpellier. F. m. ♃

victorialis *L.* — à feuill. de plantain. F. Alp. ♃

ursinum *L.* — pétiolé. F. ♃

scorzoneræfolium. — à feuill. de scorzonère. ♃

moly *L.* — moly. F. m. ♃

fragrans *vent.* — odorant. Afr., or. ♃

POLYANTHES — TUBÉREUSE

tuberosa *L.* — cultivée. inde, s. ch. ♃ (orn.)

HEMEROCALLIS — HÉMÉROCALE

fulva *L.* — rouge. chine. ♃ (orn.)

flava *L.* — jaune. suisse. ♃ (orn.)

cœrulea *and.* — bleue. chine, s. ch. ♃ (orn.)

japonica *Thunb.* — du Japon. s. ch. ♃ (orn.)

AGAPANTHUS — AGAPANTHUS

umbellatus *l'Her.* — ombellifère. cap, or. ♃ (orn.)

— minor. — — petit.

ORDO V.

NARCISSI.

ORDRE V.

LES NARCISSES.

AGAVE — AGAVÉ

americana *L.* — d'Amérique. Am. m., or. ♄ (écon.)

— variegata. — — panaché.

mexicana *L.* — du Mexique. s. ch. ♄

— angustifolia. — — à feuill. étroites.

vivipara *L.* — vivipare. Am. m., s. ch. ♄

fœtida *L.* — aloès pitt. Am. m. s. ch. ♄ (écon.)

ALSTROEMERIA — PÉLEGRINE

pelegrina *L.* — tachetée. Pérou, or. ♃ (orn.)

ligtu *L.* — veinée. Pérou, s. ch. ♃ (orn.)

HÆMANTHUS — HÉMANTE

coccineus *L.* — écarlate. cap, or. ♃ (orn.)

ciliaris *L.* — ciliée. cap, or. ♃ (orn.)

puniceus *L.* — ponceau. cap, or. ♃ (orn.)

pubescens *L. f.* — pubescente. cap, or. ♃ (orn.)

CRINUM — CRINUM

asiaticum *L.* — d'Asie. inde, s. ch. ♃ (orn.)

americanum *L.* — d'Amérique. Am. m., s. ch. ♃ (orn.)

erubescens *L. f.* — rougeâtre. Am. m., s. ch. ♃ (orn.)

bracteatum *wild.* — à longues bractées. Am. m., s. ch. ♃ (orn.)

AMARYLLIS	AMARYLLIS
lutea L.	jaune. F. m. ♃ (orn.)
atamasco L.	atamasco. Am. s. ♃ (orn.)
formosissima L.	de Saint-Jacques. Am. m., or. ♃ (orn.)
broussonetii née.	de Broussonet. Afr., s. ch. ♃ (orn.)
belladona l'Her.	belladone. Am. m., or. ♃ (orn.)
equestris Jacq.	rose. Am. m., s. ch. ♃ (orn.)
vittata l'Her.	veinée. cap, or. ♃ (orn.)
falcata l'Her.	falciforme. cap, or. ♃ (orn.)
sarniensis L.	grenesienne. Pérou, Grenesey, or. ♃ (orn.)
undulata L.	ondulée. cap, or. ♃ (orn.)
aurea l'Her.	jaune. chine, s. ch. ♃ (orn.)
PANCRATIUM	PANCRATIUM
caribæum L.	des Antilles. Am. m., s. ch. ♃ (orn.)
amboinense L.	d'Amboine. inde, s. ch. ♃ (orn.)
declinatum Jacq.	incliné. Am. m., s. ch. ♃ (orn.)
illyricum L.	d'Illyrie. F. m. ♃ (orn.)
maritimum L.	maritime. F. ♃ (orn.)
NARCISSUS	NARCISSE
poeticus L.	des poètes. F. ♃ (orn.)
pseudonarcissus L.	porion. F. ♃ (orn.)
bicolor L.	bicolor. F. ♃ (orn.)
tazetta L.	à bouquets. F. m. ♃ (orn.)
— alba.	— blanc.
jonquilla L.	jonquille. orient. ♃ (orn.)
bulbocodium L.	trompette. F. ♃ (orn.)
LEUCOIUM	LEUCOIUM
vernum L.	printanier. F. ♃ (orn.)
æstivum L.	d'été. F. ♃ (orn.)
autumnale L.	d'automne. Afr. s., or. ♃
GALANTHUS	GALANTINE
nivalis L.	perce-neige. F. ♃ (orn.)
HYPOXIS	HYPOXIS
erecta L.	à tige droite. Am. s., or. ♃
villosa L. f.	velu. cap, or. ♃
BROMELIA	ANANAS
ananas L.	cultivé. Am. m., s. ch. ♃ (alim.)
karatas L.	karatas. Am. m., s. ch. ♃
chrysantha Jacq.	jaune. Am. m., s. ch. ♃
TILLANDSIA.	TILLANDSIA
serrata L.	à feuill. en scie. Am. m., s. ch. ♃

ORDO VI.

IRIDES.

ORDRE VI.

LES IRIDÉES.

SISYRINCHIUM
bermudiana *l.*
— major.
convolutum.
striatum *smith.*

BERMUDIENNE
à petites fleurs. Am. s. ♃
— à grandes fleurs.
roulée. cap, or. ♃
à réseau. Mexique, or. ♃

TIGRIDIA
pavonia.

TIGRIDIA
à fleurs pourpres. cap, or. ♃
(orn.)

FERRARIA
undulata *l.*

FERRARIA
ondulé. cap, or. ♃

IRIS

1. *Barbatæ.*

susiana *l.*
florentina *l.*
germanica *l.*
— cœrulea.
— violacea.
pallida *lmk.*
plicata *lmk.*
swertii *lmk.*
squalens *l.*
variegata *l.*
aphylla *l.*
pumila *l.*
lutesceus *lmk.*

IRIS

1. Fleurs barbues.

de Suze. orient, or. ♃ (orn.)
de Florence. italie. ♃ (méd.)
flambé. F. ♃ (orn. méd.)
— *bleu.* (orn.)
— *violet.* (orn.)
pâle. orient. ♃ (orn.)
plissé. ♃ (orn.)
de Swert. ♃ (orn.)
sale. F. m. ♃
panaché. Hongrie ♃
sans feuill. ♃
nain. F. ♃ (orn.)
jaunâtre. F. ♃

2. *Imberbes.*

pseudo-acorus *l.*
fœtidissima *l.*
sibirica *l.*
ochroleuca *l.*
spuria *l.*
fimbriata *vent.*
graminea *l.*
xyphium *l.*
tuberosa *l.*
persica *l.*
sisyrinchium.
tricuspis *Thunb.*

2. Fleurs non barbues.

des marais. F. ♃ (méd.)
fétide. F. ♃
de Sibérie. ♃
jaune. orient. ♃
bâtard. F. ♃
frangé. chine, or. ♃
graminé. Autriche. ♃
xyphium. F. m. ♃ (orn.)
hermodate. orient, or. ♃ (m.)
de Perse. orient. ♃ (orn.)
à feuill. de safran. Barbar. ♃
à trois pointes. cap, or. ♃

MORÆA
irioïdes *l.*
nortiana *Andr.*

MORÉA.
faux iris. orient, or. ♃
à gaine. cap, or. ♃

chinensis.	de Chine. or. ♃ (orn.)
sordescens *jacq.*	sale. cap, or. ♃

IXIA

IXIA

bulbocodium *l.*	*bulbocodium.* f. m. ♃ (orn.)
crocata *l.*	*safrané.* cap, or. ♃ (orn.)
hyalina.	*membraneux.* cap, or. ♃
miniata *jacq.*	*couleur de minium.* cap, or. ♃ (orn.)
— maculata.	— *tacheté.* cap, or. ♃
polystachya.	*à plusieurs épis.* cap, or. ♃ (orn.)
anemonæflora *jacq.*	*à fleurs d'anémone.* cap, or. ♃ (orn.)
fuscocitrina.	*brun citron.* cap, or. ♃ (orn.)
leucantha *jacq.*	*blanc.* cap, or. ♃ (orn.)
bulbifera *l.*	*bulbifère.* cap, or. ♃ (orn.)
dubia *vent.*	*douteux.* cap, or. ♃ (orn.)
filiformis *vent.*	*filiforme.* cap, or. ♃ (orn.)
longiflora *jacq.*	*à longues fleurs.* cap, or. ♃ (orn.)
erecta *jacq.*	*droit.* cap, or. ♃ (orn.)
maculata *jacq.*	*maculé.* cap, or. ♃ (orn.)
viridis *jacq.*	*vert.* cap, or. ♃ (orn.)
cruciata *jacq.*	*crucifère.* cap, or. ♃ (orn.)
liliago.	*fleur de lis.* cap, or. ♃ (orn.)

GALAXIA

GALAXIA

ixiæflora *dec.*	*à fleurs d'ixia.* cap, or. ♃ (orn.)

GLADIOLUS

GLAYEUL

communis *l.*	*commun.* f. m. ♃ (orn.)
plicatus *l.*	*plissé.* cap, or. ♃ (orn.)
tristis *l.*	*triste.* cap, or. ♃ (orn.)
angustus *l.*	*à feuill. étroites.* cap, or. ♃ (orn.)
carneus *wild.*	*couleur de chair.* cap, or. ♃ (orn.)
merianus.	*de Mérian.* cap, or. ♃ (orn.)
lineatus. *curt.*	*veiné.* cap, or. ♃ (orn.)
cuspidatus *jacq.*	*en pointe.* cap, or. ♃ (orn.)
tubiflorus *jacq.*	*tubulé.* cap, or. ♃ (orn.)
securiger *curt.*	*en doloire.* cap, or. ♃ (orn.)
gramineus *andr.*	*à feuill. de gramen.* cap, or. ♃ (orn.)

ANTHOLIZA

ANTHOLISE

æthiopica *l.*	*d'Éthiopie.* cap, or. ♃ (orn.)
cunonia *l.*	*cunonia.* cap, or. ♃ (orn.)

CROCUS	SAFRAN
vernus *L.*	*printanier.* F. ♃ (orn.)
sativus *L.*	*cultivé.* orient. ♃ (écon. méd.)
multifidus. *Ramond.*	*découpé.* F., pyrén. ♃ (orn.)
WACHENDORFIA	WACHENDORFE
paniculata *L.*	*paniculée.* cap, or. ♃
thyrsiflora. *L.*	*à fleurs en thyrse.* cap, or. ♃
PONTEDERIA	PONTÉDÉRIA
cordata *L.*	*à feuill. en cœur.* Am.s. ♃ (orn.)

# CLASSIS IV.	# CLASSE IV.
## MONOCOTYLEDONES.	## MONOCOTYLÉDONS.
(*stamina epigyna.*)	(étamines sur le pistil.)
### ORDO I.	### ORDRE I.
MUSÆ.	LES BANANIERS.
MUSA	BANANIER
sapientum *L.*	*à petit fruit.* inde, s. ch. ♃ (alim.)
paradisiaca *L.*	*à grand fruit.* inde, s. ch. ♃ (al.)
coccinea *Andr.*	*écarlate.* chine, s. ch. ♃ (orn.)
HELICONIA	HÉLICONIA
bihai.	*bihai.* inde, s. ch. ♃
psittacorum *L. f.*	*des perroquets.* surin., s. ch. ♃
RAVENALA	RAVENAL
madagascariensis.	*de Madagascar.* s. ch. ♃
STRELITZIA	STRÉLITZIA
reginæ *H. K.*	*de la reine.* cap, s. ch. ♃ (orn.)
### ORDO II.	### ORDRE II.
CANNÆ.	LES BALISIERS.
CANNA	BALISIER
indica *L.*	*des Indes.* or. ♃ (orn.)
— punctata.	— *ponctué.*
— coccinea.	— *écarlatte.* Am. m., s. ch. ♃
glauca *L.*	*glauque.* Am. s., or. ♃
gigantea.	*gigantesque.* s. ch. ♃
GLOBBA	GLOBBA
nutans *L.*	*inclinée.* inde, s. ch. ♃ (orn.)

AMOMUM
  zingiber *L.*

  zerumbet *L.*

  sylvestre *swartz.*
  cardamomum *L.*

HEDICHIUM
  coronarium *L.*

COSTUS
  arabicus *L.*

ALPINIA
  racemosa *L.*

MARANTA
  arundinacea.

THALIA
  dealbata.

CURCUMA
  longa *L.*

KÆMPFERIA
  galanga *L.*
  longa *Jacq.*

AMOME
  gingembre. inde, s. ch. ♃
    (écon. méd.)
  zérumbet. inde, s. ch. ♃
    (écon. méd.)
  sauvage. Am. m., s. ch. ♃
  cardamome. inde, s. ch. ♃
    (écon. méd.)

HÉDICHIUM
  en couronne. inde, s. ch. ♃

COSTUS
  d'Arabie. Am. m., s. ch. ♃
    (méd.)

ALPINIA
  à grappes. Am. m., s. ch. ♃

MARANTA
  à feuill. de balisier. Am. m.,
    s. ch. ♃

THALIA
  blanc. s. ch. ♃

CURCUMA
  safran des Indes. s. ch. ♃
    (écon., arts.; méd.)

KÆMPFERIA
  galanga. inde, s. ch. ♃
  allongé. inde, s. ch. ♃

ORDO III.

ORCHIDEÆ.

ORCHIS

  1. *Bulbis indivisis.*
  bifolia *L.*
  pyramidalis *L.*
  coriophora *L.*
  morio *L.*
  mascula *L.*
  laxiflora *Lmk.*
  ustulata *L.*
  militaris *L.*
  variegata *Jacq.*
  simia *Lmk.*

    2. *Bulbis palmatis.*
  latifolia *L.*

ORDRE III.

LES ORCHIDÉES.

ORCHIS

  1. Bulbes non divisées.
  à deux feuill. F. ♃
  pyramidal. F. ♃
  fétide. F. ♃
  morio. F. ♃
  mâle. F. ♃
  à fleurs lâches. F. ♃
  charbonné. F. ♃
  militaire. F. ♃
  tacheté. F. ♃
  singe. F ♃

    2. Bulbes palmées.
  à larges feuill. F. ♃

maculata L.	maculé. F. ♃
conopsea L.	à long éperon. F. ♃
abortiva L.	avorté. F. ♃
SATYRIUM	SATYRIUM
hircinum L.	fétide. F. ♃
viride L.	vert. F. ♃
nigrum L.	noir. F., Alpes. ♃
OPHRYS	OPHRYS
ovata L.	double feuill. F. ♃
antropophora L.	homme. F. ♃
nidus avis L.	nid d'oiseau. F. ♃
paludosa L.	des marais. F. ♃
insectifera L.	insecte. F. ♃
— musciflora.	— mouche.
— arachnites.	— araignée.
— rubiginosa.	— rouillé.
spiralis L.	en spirale. F. ♃
æstivalis.	d'été. F. ♃
SERAPIAS	HELLEBORINE
latifolia L.	à larges feuill. F. ♃
longifolia L.	à feuill. longues. F. ♃
grandiflora L.	à grandes fleurs. F. ♃
rubra L.	rouge. F. ♃
LIMODORUM	LIMODORE
tankervilliæ H. K.	de Chine. s. ch. ♃ (orn.)
purpureum Lmk.	pourpre. Am. m., s. ch. ♃
altum L.	élevé. Am. m., s. ch. ♃
CYPRIPEDIUM	CYPRIPEDIUM
caiceolus L.	des Alpes. F. ♃
flavescens Dec.	jaune. Am. s. ♃
EPIDENDRUM	EPIDENDRUM
cochleatum L.	limaçon. Am. m., s. ch. ♃
ciliare L.	cilié. Am. m., s. ch. ♃
bifidum swartz.	bifide. Am. m., s. ch ♃

ORDO IV.

HYDROCHARIDES.

VALLISNERIA	VALLISNERIA
spiralis L.	en spirale. F. ♃
STRATIOTES	STRATIOTES
alooïdes.	à feuill. d'aloès. F. ♃
HYDROCHARIS	MORÈNE
morsus ranæ L.	aquatique. F. ♃

ORDRE IV.

LES MORÈNES.

NYMPHÆA	NYMPHÆA
alba L.	blanc. F. ♃
lutea L.	jaune. F. ♃
cœrulea sav.	bleu. Égypte, s. ch. ♃

CLASSIS V.
DICOTYLEDONES APETALÆ.
(stamina epigyna.)

ARISTOLOCHIA
  altissima Desf.
  sempervirens L.
  pistolochia L.
  bilobata L.
  caudata L.
  trilobata L.
  peltata L.
  bœtica Lmk.
  sypho l'Her.
  rotunda L.
  clematitis L.
  serpentaria L.

ASARUM
  europæum L.
  canadense L.
  virginicum L.

CLASSE V.
DICOTYLÉDONS SANS COROLLE.
(étamines sur le pistil.)

ARISTOLOCHE
  élevée. Alger, or. ♄
  toujours verte. orient. or. ♄
  crénelée. F. m., or. ♃ (méd.)
  bilobée. Am. m., s. ch. ♃
  filifère. Am. m., s. ch. ♄
  trilobée. Am. m., s. ch. ♄
  bouclier. Am. m., s. ch. ♃
  de Portugal. ♃
  syphon. Am. s. ♄ (orn.)
  ronde. F. m. ♃ (méd.)
  clématite. F. ♃ (méd.)
  serpentaire. Am. s. ♃ (méd.)

ASARUM
  d'Europe. F. ♃ (méd.)
  de Canada. Am. s. ♃
  de Virginie. Am. s. ♃

CLASSIS VI.
DICOTYLEDONES APETALÆ.
(stamina perigyna.)
ORDO I.
ELÆAGNI.
1. Stamina 5, aut pauciora.

THESIUM
  linophyllum L.

CLASSE VI.
DICOTYLÉDONS SANS COROLLE.
(étamines attachées au calice.)
ORDRE I.
LES CHALEFS.
I. Cinq étamines, ou moins.

THESIUM
  à feuill. de lin. F. ♃

Osyris
  blanc. f. ♄
	Osyris
	  alba L.

Hyppophae
  rhamnoïdes L.
  canadensis L.
	Argousier
	  rhamnoïde. f. ♄
	  de Canada. ♄

Elæagnus
  angustifolia L.
	Chalef
	  à feuill. étroites, ou olivier de
	    Bohême. orient. ♄ (orn.)

Nyssa
  aquatica L.
  denticulata h. k.
  angulisans Mich.
  villosa Mich.
  integrifolia h. k.
  candicans Mich.
	Tupélo
	
	  aquatique. Am. s. ♄
	
	  velu. Am. s. ♄
	  blanchâtre. Am. s. ♄

Conocarpus
  erecta L.
 	
  II. Stamina sæpius 10.
	Conocarpe
	  droit. Am. m., s. ch. ♄
	
	  II. Ordinairement 10 étamines.

Bucida
  buceras L.
	Bucida
	  cornu. Am. m., s. ch. ♄

Terminalia
  catappa L.
  angustifolia Jacq.
	Badamier
	  catappa. inde, s. ch. ♄
	  à feuill. étroites. inde, s. ch. ♄

ORDO II.

THYMELEÆ.

ORDRE II.

LES THYMELÉES.

Dirca
  palustris L.
	Dirca
	  bois-cuir. Am. s. ♄

Daphne
 	
  1. Floribus lateralibus.
  mezereum L.
  — album.
  thymelæa.
  tarton-raira L.
  alpina L.
  pontica L.
  laureola L.
 	
  2. Floribus terminalibus.
  odora Thunb.
  oleæfolia Lmk.
  collina Jacq.
  cneorum L.
  gnidium L.
	Daphné
	
	  1. Fleurs latérales.
	  bois gentil. f. ♄ (orn. vén.)
	  — à fleur blanche.
	  thymelée. f. ♄ (orn.)
	  tarton-raire. f. m., or. ♄
	  des Alpes. f. ♄
	  de Pont. As., or. ♄ (orn.)
	  lauréole. f. ♄ (vén.)
	
	  2. Fleurs terminales.
	  odorant. or. ♄
	  à feuill. d'olivier. orient, or. ♄
	  d'Italie. or. ♄
	  cneorum. f. ♄ (orn. vén.)
	  garou. f. m., or. ♄ (méd. vén.)

PASSERINA
  hirsuta *L.*
  dioica *Gouan.*
  calycina *Lapeyr.*
  filiformis *L.*
  capitata *L.*
  grandiflora *L. f.*
  laxa *L. f.*

STELLERA
  passerina *L.*

STRUTHIOLA
  virgata *L.*
  erecta *L.*
  imbricata *Andr.*

DAIS
  cotinifolia *L.*

GNIDIA
  oppositifolia *Thunb.*
  simpléx *L. f.*
  pinifolia *L. f.*

PASSERINE
  cotonneuse. F. m., or. ♄
  dioïque. F. m. ♄
  calyculée. F. m. ♄
  filiforme. cap, or. ♄
  à fleurs en tête. cap, or. ♄
  à grandes fleurs. cap, or. ♄
  lâche. cap, or. ♄

STELLERA
  passerine. F. ☉

STRUTHIOLA
  effilé. cap, or. ♄
  à tige droite. cap, or. ♄
  imbriqué. cap, or. ♄

DAIS
  à feuill. de fustet. cap, or. ♄

GNIDIA
  à feuill. opposées. cap, or. ♄
  à tiges simples. cap, or. ♄
  à feuill. de pin. cap, or. ♄

ORDO III,

PROTEÆ.

PROTEA
  argentea *L.*
  pallens *L.*
  conifera *L.*
  obliqua *Thunb.*
  levisanus *Thunb.*
  hirta *L.*
  glauca.
  saligna *Thunb.*
  sericea *L. f.*

BANKSIA
  serrata *L. f.*
  spinulosa *smith.*

HAKEA
  gibbosa *cav.*
  dactyloïdes *cav.*

EMBOTHRIUM
  salicifolium *vent.*
  sericeum *smith.*

ORDRE III.

LES PROTÉES.

PROTEA
  arbre d'argent. cap, or. ♄
  pâle. cap, or. ♄
  conifère. cap, or. ♄
  oblique. cap, or. ♄
  lévisanus. cap, or. ♄
  velu. cap, or. ♄
  glauque. cap, or. ♄
  à feuill. de saule. cap, or. ♄
  soyeux. cap, or. ♄

BANKSIA
  à feuill. en scie. N. holl., or. ♄
  épineux. N. holl., or. ♄

HAKÉA
  gibbeux. N. holl., or. ♄
  dactyloïde. N. holl., or. ♄

EMBOTHRIUM
  à feuill. de saule. N. holl., or. ♄
  soyeux. N. holl., or. ♄

ORDO IV.

LAURI.

Laŭrus
>   1. *Folia perennantia.*
>
>   cinnamomum *L.*
>
>   camphora *L.*
>
>   persea *L.*
>   nobilis *L.*
>
>   indica *L.*
>   borbonia *L.*
>   fœtens *H. K.*
>
>   2. *Foliis deciduis.*
>
>   geniculata *Mich.*
>   benzoïn *L.*
>   sassafras *L.*

Myristica
>   aromatica *L.*

Hernandia
>   sonora *L.*

ORDO V.

POLYGONEÆ.

Coccoloba
>   excoriata *L.*
>   uvifera *L.*
>   macrophylla.
>
>   pubescens *L.*
>   diversifolia *Jacq.*

Brunnichia *Gœrt.*
>   cirrhosa.

Atraphraxis
>   undulata *L.*
>   spinosa *L.*

ORDRE IV.

LES LAURIERS.

Laurier
>   1. Feuilles persistantes.
>
>   *cannellier.* As., or. ♄ (écon. méd.)
>
>   *camphrier.* Japon, s. ch. ♄ (écon. méd.)
>
>   *avocat.* Am. m., s. ch. ♄ (alim.)
>   *d'Apollon.* orient. ♄ (écon. méd.)
>
>   *des Indes.* canaries, or. ♄
>   *rouge.* Am. s., or. ♄
>   *fétide.* canaries, or. ♄
>
>   2. Feuilles tombantes.
>
>   *géniculé.* Am. s., or. ♄
>   *faux benjoin.* Am. s. ♄
>   *sassafras.* Am. s. ♄ (méd.)

Muscadier
>   *aromatique.* moluques, s. ch. ♄ (écon. méd.)

Hernandia
>   *sonore.* Am. m., s. ch. ♄

ORDRE V.

LES POLYGONÉES.

Raisinier
>   *écorcé.* Am. m., s. ch. ♄
>   *à grappes.* Am. m., s. ch. ♄
>   *à grandes feuill.* Am. m., s. ch. ♄
>   *pubescent.* Am. m., s. ch. ♄
>   *à feuill. changeantes.* Am. m., s. ch. ♄

Brunnichia
>   *à vrilles.* Am. s. ♄

Atraphraxis
>   *ondulé.* cap, or. ♄
>   *épineux.* orient. ♄

POLYGONUM.	POLYGONE

1. *Foliis indivisis, floribus octandris, trigynis.* — **1.** Feuilles entières, 8 étamines, 3 styles.

aviculare L.	renoué, centinode. F. ♃ (méd.)
maritimum L.	maritime. F. ♃
polygamum *vent.*	polygame. Am. s., or. ♄
frutescens L.	arbrisseau. sibérie. ♄
divaricatum L.	étalé. sibérie. ♃
alpinum *All.*	des Alpes. F. ♃
angustifolium.	à feuill. étroites. sibérie. ♃

2. *Persicariæ, pistilo bifido, stamina minus 8.* — **2.** Les persicaires, 2 styles, moins de 8 étamines.

orientale L.	d'orient. ⊙ (orn.)
persicaria L.	persicaire. F. ⊙
— maculata.	— maculée.
minus H. K.	nain. F. ⊙
hydropiper L.	poivre d'eau. F. ⊙
amphibium L.	amphibie. F. ♃
virginianum L.	de Virginie. Am. s. ♃

3. *Bistortæ, spica unica.* — **3.** Les bistortes, un seul épi.

viviparum L.	vivipare. F., Alpes. ♃
bistorta L.	bistorte. F. ♃ (méd.)
— major.	— à larges feuill.

4. *Foliis subcordatis.* — **4.** Feuilles en cœur ou hastées.

tataricum L.	de Tartarie. ⊙ (alim.)
fagopyrum L.	sarrazin. Asie. ⊙ (alim.)
emarginatum *wild.*	échancré. chine. ⊙
convolvulus L.	liseron. F. ⊙
dumetorum L.	des buissons. F. ⊙
scandens L.	grimpant. Am. s. ♃
acetosæfolium *vent.*	à feuill. d'oseille. brésil. ♃

RUMEX.	RUMEX.

1. *Hermaphroditæ, valvulis glandulâ destitutis.* — **1.** Fleurs hermaphrodites, calice sans glandes.

lunaria L.	arbrisseau. canaries, or. ♃
vesicarius L.	vésiculeux. Afr. s. ⊙
roseus L.	rose. égypte. ⊙
tingitanus L.	de Tanger. Alger. ♃
scutatus L.	en bouclier. F. ♃ (alim.méd.)
— glaucus.	— glauque.
digynus L.	à deux styles. F., Alpes. ♃
bucephalophorus L.	tête de bœuf. F. m. ⊙

2. *Floribus diclinis.* — **2.** Fleurs polygames.

arifolius L. f.	à feuill. d'arum. Afr., s.ch. ♂
alpinus L.	des Alpes. F. ♃ (méd.)

tuberosus *l.*	*tubéreux.* italie., or. ♀
montanus. ⎫	*de montagne.* F. ♀
arifolius *All.* ⎭	
cordatus.	*en cœur.* cap., or. ♀
acetosa *l.*	*oseille.* F. ♀ (alim. méd.)
acetosella *l.*	*auriculé.* F. ♀
spinosus *l.*	*épineux.* orient. ☉

3. *Floribus hermaphroditis , valvulis granulo notatis.*	3. Fleurs hermaphrodites ; valves glanduleuses.

maritimus *l.*	*maritime.* F. ⨀
crispatulus *Mich.* ⎫	*crispé.* Am. s. ☉
persicarioïdes *Poiret.* ⎭	
ægyptiacus *l.*	*d'Égypte.* ☉
dentatus *l.*	*denté.* Égypte. ⨀
pulcher *l.*	*violon.* F. ♂
nemolapathum *l.*	*des bois.* F. ♀
sanguineus *l.*	*sanguin.* Am. s. ♀
purpureus *Poiret.*	*purpurin.* ♀
obtusifolius *l.*	*à feuill. obtuses.* F. ♀
crispus *l.*	*crépu.* F ♀
hydrolapathum *H. K.*	*des marais.* F. ♀
patientia *l.*	*patience.* F. ♀ (méd.)
undulatus.	*ondé.* sibérie. ♀

Rheum	*Rhubarbe*
rhaponticum *l.*	*rhapontic.* Asie ♀ (méd.)
compactum *l.*	*compacte.* chine. ♀ (méd.)
undulatum *l.*	*ondée.* chine. ♀ (méd.)
ribes *l.*	*ribès.* Asie. ♀ (écon. méd.)
palmatum *l.*	*palmée.* chine. ♀ (méd.)

Calligonum	*Calligonum*
comosum *Desf.*	*hérissé.* Afr., or. ♀

Pallasia	*Pallasia*
caspica *l.*	*de la mer caspienne.* or. ♄

ORDO VI.

ATRIPLICES.

I. *Fructus baccatus.*

ORDRE VI.

LES ARROCHES.

I. Une baie.

Phytolacca	*Phytolacca*
octandra *l.*	*à 8 étamines.* Am. m., s. ch. ♄
decandra *l.*	*à 10 étamines.* Am. s. ♀
dodecandra *l'Her.*	*à 12 étamines.* Abyss., s. ch. ♄
icosandra *l.*	*à 20 étamines.* inde., s. ch. ♄
dioica *l.*	*dioïque.* Am. m., s. ch. ♄

RIVINA	RIVINA
humilis *L.*	*velu.* Am. m., s. ch. ♄
octandra *L.*	*à 8 étaminés.* Am. m., s.ch. ♄
levis *L.*	*lisse.* inde, s. ch. ♂
BOSEA	BOSEA
yerva-mora *L.*	*yerva-mora.* canaries, or. ♄
II. *Fructus capsularis.*	II. Une capsule.
PETIVERIA	PETIVERIA
alliacea *L.*	*alliacé.* Am. m., s. ch. ♄
POLYCNEMUM	POLYCNÉMUM
arvense *L.*	*des champs.* F. ⊙
CAMPHOROSMA	CAMPHRÉE
monspeliaca *L.*	*de Montpellier.* F., or. ♄ (méd.)
PTERANTHUS	PTÉRANTHUS
echinatus *Desf.*	*hérissé.* Afr. s. ⊙
GALENIA	GALÉNIA
africana *L.*	*d'Afrique.* cap, or. ♄
III. *Semen tectum calice; stamina 5.*	III. Graines recouvertes par le calice, 5 étamines.
BASELLA	BASELLE
rubra *L.*	*rouge.* inde. ♂ (écon.)
alba *L.*	*blanche.* chine. ♂ (écon.)
cordifolia *Lmk.*	*à feuill. en cœur.* inde. ♂ (écon.)
vesicaria *Lmk.*	*vésiculeuse.* pérou.
SALSOLA	SOUDE.
1. *Fruticosæ.*	1. Tiges ligneuses.
brevifolia *Desf.*	*à feuill. courtes.* barb., or. ♄
fruticosa *L.*	*arbrisseau.* F. ♄
prostrata *L.*	*couchée.* sibérie. ♄
canescens.	*satinée.* or. ♄
oppositifolia *Desf.*	*à feuill. opposées.* barb., or. ♄
2. *Herbaceæ.*	2. Tiges herbacées.
hirsuta *L.*	*velue.* F. m. ⊙
muricata *L.*	*hérissée.* égypte, or. ♃
laniflora *Pallas.*	*laineuse.* sibérie. ♃
altissima *L.*	*élevée.* italie. ⊙
soda *L.*	*commune.* F. m. ⊙ (arts.)
radiata *Desf.* ⎫ platiphylla *Mich.* ⎭	*rayonnée.* Am. s. ⊙
salsa *L.*	*salée.* sibérie. ⊙
kali *L.*	*kali.* F. ⊙ (arts.)
tragus *L.*	*épineuse.* F. ⊙ (arts.)
rosacea *L.*	*rosacée.* Asie. ⊙

6

SPINACIA
  oleracea *L.*
  — levis.

ÉPINARS
  cultivé. AS. s. ⊙ (alim.)
  — lisse. (alim.)

BETA
  vulgaris *L.*
  — rubra.
  cycla *L.*

  maritima *L.*

BETTE
  commune. EUR. aust. ♂ (alim.)
  — rouge.
  racine de disette. PORTUG. ♂
    (alim.)
  maritime. F. ⊙

CHENOPODIUM.

ANSERINE.

  1. *Foliis angulatis.*

  1. Feuilles anguleuses.

  bonus henricus *L.*
  urbicum *L.*
  serotinum *L.*
  atriplicis *L.*
  murale *L.*
  hybridum *L.*
  ficifolium, *smith.*
  album *L.*
  rubrum *L.*
  ambrosioïdes *L.*
  anthelminticum *L.*

  botrys *L.*
  multifidum *L.*
  glaucum *L.*

  bon Henri. F. ♃ (méd.)
  triangulaire. F. ⊙
  tardive. F. ⊙
  à feuill. d'arroche. chine. ⊙
  des murailles. F. ⊙
  hybride. F. ⊙
  à feuill. de figuier. F. ⊙
  blanche. F. ⊙
  rouge. F. ⊙
  odorante. AM. m. ⊙ (méd.)
  anthelmintique. AM. m., or. ♄
    (méd.)
  botrys. F. ⊙ (méd.)
  découpée. AM. m., or. ♄
  glauque. F. ⊙

  2. *Foliis integris.*

  2. Feuilles entières.

  vulvaria *L.*
  polyspermum *L.*
  scoparia *L.*
  villosum *Lmk.*
  aristatum *L.*
  maritimum *L.*

  fétide. F. ⊙
  polysperme. F. ⊙
  belvédère. chine. ⊙
  velue. sibérie. ⊙
  barbue. sibérie. ⊙
  maritime. F. ⊙

ATRIPLEX
  halimus *L.*
  portulacoïdes *L.*
  rosea *L.*
  sibirica *L.*
  hortensis *L.*
  — rubra.
  — ruberrima.
  bengalensis.
  virgata.
  laciniata *L.*
  multifida.

ARROCHE
  halime. F. ♄
  à feuill. de pourpier. F. ♄
  rose. F. ⊙
  de Sibérie. ⊙
  des jardins. ASIE. ⊙ (écon.)
  — rouge.
  — pourpre.
  du Bengale. ⊙
  effilée. sibérie. ⊙
  laciniée. F. ⊙
  découpée. ⊙

hastata L.	hastée. F. ☉
patula L.	touffue. F. ☉
littoralis L.	maritime. F. ☉

IV. Semen tectum calice, stamina pauciora quam 5.

IV. Graine renfermée dans le calice, moins de cinq étamines.

AXYRIS
amaranthoïdes L.
hybrida L.

AXYRIS
fausse amarante. sibérie. ☉
hybride. sibérie. ☉

BLITUM
capitatum L.
virgatum L.
chenopodioïdes L.

BLETTE
à fleurs en tête. F. ☉
effilée. F. ☉
anserine. tartarie. ☉

SALICORNIA
herbacea L.
fruticosa L.

SALICORNE
herbacée. F. ☉ (écon.)
arbrisseau. F. m., or. ♄

V. Semen denudatum.

V. Graines non-recouvertes.

CORISPERMUM
spicatum.
hyssopifolium L.

CORISPERME
à épis. sibérie. ☉
à feuill. d'hyssope. tartar. ☉

CLASSIS VII.

CLASSE VII.

DICOTYLEDONES APETALAE.

DICOTYLÉDONS SANS COROLLE.

(stamina hypogyna.)

(étamines attachées sous le pistil.)

ORDO I.

ORDRE I.

AMARANTHI.

LES AMARANTES.

I. Folia alterna nuda.

I. Feuilles alternes nues.

AMARANTHUS

AMARANTE

1. *Triandri.*

1. Trois étamines.

albus L.	*blanche.* am. s. ☉
græcisans L.	*à feuill. étroites.* am. s. ☉
persicarioïdes.	*persicaire.* ☉
circinnatus.	*à feuill. rondes.* ☉
tricolor L.	*tricolor.* inde. ☉ (orn.)
lividus L.	*livide.* am. s. ☉
melancholicus L.	*mélancolique.* inde. ☉
gracilis.	
chenopodium caudatum. *Jacq.* }	*grêle.* ☉

blitum ʟ.	*blette,* ꜰ. ☉
sylvestris.	*sauvage.* ꜰ. ☉
polygonoïdes ʟ.	*membraneuse.* ᴀᴍ. m, ☉

2. *Pentandri,*   **2. Cinq étamines.**

chlorostachys *wild.*	*pâle.* ☉
paniculatus ʟ.	*paniculée.* ᴀᴍ.m. ☉ (orn.)
hybridus ʟ. }	*hybride.* ꜰ. ☉
retroflexus ʟ*mk.* }	
caudatus ʟ.	*à longs épis.* ᴘérou. ☉ (orn.)
spinosus ʟ.	*épineuse.* inde. ☉

Cᴇʟᴏsɪᴀ   *Céʟᴏsɪᴀ*

argentea ʟ.	*argenté.* inde. ☉
margaritacea ʟ.	*perlé.* inde. ☉
trigyna ʟ.	*à trois styles.* ᴀfr. ☉
cristata ʟ.	*à crêtes.* ᴀsie. ☉ (orn.)
coccinea ʟ.	*pourpre.* inde. ☉ (orn.)

II. *Folia opposita nuda,*   **II. Feuilles opposées nues.**

Iʀᴇsɪɴᴇ   *Iʀᴇsɪɴᴇ́*

celosioïdes ʟ.	*faux celosia.* ᴀm. m., s. ch. ♄

Aᴄʜʏʀᴀɴᴛʜᴇs   *Cᴀᴅᴇʟᴀʀɪ*

argentea ʟ*mk.*	*argenté.* ʙarbarie. ☉
fruticosa ʟ*mk.*	*arbrisseau.* inde. ♄
crispa.	*crépu.* inde. ♄
virgata.	*à longs épis.* inde. ♄
lappacea. ʟ.	*hérissé.* inde. ♄
styracifolia ʟ*mk.*	*à feuill. de styrax.* inde ☉
muricata. ʟ.	*épineux.* égypte. ☉
porrigens. ᴊ*acq.*	*étalé.* ᴘérou. ♄ (orn.)

Gᴏᴍᴘʜʀᴇɴᴀ   *Aᴍᴀʀᴀɴᴛɪɴᴇ*

globosa ʟ.	*globuleuse.* inde. ☉ (orn.)
interrupta ʟ.	*interrompue.* ᴀm. m. ♃

Iʟʟᴇᴄᴇʙʀᴜᴍ   *Iʟʟᴇᴄᴇ̀ʙʀᴇ*

lanatum ʟ.	*laineuse.* inde. ☉
javanicum ʟ.	*de Java.* inde. ♂

III. *Folia opposita, stipulacea.*   **III. Feuilles opposées, accompagnées de stipules.**

Pᴀʀᴏɴɪᴄʜɪᴀ *(illecebrum* ʟ. *)*   *Pᴀʀᴏɴɪᴄ*

verticillata.	*verticillé.* ꜰ. ☉
echinata *ᴅesf.*	*hérissé.* ʙarbarie. ♃
vulgaris.	*commun.* ꜰ. m. ♃
capitata.	*à fleurs en tête.* ♂
ficoïdea.	*ficoïde.* ᴀm. m., s. ch. ♃
sessilis.	*sessile.* inde, s. ch. ♃
achyrantha.	*achyrantha.* orient. ☉
frutescens *l'ʜer.*	*arbrisseau.* ᴘérou, s. ch. ♄

HERNIARIA

suffruticosa.
illecebrum suffruticosum L. }
fruticosa L.
glabra L.
hirsuta L.
incana.

HERNIOLE

sous-arbrisseau. BARB., or. ♄
ligneuse. F., or. ♄
lisse. F. ☉
velue. F. ☉
blanche. ESP. ♃

ORDO II.

PLANTAGINES,

PLANTAGO

1. Caule folioso,

psyllium. }
arenaria wild. }
indica. L.
cynops L.
squarrosa L.
stricta schousb.

2. Scapo nudo.

maxima Jacq.
asiatica Lmk.
cordata Lmk.
major L.
media L.
crassa wild.
lanceolata L.
lagopus L.
amplexicaulis cav.
serraria L.
vaginata rent.
virginica L.
albicans L.
interrupta Poiret.
alpina L.
sphærocephala Poiret. }
alpina Jacq. }
microcephala Poiret, }
villosa Roth. }
cretica L.
maritima L.
subulata L.
loeflingii L.
coronopus L.

LITTORELLA
lacustris L.

ORDRE II.

LES PLANTAINS.

PLANTAIN

1. Tige feuillue.

psyllium. F. ☉
des Indes. égypte. ☉
cynops. F. ♃
rude. Égypte. ☉
serré. MAROC. ☉

2. Tige nue.

capuchon. sibérie. ♃
d'Asie. ♃
en cœur. AM. S. ♃
commun. F. ♃ (méd.)
moyen. F. ♃ (méd.)
charnu. ♃
lancéolé. F. ♃
lagopus. F. ☉
amplexicaule. ESP. ♃
en scie. BARBARIE. ♃
à gaînes. canaries, or. ♄
de Virginie. AM. S. ☉
blanchâtre. F. M. ♃
interrompu. AM. S. ♃
des Alpes. F. ♃

à tête ronde. Alpes. ♃

à petites têtes. orient. ☉

de Crète. orient. ♂
maritime. F. ♃
en alène. F. M. ♃
de Lœfling. ESP. ☉
corne de cerf. F. ☉

LITTORELLE
des marais. F. ♃

ORDO III.

NYCTAGINES.

MIRABILIS
   jalapa *l*.
   — lutea.
   longiflora *l*.

   viscosa *cav*.
   aggregata *cav*.

ABRONIA
   umbellata *lmk*.

BOERHAAVIA
   erecta *l*.
   diffusa *l*.
   hirsuta *l*.
   obtusifolia *lmk*.
   scandens *l*.
   tuberosa *lmk*.

PISONIA
   aculeata *l*.
   fragrans.
   nitida.

ORDO IV.

PLUMBAGINES.

PLUMBAGO
   europæa *l*.
   scandens *l*.
   rosea *l*.

STATICE.

   1. *Caule ramoso.*

   monopetala *l*.
   — angustifolia.
   suffruticosa *l*.
   limonium *l*.
   latifolia *smith*.
   cordata *l*.
   minuta *l*.
   mucronata *l. f.*
   tatarica *l*.
   oleæfolia *scop*.

ORDRE III.

LES NYCTAGES.

MIRABILIS
   belle de nuit. Am. m. ♃ (orn.)
   — jaune.
   à longues fleurs. mexique , or. ♃ (orn.)

   visqueuse. pérou, s. ch. ♃
   agglomérée. n. esp., s. ch. ♃

ABRONIA
   ombellifère. californie. ☉

BOERHAAVIA
   droit. Am. m., s. ch. ♃
   étalé. Am. m., s. ch. ♃
   velu. Am. m., s. ch. ♃
   à feuill. obtuses. Am. m., s. ch. ♃
   grimpant. Am. m., s. ch. ♄
   tubéreux. pérou, s. ch. ♄

PISONIA
   épineux. Am. m., s. ch. ♄
   odorant. Am. m., s. ch. ♄
   luisant. Am. m., s. ch. ♄

ORDRE IV.

LES DENTELAIRES.

DENTELAIRE
   d'Europe. f. m. ♃ (méd.)
   grimpante. Am. m., s. ch. ♄
   rose. inde, s. ch. ♄ (orn.)

STATICÉ.

   1. *Tige rameuse.*

   monopétale. f. m., or. ♄
   — à feuill. étroites.
   sous-arbrisseau. sibérie. ♄
   limonium. f. ♃ (orn.)
   à larges feuill. sibér. ♃ (orn.)
   à feuill. en cœur. f. m., or. ♃
   petite. f. m., or. ♃
   crépue. barbar., or. ♃ (orn.)
   de Tartarie. ♃
   à feuill. d'olivier. ital., or. ♃

sinuata L.	sinuée. Alger, or. ♂
spicata wild.	à épis. perse, or. ♃

2. *Caule simplici, floribus capitatis.* · 2. Tige simple, fleurs en tête.

armeria L.	gazon d'olympe. F. ♃ (orn.)
— minor.	— petit gazon d'olympe.
fasciculata vent.	fasciculée. sardaigne, or. ♄

CLASSIS VIII. CLASSE VIII.

DICOTYLEDONES DICOTYLEDONS

MONOPETALÆ. MONOPÉTALES.

(*corolla hypogyna.*) (corolle attachée sous le pistil.)

ORDO I. ORDRE I.

LYSIMACHIÆ. LES LYSIMACHIES.

I. *Flores cauli insidentes.* 1. Fleurs sur la tige.

CENTUNCULUS	CENTENILLE
minimus L.	naine. F. ⊙
ANAGALLIS	MOURON
arvensis L.	des champs. F. ⊙
— cœrulea.	— bleu.
monelli L.	de Monelli. ESP. ♂
collina schousb.	de Maroc. or. ♄
latifolia L.	à larges feuill. ESP. ⊙
tenella L.	rampant. F. ♃
LYSIMACHIA	LYSIMACHIE
vulgaris L.	commune. F. ♃ (méd.)
ephemerum L.	éphémère. ESP. ♃ (orn.)
orientalis Lmk.	d'orient. ♃
thyrsiflora L.	en thyrse. F. ♃
punctata L.	ponctuée. F. ♃
ciliata L.	ciliée. AM. s. ♃
nemorum L.	des bois. F. ♃
nummularia L.	nummulaire. F. ♃
linum stellatum L.	lin étoilé. F. ⊙
HOTTONIA	HOTTONIA
palustris L.	des marais. F. ♃
CORIS	CORIS
monspeliensis L.	de Montpellier. F. m. ♃

LIMOSELLA
  aquatica *L.*

TRIENTALIS
  europæa *L.*

ARETIA
  vitaliana *L.*

*II. Flores scapo insidentes umbellati ,
involucro polyphyllo , rarius solitarii.*

ANDROSACE
  maxima *L.*
  septentrionalis *L.*
  elongata *L.*
  lactea *L.*
  carnea *L.*
  villosa *L.*

PRIMULA
  veris *L.*
  elatior *wild.*
  — acaulis.
  auricula *L.*
  marginata *wild.*
  farinosa *L.*
  viscosa *All.*
  integrifolia *L.*
  villosa *Jacq.*
  auriculata *Lmk.*

CORTUSA
  matthioli *L.*

SOLDANELLA
  alpina *L.*

DODECATHEON
  meadia *L.*

CYCLAMEN
  europæum *L.*
  hederæfolium *H. K.*

[*III. Genera lysimachiis affinia.*

GLOBULARIA
  alypum *L.*
  longifolia *H. K.* }
  salicina *Lmk.* }
  vulgaris *L.*
  linifolia *Lmk.*

LIMOSELLE
  aquatique. F. ☉

TRIENTALIS
  d'Europe. F., Alpes. ♃

ARÉTIA
  des Alpes. F. ♃

II. Fleurs sur une hampe disposées en
ombelle , accompagnées d'un involucre ,
ou plus rarement solitaires.

ANDROSACÉ
  à grand calice. F. ☉
  du nord. Russie. ☉
  à longs pédoncules. F. ☉
  blanche. F., Alpes. ♃
  couleur de chair. F., Alpes. ♃
  velue. F., Alpes. ♃

PRIMEVERE
  commune. F. ♃ (orn.)
  élevée. F. ♃ (orn.)
  — *sans tige.*
  oreille d'ours. F., Alp. ♃ (orn.)
  bordée. suisse. ♃
  farineuse. F., Alpes. ♃
  visqueuse. F., Alpes. ♃
  à feuill. entières. F., Alpes. ♃
  velue. F., Alpes. ♃
  auriculée. orient, or. ♃

CORTUSA
  de Matthiole. F., Alpes. ♃

SOLDANELLE
  des Alpes. F. ♃

DODÉCATHÉON
  méadia. Am. s., or. ♃ (orn.)

CYCLAMEN
  d'Europe. F. m. ♃ (orn.)
  à feuill. de lierre. italie, or. ♃
  (orn.)

III. Genres qui ont de l'affinité avec les
lysimachies.

GLOBULAIRE
  alypum. F. m., or. ♄ (vén.)
  à feuill. longues. madère, or. ♄
  commune. F. ♃
  glauque. Espagne. ♃

nudicaulis *L.*
cordifolia *L.*

SAMOLUS
valerandi *L.*

UTRICULARIA
vulgaris *L.*
minor *L.*

PINGUICULA
vulgaris *L.*

MENYANTHES
trifoliata *L.*
nymphoïdes *L.*
ovata. *L.*

à tiges nues. F., Alpes. ♃
à feuill. en cœur. F., Alpes. ♃

SAMOLUS
mouron d'eau. F. ☉

UTRICULAIRE
commune. F. ♃
grêle. F. ♃

GRASSETTE
commune. F. ♃

MÉNYANTE
trefle d'eau. F. ♃ (méd.)
à feuill. de nymphæa. F. ♃
à feuill. ovales. cap, or. ♃

ORDO II.

PEDICULARES.

I. Stamina 2, aut plura, non didynama.

POLYGALA.

1. Cristatæ.

vulgaris *L.*
amara *L.*
monspeliaca *L.*
austriaca *crantz.*
myrthifolia *L.*
oppositifolia *L.*

2. Imberbes.

chamæbuxus *L.*
heisteria *L.*

VERONICA.

1. Spicatæ.

virginiana *L.*
spuria *L.*
maritima *L.*
longifolia *L.*
incana *L.*
spicata *L.*
hybrida *L.*
pinnata *H. K.*
incisa *H. K.*

2. Corymboso-racemosæ.

officinalis *L.*
bellidioïdes *L.*
fruticulosa *L.*

ORDRE II.

LES PÉDICULAIRES.

I. 2 étamines, ou plus, non-didynames.

POLYGALA.

1. Fleurs barbues.

commun. F. ♃
amer. F. ♃
de Montpellier. F. ☉
d'Autriche. F. ☉
à feuill. de myrthe. cap, or. ♄
à feuill. opposées. cap, or. ♄

2. Fleurs non-barbues.

à feuill. de buis. F. ♄
d'Heister. cap, or. ♄

VÉRONIQUE.

1. Fleurs en épis.

de Virginie. AM. S. ♃
à feuill. ternées. sibérie. ♃
maritime. EUR. ♃
à longues feuill. suisse. ♃
blanche. RUSSIE. ♃
à épis. F. ♃
hybride. suède. ♃
pennée. sibérie. ♃
incisée. sibérie. ♃

2. Grappes de fleurs en corymbe.

officinale. F. ♃ (méd.)
à feuill. de paquerette. F. ♃
fruticuleuse. F., Alpes. ♄

alpina *L.*	*des Alpes.* F. ♃
decussata *wild.*	*en croix.* détroit de magell. ♄
serpyllifolia *L.*	*à feuill. de serpolet.* F. ♃
beccabunga *L.*	*beccabunga.* F. ♃ (méd.)
anagallis *L.*	*anagallis.* F. ☉ (méd.)
scutellata *L.*	*à feuill. linéaires.* F. ♃
teucrium *L.*	*germandrée.* F. ♃
prostrata *L.*	*couchée.* F. ♃
chamædrys *L.*	*chamædrys.* F. ♃
latifolia *L.*	*à larges feuill.* F. ♃
urticæfolia *H. K.*	*à feuill. d'ortie.* F. ♃
montana *L.*	*de montagne.* F. ♃
multifida *L.*	*découpée.* sibérie. ♃
austriaca *wild.*	*d'Autriche.* ♃
orientalis *H. K.*	*d'orient.* ♃

3. *Pedunculis unifloris.*	3. Pedoncules à une fleur.
persica.	*de Perse.* ☉
agrestis *L.*	*agreste.* F. ☉
arvensis *L.*	*des champs.* F. ☉
hederæfolia *L.*	*à feuill. de lierre.* F. ☉
triphyllos *L.*	*à trois lobes.* F. ☉
verna *L.*	*printanière.* F. ☉
romana *L.*	*romaine.* F. ☉
præcox *All.*	*précoce.* F. ☉
acinifolia *wild.*	*à feuill. d'acinos.* F. ☉
digitata *Vahl.*	*digitée.* F. m. ☉
chamæpithyoïdes *Lmk.* }	

SIBTHORPIA	*SIBTHORPIA*
europæa *L.*	*d'Europe.* F. ♃
africana.	*d'Afrique.* or. ♃
DISANDRA	*DISANDRA*
prostrata *L.*	*couchée.* orient, or. ♃

II. *Stamina 4 didynama.*	II. 4 étamines didynames.
ERINUS	*ÉRINUS*
alpinus *L.*	*des Alpes.* F. ♃
MANULEA	*MANULEA*
oppositiflora *Vent.*	*à feuill. opposées.* cap, or. ♄
alterniflora.	*à fleurs alternes.* N. holl. ☉
EUPHRASIA	*EUPHRAISE*
officinalis *L.*	*officinale.* F. ☉ (méd.)
odontites *L.*	*rouge.* F. ☉
lutea *L.*	*jaune.* F. ☉
viscosa *L.*	*visqueuse.* F. ☉
PEDICULARIS	*PÉDICULAIRE*
palustris *L.*	*des marais.* F. ☉
sylvatica *L.*	*des bois.* F. ☉

RHINANTHUS	COCRÈTE
crista galli L.	crête de coq. F. ☉
—hirsuta.	—velue. F. ☉
MELAMPYRUM	MÉLAMPYRUM
arvense L.	des champs. F. ☉
cristatum L.	à crête. F. ☉
pratense L.	des prés. F. ☉
sylvaticum L.	des bois. F. ☉
OROBANCHE	OROBANCHE
major smith.	élevée. F. ♃
caryophyllacea smith.	odorante. F. ♃
minor smith.	petite. F. ♃
ramosa L.	rameuse. F. ♃
LATHRÆA	CLANDESTINE
clandestina L.	commune. F. ♃

ORDO III.

ACANTHI.

I. Stamina 4 didynama.

ACANTHUS	ACANTHE
mollis L.	branche-ursine. italie. ♃ (orn., méd.)
spinosus L.	épineuse. italie. ♃
spinosissimus.	très-épineuse. ♃
RUELLIA	RUELLIA
blechnum L.	blechnum. Am. m., or. ♃
strepens L.	élastique. Am. s., or. ♃
varians vent.	
eranthemum pulchellum Andr.}	bleu. inde, s. ch. ♄
ovata cav.	ovale. mexique, s. ch. ♂
lactea cav.	blanc. mexique, s. ch. ♃
patula Jacq.	étalé. inde. ♄
tuberosa L.	tubéreux. Am. m., s. ch. ♃

II. Stamina 2.

JUSTICIA.	CARMANTINE.

1. Fruticosæ.

adhatoda L.	adhatoda. ceylan, or. ♄ (orn.)
hyssopifolia L.	à feuill. d'hysope. canar., or. ♄
ecbolium L.	ecbolium. inde, s. ch. ♄
gandarussa L.	gandarussa. inde, s. ch. ♄
quadrifida Vahl. }	
coccinea cav. }	rouge. N. Esp., s. ch. ♄
furcata Jacq. }	
peruviana cav. }	fourchue. Pérou. ♃

ORDRE III.

LES ACANTHES.

I. 4 étamines didynames.

II. 2 étamines.

1. Tiges ligneuses.

2. *Herbaceæ.* · 2. Tiges herbacées.

ciliaris *L. f.* · ciliée. ceylan. ⊙
lithospermifolia *jacq.* ⎫ · à feuill. de grémil. pérou,
ladanoïdes *Lmk.* ⎭ · s. ch. ⊙
bicaliculata *vahl.* ⎫ · caliculée. inde, s. ch. ♄
ligulata *cav.* ⎭

ELYTRARIA *Mich.* · ELYTRARIA
virgata *Mich.* · effilé. AM. s., or. ♃

ORDO IV.

JASMINEÆ.

I. Fructus capsularis.

SYRINGA
vulgaris *L.*
persica *L.*
— laciniata.
FRAXINUS
excelsior *L.*
— argentea.
— verrucosa.
— jaspidea.
— horizontalis.
— pendula.
rotundifolia *Lmk.*
lentiscifolia. ⎫
parvifolia *Lmk.* ⎭
monophylla.
ornus *L.*
pubescens *Lmk.*
americana *L.*
caroliniana *Lmk.*
juglandifolia *Lmk.*
sambucifolia *Lmk.*
platicarpa *Mich.*

FONTANESIA
phillyreoïdes *Bill.*

II. Fructus baccatus.

CHIONANTHUS
virginica *L.*
incrassata *swartz.*

OLEA
europæa *L.*
— buxifolia.
capensis *L.*
americana *L.*

ORDRE IV.

LES JASMINS.

I. Une capsule.

LILAS
commun. ASIE. ♄ (orn.)
de Perse. ASIE. ♄ (orn.)
— lacinié. (orn.)
FRÊNE
élevé. F. ♄
— argenté.
— graveleux.
— jaspé.
— horizontal.
— pendant.
à feuill. rondes. italie. ♄
à feuill. de lentisque. orient. ♄
à une feuill. AM. s. ♄
à fleurs. italie. ♄ (orn., méd.)
pubescent. AM. s. ♄
d'Amérique. AM. s. ♄
de Caroline. AM. s. ♄
à feuill. de noyer. AM. s. ♄
à feuill. de sureau. AM. s. ♄
à fruit large. AM. s. ♄

FONTANESIA
à feuill. de filaria. AS. ♄ (orn.)

II. Fruit charnu.

CHIONANTE
de Virginie. AM. s. ♄ (orn.)
renflé. AM. m., s. ch., or. ♄

OLIVIER
cultivé. F. m., or. ♄ (écon., méd.)
— à feuill. de buis.
du Cap. s. ch. ♄
d'Amérique. AM. s., or. ♄

fragrans *Thunb.* — odorant. chine, or. ♄ (écon.)

emarginata *Lmk.* — échancré. inde, s. ch. ♄

PHILLYREA — FILARIA

angustifolia *L.* — à feuill. étroites. F. ♄ (orn.)

media *L.* — moyen. F. m. ♄ (orn.)

latifolia. *L.* — à larges feuill. F. m. ♄ (orn.)

— levis. — — lisse.

MONGORIUM — MONGORI

sambac. — jasmin d'Arabie. inde, s. ch. ♄. (orn.)

JASMINUM — JASMIN

glaucum *H. K.* — glauque. cap, s. ch. ♄ (orn.)

fruticans *L.* — cytise. F. m. ♄ (orn.)

humile *L.* — d'Italie. or. ♄ (orn.)

odoratissimum *L.* — jonquille. or. ♄ (orn.)

azoricum *L.* — des Açores. or. ♄ (orn.)

volubile *Jacq.* — sarmenteux. inde, s. ch. ♄ (orn.)

mauritianum. — de l'Isle de France. s. ch. ♄

officinale *L.* — officinal. inde. ♄ (orn.)

grandiflorum *L.* — à grandes fleurs. inde, or. ♄ (orn.)

LIGUSTRUM — TROÉNE

vulgare *L.* — commun. F. ♄ (orn.)

ORDO V.

VITICES.

1. Flores opposite corymbosi.

ORDRE V.

LES GATTILIERS.

I. Fleurs en corymbes et opposées.

CLERODENDRUM — CLÉRODENDRUM

infortunatum *L.* — visqueux. inde, s. ch. ♄

VOLKAMERIA — VOLKAMÉRIA

aculeata *L.* — épineux. Am. m., s. ch. ♄

inermis *L.* — sans épines. inde, s. ch. ♄

angustifolia. — à feuilles étroites. s. ch. ♄

japonica *Jacq.* — du Japon. s. ch. ♄ (orn.)

ÆGIPHILA — ÆGIPHILA

martinicensis *L.* — de la Martinique. s. ch. ♄

macrophylla. — à grandes feuill. Am. m., s. ch. ♄

VITEX — VITEX

agnus castus *L.* — agnus castus. F. m. ♄ (méd.)

— albidus. — — à fleurs blanches.

incisa *Lmk.* — incisé. chine. ♄ (orn.)

— alba. — — à fleurs blanches.

trifolia *Lmk.* — à feuilles ternées. inde, s. ch. ♄

CALLICARPA	CALLICARPA
americana *l.*	d'Amérique. Am, s., or, ♄
CORNUTIA	CORNUTIA
pyramidata *l.*	pyramidal. Am. m., s.ch. ♄
TECTONA	THEK
grandis *l. f.*	élevé. inde, s. ch. ♄

II. Flores racemosi in racemis alterni. ⟩ II. Fleurs alternes et en grappes.

CITHAREXYLUM	BOIS-GUITTARE
cinereum *l.*	cendré. Am. m., s. ch. ♄
quadrangulare *l.*	quadrangulaire. Am. m., s. ch. ♄
caudatum *l.*	à longues grappes. Am. m., s. ch. ♄
pentandrum *vent.*	à 5 étamines. Am. m., s.ch. ♄
DURANTA	DURANTA
plumieri *l.*	de plumier. Am. m., s. ch. ♄
ellisia *l.*	lancéolé. Am. m., s. ch. ♄
microphylla.	à petites feuill. Am. m., s. ch. ♄
LANTANA	LANTANA
trifoliata *l.*	à feuill. ternées. Am. m., s.ch. ♄
annua *H. K.*	annuel. Am. s. ☉
involucrata *l.*	à involucre. Am. m., s. ch. ♄
recta *H. K.*	à tiges droites. Am. m., s.ch. ♄
salvifolia *jacq.*	à feuill. de sauge. cap, s. ch. ♄
cinerea *lmk.*	cendré. Am. m., s. ch. ♄
nivea *vent.*	à fleurs blanches. inde, s.ch. ♄
suaveolens.	odorant. s. ch. ♄
camara *l.*	camara. Am. m., s. ch. ♄ (orn.)
aculeata *l.*	épineux. Am. m., s. ch. ♄ (orn.)
— flava.	— jaune.
SPIELMANNIA	SPIELMANNE
africana *wild.*	d'Afrique. cap, s. ch. ♄
VERBENA	VERVEINE
globifera *l'Her.*	à globules. Am. m., s. ch. ♄
triphylla *l'Her.*	citronelle. chili, or. ♄ (orn.)
mexicana *l.*	du Mexique. or. ♃
mutabilis *jacq.*	changeante. Am. m., s.ch. ♄
jamaïcensis *l.*	de la Jamaïque. Am. m. ☉
indica *l.*	des Indes. ceylan ☉
nodiflora *l.*	nodiflore. orient, or. ♃
multifida *Fl. per.*	laciniée. pérou. ☉
aubletia *l.*	à bouquets. Am. s. ♂
urticifolia *l.*	à feuill. d'ortie. Am. s. ♃
caroliniana *l.*	de Caroline. Am. s. ♃

stricta *vent.*   *fasciculée.* Am. s. ♃
paniculata *lmk.*   *paniculée.* Am. s. ♃
diffusa.   *étalée.* ♄
hastata *l.*   *hastée.* Am. s. ♃
bonariensis *l.*   *de Buénos-Ayres.* ♂
bracteosa *mich.*   *à longues bractées.* Am. s. ☉
officinalis *l.*   *officinale.* F. ♃ (méd.)
supina *l.*   *couchée.* F. m. ☉

Genera viticibus affinia.   Genres qui ont de l'affinité avec les gattiliers.

SELAGO   *SÉLAGO*
corymbosa *l.*   *corymbifère.* cap, or. ♄

HEBENSTREITIA   *HÉBENSTREIT*
dentata *l.*   *denté.* cap. ♂

ORDO VI.

LABIATÆ.

I. Stamina 2 fertilia.

ORDRE VI.

LES LABIÉES.

I. 2 étamines fertiles.

LYCOPUS   *LYCOPUS*
europæus *l.*   *d'Europe.* F. ♃
exaltatus *l.*   *pinnatifide.* italie. ♃

AMETHYSTEA   *AMÉTHYSTÉA*
cœrulea *l.*   *bleu.* sibérie. ☉

ZIZIPHORA   *ZIZIPHORA*
capitata *l.*   *à fleurs en tête.* orient. ☉
tenuior *l.*   *lancéolé.* F. m. ☉
cunila.   *cunila.* sibérie. ☉
pulegioïdes.   *à feuill. de pouliot.* Am. s. ☉
mariana.   *de Virginie.* Am. s. ♃

MONARDA   *MONARDA*
fistulosa *l.*   *fistuleux.* Am. s. ♃ (orn.)
didyma *l.*   *écarlate.* Am. s. ♃ (orn.)
punctata *l.*   *ponctué.* Am. s. ♂

WESTERINGIA   *WESTÉRINGIA*
rosmarinacea *andr.* ⎫   *à feuill. de romarin.* N. holl.
cunila fruticosa *wild.* ⎬   or. ♄

ROSMARINUS.   *ROMARIN*
officinalis *l.*   *officinal.* F. m. ♄ (orn., méd.)

SALVIA.   *SAUGE.*

1. Fruticosa.   1. Tiges ligneuses.

pomifera *l.*   *à pommes.* crète, or. ♄ (écon.)
officinalis *l.*   *officinale.* F. m. ♄ (méd.)

— tricolor.	— de trois couleurs. (orn.)
— variegata.	— panachée. (orn.)
tenuior.	de Catalogne. f. m. ♄ (méd.)
grandiflora *wild.*	à grandes fleurs. ♄
crassifolia.	à feuill. épaisses. ♄
cretica *l.*	de Crète. orient, or. ♄
sypilea *lmk.*	du mont Sypile. or. ♄
africana *l.*	d'Afrique. cap, or. ♄
paniculata *l.*	paniculée. cap, or. ♄
chamædryoïdes *cav.*	chamædrys. mexique, or. ♄
aurea *l.*	dorée. cap, or. ♄
canariensis *l.*	des Canaries. or. ♄
mexicana *l.*	du Mexique. or. ♄
formosa *l'her.*	écarlate. pérou, s. ch. ♄ (orn.)
acetabulosa *l.*	à grand calice. orient, or. ♄
polystachia *cav.*	à plusieurs épis. mexique, or. ♄
fœtida *desf.* ⎱	fétide. tunis, or. ♄
tingitana *wild.* ⎰	
coccinea *l. f.*	rouge. am. s., s. ch. ♄ *

2. *Caule herbaceo.*   2. Tige herbacée.

pinnata *l.*	pennée. orient, or. ♂
angustifolia *mich.*	à feuill. étroites. am. s. ♄
reptans *jacq.* ⎱	rampante. n. esp., s. ch. ♃
angustifolia *cav.* ⎰	
scabiosæfolia. ⎱	à feuill. de scabieuse. tauri
habliziana *wild.* ⎰	de. ♃
glutinosa *l.*	gluante. f., Alpes. ♃
amara *jacq.* ⎱	amère. mexique. ♃
circinata *cav.* ⎰	
pratensis *l.*	des prés. f. ♃ (méd.)
sclarea *l.*	sclarée. f. ♂ (méd.)
patula *desf.*	étalée. barbar., or. ♃
præcox. ⎱	précoce. orient. ☉
spinosa *jacq.* ⎰	
æthyopis *l.*	cotonneuse. orient. ♂
austriaca *jacq.*	d'Autriche. ♃
argentea *l.*	argentée. orient. ♂
indica *l.*	des Indes. ♃
bicolor *desf.*	bicolor. Alger. ♃ (orn.)
ceratophylla *l.*	corne de cerf. syrie, or. ♂
ceratophylloïdes *l.*	laciniée. sicile, or. ♂
lanigera.	laineuse. perse, or. ♂
runcinata *l. f.*	pinnatifide. cap. ♂
erosa.	rongée. ☉
sylvestris *l.*	sauvage. Allemagne. ♃
nemorosa *l.*	des bois. Autriche. ♃
virgata *jacq.*	effilée. orient. ♃

nubica *H. K.*	*de Nubie.* ☉
nilotica *L.*	*du Nil.* ☉
disermas *L.*	*disermas.* syrie. ♄
viscosa *Jacq.*	*visqueuse.* italie. ♃
verticillata *L.*	*verticillée.* F. m. ♃
napifolia *L.*	*à feuill. de navet.* F. ♃
ægyptiaca *L.*	*d'Egypte.* orient. ☉
horminum *L.*	*ormin.* F. m. ☉
— rubens.	— *rouge.*
viridis *L.*	*verte.* italie. ☉
nepetifolia.	*à feuill. de cataire.* ☉
verbenaca *L.*	*verveine.* F. m. ♂
lyrata *L.*	*en lyre.* AM. S. ♂
micrantha.	*à petites fleurs.* ♂
serotina *Jacq.*	*tardive.* orient. ♂
dominica *L.*	*des Antilles.* s. ch. ♃
hispanica *L.*	*d'Espagne.* ☉
tiliæfolia *Vahl.*	*à feuill. de tilleul.* pérou. ☉
nutans *L.*	*penchée.* russie. ♃
pendula. }	
nutans *Wald.* }	*pendante.* russie. ♃

COLLINSONIA

canadensis *L.*

COLLINSONIA

de Canada. ♃

II. Stamina 4 , corollæ labium superius nullum aut brevissimum.

II. 4 étamines , lèvre supérieure de la corolle nulle ou très-courte.

AJUGA

orientalis *L.*	*d'orient.* or. ♃
genevensis *L.*	*de Genève.* F. ♃
pyramidalis *L.*	*pyramidale.* F. ♃
reptans *L.*	*rampante.* F. ♃

BUGLE

TEUCRIUM

GERMANDRÉE

canariense *Lmk.*	*des Canaries.* or. ♄
fruticans *L.*	*arbrisseau.* F. m. , or. ♄
rosmarinifolium *Lmk.*	*à feuill. de romarin.* orient , or. ♄
betonicum *l'Her.*	*à feuill. de bétoine.* canaries , or. ♄
abutyloïdes *l'Her.*	*à feuill. d'abutylon.* canaries, or. ♄
campanulatum *L.*	*campanulée.* orient. ♃
orientale *L.*	*d'orient.* ♃
chamæpitys *L.*	*chamæpitys.* F. ☉ (méd.)
pseudochamæpitys *L.*	*faux chamæpitys.* barbarie , or. ♃
iva *L.*	*ivette.* F. m. , or. ♃ (méd.)
laxmanni *L.*	*de Laxmann.* sibérie. ♂
botrys *L.*	*botrys.* F. ☉ (méd.)

8

flavum *L.*	*jaune.* Esp. ♄
lucidum *L.*	*luisante.* F. m. ♄
chamædrys *L.*	*chamædrys.* F. ♄ (méd.)
— major.	— *élevée.*
myrthifolium.	*à feuill. de myrthe.* orient, or. ♄
marum *L.*	*marum.* Esp., or. ♄ (méd.)
multiflorum *L.*	*à fleurs nombreuses.* Espagne, or. ♄
canadense *L.*	*de Canada.* ♃
massiliense *L.*	*de Marseille.* F. m., or. ♄
asiaticum *L.*	*d'Asie.* or. ♄
scorodonia *L.*	*des bois.* F. ♃ (méd.)
scordium *L.*	*scordium.* F. ♃ (méd.)
montanum *L.*	*de montagne.* F. m., or. ♄
pyrenaïcum *L.*	*des Pyrénées.* F. ♃
aureum *schreb.* ⎫ flavicans *Lmk.* ⎭	*jaunâtre.* F. m., or. ♄
polium *L.*	*polium.* F. m., or. ♄
capitatum *L.*	*à fleurs en tête.* orient, or. ♄
spinosum *L.*	*épineuse.* Esp. ♂

III. Stamina 4 fertilia, corolla bilabiata.	III. 4 étamines fertiles, corolle à deux lèvres.

SATUREIA	*SARIETTE*
globulifera.	*à globules.* Am. s. ♃
græca *L.*	*de Grèce.* orient, or. ♃
juliana *L.*	*à feuill. linéaires.* orient, or. ♃
capitata *L.*	*à fleurs en tête.* orient, or. ♄
thymbra *L.*	*thymbra.* orient, or. ♄
montana *L.*	*de montagne.* F. ♄
hortensis *L.*	*des jardins.* F. ☉ (écon., méd.)
HYSSOPUS	*HYSOPE*
officinalis *L.*	*officinale.* F. ♄ (méd.)
— myrthifolius.	— *à feuill. de myrthe.*
lophanthus *L.*	*renversée.* chine. ♃
nepetoïdes *L.*	*à feuill. de cataire.* Am. s. ♂
ocymifolius *Lmk.*	*à grandes bractées.* sibérie. ☉
NEPETA	*CATAIRE*
cataria *L.*	*herbe aux chats.* F. ♃ (méd.)
pannonica *L.*	*paniculée.* Autriche. ♃
nepetella *L.*	*à feuill. étroites.* F. ♃
amethystina.	*améthyste.* ♃
longiflora *vent.*	*à longues fleurs.* orient, or. ♃
nuda *L.*	*nue.* suisse. ♃
— alba.	*blanche.*
violacea *L.*	*violette.* Espagne. ♃
crispa *wild.*	*crépue.* orient. ♃

italica L.　　　　　　　　　*d'Italie.* ♃
reticulata *vesf.*　　　　　　*réticulée.* barbarie. ♃
tuberosa L.　　　　　　　　*tubéreuse.* espagne. ♃
bipinnata *cav.*　　　⎤
multifida *L. f. non L. spec.* ⎦　*bipennée.* sibérie. ☉

PERILLA
ocymoïdes L.

PÉRILLA
à feuill. de basilic. inde. ☉

LAVANDULA
spica L.
— latifolia.
stœchas L.
dentata L.
multifida L.
pinnata L.
elegans.　　　　　⎤
abrotanoïdes *wild.* ⎦

LAVANDE
spic. F. m. ♄ (orn., méd.)
— *à larges feuill.*
stœchas. F. m., or. ♄ (méd.)
dentée. esp., or. ♄
découpée. barbarie, or. ☉
pennée. madère, or. ♄

élégante. canaries, or. ♄ (orn.)

SIDERITIS.

1. *Ebracteatæ.*
cretica L.
canariensis L.
montana L.
romana L.
nigricans *Lmk.* ⎤
elegans *wild.* ⎦

SIDÉRITIS.

1. Fleurs sans bractées.
de Crète. or. ♄
des Canaries. or. ♄
de montagne. F. ☉
de Rome. F. m. ☉

noirâtre. ☉

2. *Bracteatæ.*
syriaca L.
perfoliata L.

2. Fleurs accompagnées de bractées.
de Syrie. orient. ♄
perfolié. orient. ♃

3. *Bracteatæ bracteis dentatis.*
hirsuta L.
fœtida.
scordioïdes L.
hyssopifolia L.
incana L.
glauca *cav.*

3. Bractées dentées.
velu. F. ♄
fétide. espagne. ♄
à feuill. de scordium. F. ♃
à feuill. d'hysope. F. ♄
blanc. espagne, or. ♄
glauque. espagne. ♄

BISTROPOGON
canariense *l'Her.*
punctatum *l'Her.*

BISTROPOGON
des Canaries. or. ♄
ponctué. canaries, or. ♄

MENTHA.

1. *Spicatæ.*
sylvestris L.
viridis L.
rotundifolia L.
crispa L.
piperita L.

MENTHE.

1. Fleurs en épis.
sauvage. F. ♃ (méd.)
verte. F. ♃ (méd.)
ronde. F. ♃ (méd.)
crépue. F. ♃ (méd.)
poivrée. anglet. ♃ (écon., méd.)

2. *Capitatæ.*	2. Fleurs en tête.
aquatica ʟ.	*aquatique.* ғ. ♃
citrata *wild.*	*citronelle.* ᴇᴜʀ. ♃

3. *Verticillatæ.*	3. Fleurs verticillées.
sativa ʟ.	*cultivée.* ᴇᴜʀ. ♃ (écon., méd.)
gentilis ʟ.	*purpurine.* ᴇᴜʀ. ♃
arvensis ʟ.	*des champs.* ғ. ♃ (méd.)
pulegium ʟ.	*pouliot.* ғ. ♃ (méd.)
cervina ʟ.	*fétide.* ғ. ᴍ. ♃

Hʏᴘᴛɪꜱ
capitata *ᴊacq.*

Hʏᴘᴛɪꜱ
à fleurs en tête. ᴀᴍ. ᴍ., ꜱ. ᴄʜ. ♃

Gʟᴇᴄᴏᴍᴀ
hederacea ʟ.

Gʟᴇᴄᴏᴍᴀ
lierre-terrestre. ғ. ♃ (méd.)

Lᴀᴍɪᴜᴍ
orvala ʟ.
hirsutum *ʟmk.*
garganicum ʟ.
purpureum ʟ.
amplexicaule ʟ.
album ʟ.
molle *ʜ. ᴋ.*

Lᴀᴍɪᴜᴍ
orvale. italie. ♃
velu. ғ. ♃
à feuill. de cataire. italie. ♃
pourpre. ғ. ☉
amplexicaule. ғ. ☉
blanc. ғ. ♃ (méd.)
à feuill. entières. ♃

Gᴀʟᴇᴏᴘꜱɪꜱ
tetrahit ʟ.
ladanum ʟ.
grandiflora *wild.*
galeobdolon ʟ.

Gᴀʟᴇᴏᴘꜱɪꜱ
tétrahit. ғ. ☉
ladanum. ғ. ☉
à grandes fleurs. ғ. ☉
jaune. ғ. ♃

Bᴇᴛᴏɴɪᴄᴀ
officinalis ʟ.
hirsuta ʟ.
orientalis ʟ.
alopecuros ʟ.

Bᴇᴛᴏɪɴᴇ
officinale. ғ. ♃ (méd.)
velue. ғ. ♃
d'orient. ♃
jaune. ғ., ᴀʟᴘᴇꜱ. ♃

Sᴛᴀᴄʜʏꜱ
sylvatica ʟ.
palustris ʟ.
lanata *ᴊacq.*
germanica ʟ.
intermedia *ʜ. ᴋ.*
palæstina ʟ.
alpina ʟ.
circinata *l'ʜᴇʀ.*
nepetifolia.
hirta ʟ.
decumbens.

Sᴛᴀᴄʜʏꜱ
des bois. ғ. ♃
des marais. ғ. ♃
laineux. sibérie. ♃
cotonneux. ғ. ♃
intermédiaire. ᴀᴍ. ꜱ. ♃
de Palestine. or. ♄
des Alpes. ғ. ♃
à feuill. rondes. ʙarb., or. ♃
à feuill. de cataire. ♃
velu. ғ. ♃
tombant. ♃

arvensis *l.*   *des champs.* F. ☉
recta *l.*   *crapaudine.* F. ♃
annua *l.*   *annuel.* F. ☉
maritima *l.*   *maritime.* F. ♂

BALLOTA   *BALLOTE*
lanata *l.*   *laineuse.* sibérie. ♃
nigra *l.*   *noire.* F. ♃

MARRUBIUM.   *MARRUBE.*

   1. *Calicibus quinque dentatis.*   1. **Calice à cinq dents.**

alyssum *l.*   *alysson.* ESP., or. ♂
peregrinum *l.*   *étranger.* orient. ♃
candidissimum *l.*   *très-blanc.* orient. ♃
supinum *l.*   *couché.* F. m. ♃

   2. *Calicibus decem dentatis.*   2. **Calice à dix dents.**

vulgare *l.*   *commun.* F. ♃ (méd.)
crispum *l.*   *crépu.* italie., or. ♄
pseudodictamnus *l.*   *faux-dictame.* orient, or. ♄
hispanicum *lmk.*   *d'Espagne.* ♃

LEONURUS   *CARDIAQUE*
marrubiastrum *l.*   *à petites fleurs.* Allem. ☉
sibiricus *l.*   *de Sibérie.* ♂
cardiaca *l.*   *officinale.* F. ♃ (méd.)
crispus *l.*   *crépue.* sibérie. ♃
tataricus *l.*   *de Tartarie.* ☉

PHLOMIS   *PHLOMIS*
fruticosa *l.*   *arbrisseau.* orient. ♄ (orn.)
— angustifolia.   *— à feuill. étroites.*
— latifolia,   *— à larges feuill.*
italica *smith.*   *d'Italie.* or. ♄
purpurea *smith.*   *pourpre.* ESP., or. ♄
lychnitis *l.*   *à feuill. de sauge.* F. m., or. ♄
laciniata *l.*   *lacinié.* syrie. ♃
herba-venti *l.*   *violet.* F. m. ♃
tuberosa *l.*   *tubéreux.* sibérie. ♃ (orn.)
leonurus *l.*   *leonurus.* cap, or. ♄ (orn.)
nepetifolia *l.*   *à feuill. de cataire.* inde. ☉
zeylanica *l.*   *de Ceylan.* inde. ☉
caribæa *jacq.* ⎱
martinicensis *wild.* ⎰   *des Antilles.* ☉

MOLUCELLA   *MOLUCELLE*
levis *l.*   *lisse.* syrie. ☉
spinosa *l.*   *épineuse.* syrie. ☉

IV. *Stamina 4 fertilia, corolla bilabiata,*
calix bilabiatus.

IV. *4 étamines fertiles, corolle et calice*
à deux lèvres.

CLINOPODIUM
    vulgare *L.*
    incanum *L.*

CLINOPODE
    commun. F. ♃
    blanc. AM. s. ♃

ORIGANUM
    dictamnus *L.*

    vulgare *L.*
    humile.
    pallidum.
    sipyleum *L.*
    smyrneum *L.*
    ægyptiacum *L.*
    majoranoïdes *wild.*

ORIGAN
    dictame. crète, or. ♄ (orn.,
      méd.)
    commun. F. ♃ (méd.)
    nain. ♃
    pâle. orient. ♃
    du mont Sipyle. orient, or. ♄
    de Smyrne. orient, or. ♃
    à coquilles. orient, or. ♄ (orn.)
    marjolaine des jard. orient. ♄

THYMUS
    serpyllum *L.*
    — villosum.
    — citratum.
    piperella *L.*
    vulgaris *L.*
    — latifolius.
    filifolius *H. K.*
    zygis *L.*
    hispanicus.
    mastichina *L.*
    alpinus *L.*
    patavinus *Jacq.*
    acinos *L.*
    virginicus *L.*

THYM
    serpolet. F. ♃
    — velu.
    — citronelle.
    piperelle. ESP., or. ♄
    commun. ESP. ♄ (orn., méd.)
    — à larges feuill.
    filiforme. MAHON, or. ♄
    zygis. ESP., or. ♄
    d'Espagne. or. ♄
    mastichine. ESP., or. ♄
    des Alpes. F. ♃
    de Padoue. ♂
    acinos. F. ☉
    de Virginie. ♃

THYMBRA
    spicata *L.*

THYMBRA
    à épis. orient, or. ♄

MELISSA
    officinalis *L.*
    — hirsuta.
    arborescens.
    grandiflora *L.*

    nepeta *L.*
    calamintha *L.*
    cretica *L.*

MÉLISSE
    officinale. F. ♃ (écon., méd.)
    — velue.
    arborescente. ESP. ♄
    à grandes fleurs. F., Alpes. ♃
      (orn.)
    népéta. F. ♃
    calament. F. ♃ (méd.)
    de Crète. F. m. ♃

DRACOCEPHALUM
    — virginianum *L.*

    canariense *L.*
    peregrinum *L.*

DRACOCÉPHALUM
    de Virginie, ou *cataleptique.*
      AM. s. ♃ (orn.)
    des Canaries. or. ♄
    découpé. sibérie. ♃

austriacum ʟ.   *d'Autriche.* ♃

rúyschiana ʟ.   *à feuill. linéaires.* sibérie. ♃

sibiricum ʟ.   *de Sibérie.* ♃

moldavica ʟ.   *moldavique.* sibérie. ☉

canescens ʟ.   *blanc.* orient. ☉

peltatum ʟ.   *en bouclier.* orient. ☉

nutans ʟ.   *à fleurs penchées.* sibérie. ☉

thymiflorum ʟ.   *à fleurs de thym.* sibérie. ☉

Mellitis   *Mellitis*

melissophyllum ʟ.   *à feuill. de mélisse.* ꜰ. ♃

Horminum   *Ormin*

pyrenaïcum ʟ.   *des Pyrénées.* ꜰ. ♃

Plectranthus   *Plectranthus*

fruticosus *l'her.*   *arbrisseau.* cap, or. ♄

punctatus *l'her.*   *tacheté.* ᴀfr. ♂

Ocymum   *Basilic*

gratissimum ʟ.   *suave.* inde, s. ch. ♄

zeylanicum *medic.*   *de Ceylan.* s. ch. ♄

grandiflorum *l'her.*   *à grandes fleurs.* ᴀrabie, s. ch. ♄

tenuiflorum ʟ.   *à petites fleurs.* inde. ☉

basilicum ʟ.   *cultivé.* inde. ☉ (orn.)

— fimbriatum.   — *lacinié.*

— bullatum.   — *bulleux.*

minimum ʟ.   *nain.* ceylan ☉ (orn.).

Scutellaria   *Scutellaire*

orientalis ʟ.   *d'orient.* or. ♄

fruticosa.   *arbrisseau.* ᴘerse. ♄

lupulina ʟ.   *jaune pâle.* sibérie. ♃

alpina ʟ.   *des Alpes.* ꜰ. ♃

lateriflora ʟ.   *à grappes.* ᴀm. s. ♃

galericulata ʟ.   *toque.* ꜰ. ♃

minor ʟ.   *petite.* ꜰ. ♃

integrifolia ʟ.   *à feuill. entières.* ᴀm. s. ♃

peregrina ʟ.   *étrangère.* italie. ♃

altissima ʟ.   *élevée.* orient. ♃

albida ʟ.   *blanche.* orient. ♃

Prunella   *Brunelle*

vulgaris ʟ.   *commune.* ꜰ. ♃

grandiflora ʟ.   *à grandes fleurs.* ꜰ. ♃

laciniata ʟ.   *laciniée.* ꜰ. ♃

hyssopifolia ʟ.   *à feuill. d'hysope.* ꜰ. m. ♃

ovata.   *à feuill. ovales.* ᴀm. s. ♃

Cleonia   *Cléonia*

lusitanica ʟ.   *de Portugal.* ☉

PRASIUM	PRASIUM
majus *L.*	*arbrisseau.* F. m., or. ♄
minus *L.*	*herbacé.* italie, or. ♃

ORDO VII.

SCROPHULARIÆ.

I. Stamina 4 didynama.

BUDLEIA
globosa *Lmk.*
salvifolia *H. K.*

SCOPARIA
dulcis *L.*

CAPRARIA
biflora *L.*

HALLERIA
lucida *L.*

SCROPHULARIA
nodosa *L.*
aquatica *L.*
betonicifolia *L.*

auriculata *L.*
altaïca *Murr.*
scorodonia *L.*
sambucifolia *L.*
mellifera *Vahl.*
trifoliata *L.*
levigata *Vahl.*
appendiculata *Jacq.*
orientalis *L.*
vernalis *L.*
peregrina *L.*
glabrata *Jacq.*
lucida *L.*
canina *L.*
frutescens *L.*

DODARTIA
orientalis *L.*

LINARIA (*Antirrhinum L.*).

1. *Foliis angulatis.*

cymbalaria.
pilosa.

ORDRE VII.

LES SCROPHULAIRES.

I. 4 étamines didynames.

BUDLÉIA
à globules. chili. ♄ (orn.)
à feuill. de sauge. cap, or. ♄

SCOPARIA
doux. Am. m., s. ch. ♄

CAPRARIA
à deux fleurs. Am. m., s. ch. ♄

HALLERIA
luisant. cap, or. ♄

SCROPHULAIRE.
des bois. F. ♃ (méd.)
aquatique. F. ♂ (méd.)
à feuill. de bétoine. Portugal, or. ♃

auriculée. Alger. ♃
de Sibérie. ♃
scorodonia. italie, or. ♃
à feuill. de sureau. orient. ♃
mellifère. Barbarie. ♃

à trois feuill. Barbarie. ♃

d'orient. ♃
printanière. F. ♂
étrangère. italie. ☉
glabre. canaries. ♂
luisante. orient, or. ♃
laciniée. F. ♄
arbrisseau. Tunis. ♄

DODARTIA
d'orient. ♃

LINAIRE.

1. Feuilles anguleuses.

cymbalaire. F. ♃ (méd.)
velue. Alpes. ♃

elatine.	*élatiné.* F. ☉
spuria.	*velvote.* F. ☉
cirrhosa.	*à vrilles.* Égypte. ☉
ægyptiaca.	*d'Egypte.* ☉

2. *Foliis inferioribus oppositis.*   2. Feuilles inférieures opposées.

triphylla.	*à feuill. ternées.* TUNIS. ☉
triornithophora.	*à grandes fleurs.* PORTUGAL. ☉ (orn.)
reticulata *Desf.* } pinifolia *Poiret.* }	*à réseau.* BARBARIE. ♃
purpurea.	*pourpre.* F. ♃ (orn.)
bipartita *Vent.*	*à fleurs d'orchis.* MAROC. ☉
versicolor.	*bigarrée.* F. ☉
repens.	*rampante.* F. ♃
marginata *Desf.*	*membraneuse.* BARBARIE, or. ♃
supina.	*couchée.* F. ☉
arvensis.	*des champs.* F. ☉
simplex *wild.*	*à tiges simples.* F. ☉
pelisseriana.	*de pelisser.* F. ☉
multicaulis.	*paniculée.* orient. ☉
juncea *Lmk.* } spartea *cav.* }	*jonciforme.* ESP. ☉
alpina.	*des Alpes.* F. ♂
elegans.	*élégante.* ESP. ☉
origanifolia.	*à feuill. d'origan.* F. m. ☉
minor.	*petite.* F. ☉
pubescens.	*pubescente.* ☉

3. *Foliis alternis.*   3. Feuilles toutes alternes.

hirta.	*velue.* ESP. ☉
genistifolia.	*à feuill. de genet.* suisse. ♃
vulgaris.	*commune.* F. ♃
chalepensis.	*à long éperon.* F. ☉
canadensis.	*de Canada.* ☉

ANTIRRHINUM	MUFLIER
majus *L.*	*des jardins.* F. ♂ (orn.)
orontium *L.*	*téte de mort.* F. ☉
molle *L.*	*à feuill. molles.* ESP., or. ♄
sempervirens *Lapeyr.*	*toujours vert.* F. m., or. ♄
asarina *L.*	*asarine.* F. ♃

ANARRHINUM (*Antirrhinum L.*)	ANARRHINUM
bellidifolium.	*à feuill. de paquerette.* F. ♂

NEMESIA *Vent.*	NÉMESIA.
fœtens *Vent.*	*fétide.* cap, or. ♄
chamædrifolia *Vent.* chamædrifolia antirrhinum macrocarpum *H. K.* }	*à feuill. de chamædrys.* cap, or. ♃

9

DIGITALIS	DIGITALE
canariensis *L.*	des Canaries. or. ♄ (orn.)
purpurea *L.*	pourpre. F. ♂ (orn., méd.)
ambigua *L.*	ambiguë. F., Alpes. ♃
lutea *L.*	jaune. F. ♃
ferruginea *L.*	rouillée. italie. ♃ (orn.)
parviflora *Jacq.* } ferruginea *Lmk.* }	à petites fleurs. ♂
orientalis *Lmk.* } lanata *Wild.* }	d'orient. ♃
obscura *L.*	à feuill. étroites. ESP., or. ♄

II. Stamina 2. — II. 2 étamines.

CALCEOLARIA	CALCÉOLAIRE
pinnata *L.*	pennée. PÉROU. ☉

III. Genera scrophulariis affinia. Oppositifolia. — III. Genres qui ont de l'affinité avec les scrophulaires. Feuilles opposées.

COLUMNEA	COLUMNEA
humilis *Lmk.*	écarlate. AM. m. ♃
GRATIOLA	GRATIOLE
officinalis *L.*	officinale. F. ♃ (méd.)
MIMULUS	MIMULUS
ringens *L.*	à deux lèvres. AM. s. ♃
glutinosus *Wild.* } aurantiacus *curt.* }	glutineux. or. ♄
LINDERNIA	LINDERNIA
pyxidaria *L.*	pyxidaire. F. ☉

IV. Folia alterna. — IV. Feuilles alternes.

BROWALLIA	BROVALLE
elata *L.*	droite. PÉROU. ☉
demissa *L.*	tombante. AM. m. ☉

ORDO VIII. — ORDRE VIII.

SOLANEÆ. — LES SOLANÉES.

I. Fructus capsularis. — I. Une capsule.

CELSIA	CELSIA
orientalis *L.*	d'orient. ☉
arcturus *L.*	arcturus. orient, or. ♂
cretica *L.*	de Crète. or. ♂
heterophylla.	à feuill. variables. or. ♂
HEMITOMUS	HÉMITOMUS
fruticosus *l'Her.*	arbrisseau. PÉROU, s. ch. ♄ (orn.)

VERBASCUM	*MOLÈNE*
thapsus *L.*	*commune.* F. ♂ (méd.)
thapsoïdes *L.*	*thapsoïde.* EUR. ♂
phlomoïdes *L.*	*phlomoïde.* F. ♂
lychnitis *L.*	*cunéiforme.* F. ♃
— album.	— *blanche.*
mucronatum *Lmk.*	*pointue.* orient. ♂
nigrum *L.*	*noire.* F. ♃
sinuatum *L.*	*sinuée.* F. m. ♂
undulatum *Lmk.*	*ondée.* orient, or. ♄
phœniceum *L.*	*bleue.* carniole. ♂
blattaria *L.*	*blattaire.* F. ☉
— alba.	— *blanche.*
blattarioïdes *Lmk.*	*fausse blattaire.* F. ☉
spinosum *L.*	*épineuse.* orient, or. ♄
myconi *L.*	*sans tige.* F., pyrénées. ♃
HYOSCIAMUS	*JUSQUIAME*
niger *L.*	*noire.* F. ♂ (vén.)
reticulatus *L.*	*réticulée.* orient. ♂
albus *L.*	*blanche.* F. m. ☉
datora *Forsk.* ⎫	
betonicæfolius *Lmk.* ⎭	*datora.* égypte, or. ♂
aureus *L.*	*jaune.* orient, or. ♄
pusillus *L.*	*grèle.* orient. ☉
physalodes *L.*	*faux coqueret.* sibérie. ♃
scopolia *L.*	*de Scopoli.* italie. ♃
NICOTIANA	*NICOTIANE*
tabacum *L.*	*tabac.* AM. m. ☉ (écon., méd.)
fruticosa *L.*	*arbrisseau.* chine, or. ♄
glutinosa *L.*	*gluante.* pérou. ☉
rustica *L.*	*rustique.* AM. m. ☉ (écon. méd.)
paniculata *L.*	*paniculée.* pérou. ☉ (écon.)
crispa.	*crépue.* pérou. ☉
undulata *Vent.*	*ondée.* N. HOLL., or. ♂
DATURA	*DATURA*
stramonium *L.*	*épineux.* F. ☉ (vén.)
ferox *L.*	*à grosses épines.* chin. ☉ (vén.)
tatula *L.*	*tatula.* AS. ☉
fastuosa *L.*	*violet.* égypte. ☉ (orn.)
metel *L.*	*métel.* ASIE. ☉
humilis.	*nain.* ☉
ceratocaula *Jacq.*	*cornu.* cuba. ☉
levis *L.*	*à fruit lisse.* Abyssin. ☉ (vén.)
arborea *L.*	*en arbre.* chili, or. ♄ (orn.)

II. *Fructus baccatus.*	II. Une baie.

SOLANDRA
grandiflora *swartz.* ⎫
datura sarmentosa *zmk.* ⎭

ATROPA
mandragora *l.*
belladona *l.*
solanacea *l.*
aristata *h. k.*
arborescens *l.*
cestrum campanulatum *zmk.* ⎫
frutescens *l.*
procumbens *cav.*

NICANDRA
physalodes.

PHYSALIS.

1. *Perennes.*
somnifera *l.*
arborescens *l.*
barbadensis *jacq.*
incana.
curassavica *l.*
pensylvanica *l.*
alkekengi *l.*

2. *Annuæ.*
prostrata *l'her.*
angulata *l.*
pubescens *l.*
philadelphica *zmk.*

SOLANUM.

1. *Inermia.*
lycopersicum *l.*
pseudolycopersicum *jacq.*
peruvianum *l.*
dulcamara *l.*
triquetrum *cav.*
crassifolium *zmk.*
quercifolium *l.*
radicans *l.*
corymbosum *jacq.*
nigrum *l.*
— villosum.
— guineense.
— virginicum.
nodiflorum *jacq.*
tuberosum *l.*

SOLANDRA
à grandes fleurs. Am. m.,
s. ch. ♄

ATROPA
mandragore. F. m. ♃ (vén.)
belladone. F. ♃ (vén.)
à feuill. de solanum. cap, or. ♄
barbu. canaries, or. ♄
en arbre. Am. m., s. ch. ♄
arbrisseau. Esp., or. ♃
couché. mexique. ☉

NICANDRA
du Pérou. ☉

COQUERET.

1. Vivaces.
somnifère. Esp., or. ♄
en arbre. Am. m., s. ch. ♄
des Barbades. Am. m., s. ch. ♃
blanc. s. ch. ♃
de Curaçao. Am. m., or. ♄
de Pensylvanie. ♃
alkekenge. F. ♃ (méd.)

2. Annuels.
couché. pérou. ☉
anguleux. inde. ☉
pubescent. inde. ☉
à gros fruit. Am. s. ☉

SOLANUM.

1. Point d'aiguillons.
tomate. Am. m. ☉ (alim.)
fausse tomate. Am. m. ☉
du Pérou. s. ch. ♄
douce-amère. F. ♄ (méd.)
triangulaire. N. Esp., s. ch. ♄
à feuill. épaisses. cap, or. ♄
à feuill. de chêne. pérou, or. ♃
rampant. pérou, or. ♃
corymbifère. pérou, or. ♃
noir. F. ☉ (méd.)
— *velu.*
— *de Guinée.*
— *de Virginie.*
nodiflore. île de F., s. ch. ♄
pomme de terre. pér. ♃ (alim.)

reclinatum *l'Her.* ⎫	*récliné.* Pérou, s. ch. ♂
pinnatifidum *Lmk.* ⎭	
macrocarpon *L.*	*à gros fruit.* Pérou, s. ch. ♃
æthiopicum *L.*	*d'Ethiopie.* ⊙
diphyllum *L.*	*à deux feuill.* Am. m., s. ch. ♄
pseudocapsicum.	*faux piment.* Madère, or. ♄ (orn.)
aggregatum *Jacq.*	*aggrégé.* Guinée, s. ch. ♄
laurifolium *L. f.*	*à feuill. de laurier.* inde, s. ch. ♄
verbascifolium *L.*	*à feuill. de molène.* Am. m., s. ch. ♄
auriculatum *Lmk.*	*auriculé.* île de F., s. ch. ♄
bonariense *L.*	*à bouquets.* or. ♄ (orn.)
grandiflorum.	*à grandes fleurs.* ♄
betaceum *cav.*	*à feuill. de bette.* Pérou, s. ch. ♄

2. *Aculeata.*	2. Tiges garnies d'aiguillons.
melongena *L.*	*melongène.* Am. m. ⊙ (alim)
— ovifera.	— *ovifère.*
fuscatum *Lmk.*	*brun.* Am. m. ⊙
æthiopicum *L.*	*d'Ethiopie.* ⊙
mammosum *L.*	*pomme de teton.* Am. m. ⊙
capsicoïdes. ⎫	*faux piment.* ⊙
ciliatum *Lmk.* ⎭	
aculeatissimum *Jacq.*	*très-épineux.* Am. m. ♄
sodomæum *L.*	*hérissé.* cap, or. ♄
virginianum *Jacq.*	*de Virginie.* ⊙
sarmentosum *Lmk* ⎫	*sarmenteux.* Am. m., s. ch. ♄
lanceæfolium *Jacq.* ⎭	
giganteum *Jacq.*	*gigantesque.* cap., s. ch. ♄
marginatum *L.*	*blanc.* Abyssinie, s. ch. ♄
tomentosum *L.*	*cotonneux.* Éthiopie, s. ch. ♄
coccineum *Jacq.*	*écarlate.* As., s. ch. ♄
polygamum *vahl.*	*polygame.* Am. m., s. ch. ♄
elæagnifolium *cav.*	*à feuill. de chalef.* Am. m., s. ch. ♄
leprosum *ortega.*	*lépreux.* chili, s. ch. ♄
bahamense *L.*	*de Bahama.* Am. m., s. ch. ♄
igneum *L.*	*couleur de feu.* Am. m., s. ch. ♄
pyracantha *Lmk.*	*de Madagascar.* s. ch. ♄
polyacanthos *Lmk.*	*polyacanthos.* Am. m., s. ch. ♄
caroliniense *Jacq.*	*de Caroline.* ♃
milleri *Jacq.*	*de Miller.* cap., s. ch. ♄
stramonifolium *Jacq.*	*à feuill. de stramoine.* inde, s. ch. ♄
cuneifolium *Jacq.*	*cunéiforme.* Am. m., s. ch. ♄
lycioïdes *L.*	*faux lycium.* Pérou, or. ♄ (orn.)

CAPSICUM	PIMENT
grossum *L.*	*irrégulier.* inde, s.ch. ♂ (écon.)
— deflexum.	— *abaissé.*
annuum *L.*	*annuel.* AM. m. ☉ (écon.)
conicum.	*conique.* s. ch. ♂
frutescens *L.*	*arbrisseau.* inde, s.ch. ♄ (éc.)
violaceum.	*violet.* chine, s. ch. ♂
cerasiforme *L.*	*cerise.* s. ch. ♄
baccatum *L.*	*baccifère.* inde, s.ch. ♄ (écon.)
LYCIUM	LYCIUM
afrum *L.*	*d'afrique.* ESP., or. ♄
europæum *L.*	*d'Europe.* F. m., or. ♄
carnosum.	*charnu.* or. ♄
barbarum *L.*	*lancéolé.* chine. ♄ (orn.)
chinense *Lmk.*	*de Chine.* ♄
boerhaaviæfolium *L. f.*	*glauque.* pérou, or. ♄
CESTRUM	CESTRUM
nocturnum *L.*	*de nuit.* AM. m., s. ch. ♄
diurnum *L.*	*de jour.* chili, s. ch. ♄
laurifolium *l'Her.*	*à feuill. de laurier.* AM. m., s. ch. ♄
macrophyllum.	*à grandes feuill.* AM. m., s. ch. ♄
auriculatum *l'Her.*	*auriculé.* pérou, s. ch. ♄
vespertinum *L.*	*à fruit noir.* AM. m., s.ch. ♄
alaternoïdes.	*à feuill. d'alaterne.* AM. m. ♄
parqui *l'Her.*	*parqui.* chili. ♄

III. Genera solaneis affinia.　　III. Genres qui ont de l'affinité avec les solanées.

BONTIA	BONTIA
daphnoïdes *L.*	*à feuill. de daphné.* AM. m., s. ch. ♄
BRUNSFELSIA	BRUNSFELSIA
americana *L.*	*d'Amérique.* AM. m., s.ch. ♄
CRESCENTIA	CALEBASSIER
cujete *L.*	*des Antilles.* s. ch. ♄ (écon.)

ORDO IX. | ORDRE IX.

BORRAGINEÆ. | LES BORRAGINÉES.

I. Fructus baccatus, caulis frutescens aut arborescens.　　I. Graines dans une baie, tiges ligneuses.

CORDIA	CORDIA
sebestena *L.*	*sébestier.* égypte, s. ch. ♄ (méd., alim.)

mixa *L.* — à *feuill. lisses.* ÉG., s. ch. ♄

dentata *vahl.* — *denté.* AM. m., s. ch. ♄

gerascanthus *L.* — à *feuill. de verveine.* AM. m., s. ch. ♄

macrophylla *L.* — à *grandes feuill.* AM. m., s. ch. ♄

nitida *vahl.* — à *feuill. luisantes.* AM. m., s. ch. ♄

parviflora *ortega.* — à *petites fleurs.* N. ESP., s. ch. ♄

scabra.
sebestena *Andr.* } — à *feuill. rudes.* AM. m., s. ch. ♄

EHRETIA — *EHRÉTIA*

tinifolia *L.* — à *feuill. de laurier-tin.* AM. m., s. ch. ♄

beurreria *L.* — *de Beurrer.* AM. m., s. ch. ♄

VARRONIA — *VARRONIA*

martinicensis *L.* — *de la Martinique.* AM. m., s. ch. ♄

mirabilioïdes *jacq.* — à *grandes fleurs.* AM. m., s. ch. ♄

corymbosa *L.* — *corymbifère.* AM. m., s. ch. ♄

TOURNEFORTIA — *TOURNEFORTIA*

volubilis *L.* — *sarmenteux.* AM. m., s. ch. ♄

humilis *L.* — *nain.* AM. m., s. ch. ♄

scabra *Lmk.* — *rude.* AM. m., s. ch. ♄

arborescens *Lmk.* — *arbre.* inde, s. ch. ♄

laurifolia *vent.* — à *feuill. de laurier.* AM. m., s. ch. ♄

mutabilis *vent.* — à *fleurs changeantes.* inde, s. ch. ♄

MESSERCHMIDIA — *MESSERCHMIDIA*

arguzia *L.* — *arguse.* sibérie. ♃

fruticosa *L.* — *arbrisseau.* canaries, or. ♄

angustifolia *Lmk.* — à *feuill. étroites.* canar., or. ♄

II. Fructus uni aut bicapsularis. — II. Une ou deux capsules.

ELLISIA — *ELLISIA*

nyctelea. — *de Virginie.* ☉

HYDROPHYLLUM — *HYDROPHYLLE*

virginicum *L.* — *de Virginie.* AM. s. ♃

canadense *L.* — *de Canada.* AM. s. ♃

DICHONDRA — *DICHONDRA*

caroliniensis *mich.* — *de Caroline.* AM. s., or. ♃

CERINTHE — *MELINET*

major *L.* — à *grandes fleurs.* F. m. ☉

aspera *Roth.* — à *feuill. rudes.* F. ☉

minor *L.* — à *fleurs aiguës.* F. m. ♂

III. *Fructus gymnotetraspermus , faux corollæ nuda.*

HELIOTROPIUM
  peruvianum L.
  indicum L.
  europæum L.
  villosum *Wild.*
  parviflorum L.
  supinum L.
  curassavicum L.

ECHIUM.

    1. *Herbacea.*

  vulgare L.
  pyrenaïcum L.
  australe *Lmk.*
  plantagineum. }
  creticum *Lmk.* }
  prostratum }
  creticum *Forsk.* }

    2. *Fruticosa.*

  candicans *Jacq.*
  strictum *H. K.*

LITHOSPERMUM
  arvense L.
  officinale L.
  purpurocœruleum L.
  orientale L.
  decumbens *Vent.*
  fruticosum L.
  callosum *Vahl.*

PULMONARIA
  officinalis L.
  angustifolia L.
  virginica L.
  sibirica L.
  maritima L.

ONOSMA
  echioïdes L.
  simplicissima L.

IV. *Fructus gymnotetraspermus, faux corollæ instructa squamis 5.*

SYMPHYTUM
  officinale L.
  tuberosum L.

III. 4 graines nues au fond du calice , entrée de la corolle nue.

HÉLIOTROPE
  du *Pérou.* s.ch. ♄ (orn.)
  des *Indes.* ☉
  d'*Europe.* F. ☉ (méd.)
  soyeuse. orient. ☉
  à petites fleurs. inde. ☉
  couchée. F. ☉
  de *Curaçao.* Am. m., or. ♂

VIPÉRINE.

    1. Tiges herbacées.

  commune. F. ♂ (méd.)
  des Pyrénées. F. ♂
  rouge. orient. ☉

  à feuill. de plantain. italie. ☉

  couchée. égypte. ♃

    2. Tige ligneuse.

  blanchâtre. canaries , or. ♄
  serrée. canaries , or. ♄

GRÉMIL
  des champs. F. ☉
  officinal. F. ♃ (méd.)
  bleu pourpre. F. ♃
  d'orient. ♃
  tombant. perse. ☉
  arbrisseau. F. m., or. ♄
  calleux. égypte, or. ♄

PULMONAIRE
  officinale. F. ♃ (méd.)
  à feuill. étroites. F. ♃
  de Virginie. Am. s. ♃
  de Sibérie. ♃
  maritime. F. ☉

ONOSMA
  à feuill. de vipérine. F. ♂
  à tige simple. sibérie. ♂

IV. 4 graines au fond du calice , tube de la corolle couronné de 5 écailles.

CONSOUDE
  officinale. F. ♃ (méd.)
  tubéreuse. F. ♃

LYCOPSIS
    arvensis L.
    — undulata.
    orientalis L.

ECHIOIDES (*Lycopsis* L.)
    nigricans.
    rubra.

MYOSOTIS
    nana *wild.*
    scorpioïdes L.
    palustris L.
    lappula L.
    apula L.

ANCHUSA
    italica *Retz.*
    angustifolia L.
    barrelieri *All.*
    tinctoria L.
    sempervirens L.
    verrucosa *Lmk.*

BORAGO
    officinalis L.
    orientalis L.
    indica L.
    africana L.

ASPERUGO
    procumbens L.

CYNOGLOSSUM
    officinale L.
    apenninum L.
    montanum *Lmk.*
    cheirifolium L.
    linifolium L.
    omphalodes L.

NOLANA
    prostrata L.

ORDO X.

CONVOLVULI.

CONVOLVULUS.
    1. *Caule volubili.*
    arvensis L.
    sepium L.

LYCOPSIS
    des champs. F. ☉
    — *ondulé.*
    d'orient. ☉

ECHIOIDES
    noir. italie. ☉
    rouge. italie. ☉

MYOSOTIS
    nain. F. ☉
    des champs. F. ☉
    des marais. F. ♃
    hérissé. F. ☉
    jaune. italie. ☉

BUGLOSE
    officinale. ♃ (méd.)
    à feuill. étroites. orient. ♃
    de barrelier. Alpes. ♃
    orcanette. F.m., or. ♃ (arts.)
    toujours verte. Espagne. ♃
    tuberculeuse. Égypte. ☉

BOURRACHE
    officinale. F. ☉ (méd.)
    d'orient. ♃
    des Indes. ☉
    d'Afrique. ☉

RAPETTE
    couchée. F. ☉

CYNOGLOSSE
    officinale. F. ♂ (méd.)
    des Apennins. ♂
    de montagne. F., Alpes. ♃
    à feuill. de cheiri. orient. ♂
    à feuill. de lin. Esp. ☉
    omphalodès. F. ♃ (orn.)

NOLANA
    couchée. Pérou, or. ♂

ORDRE X.

LES LISERONS.

LISERON.
    1. Tige grimpante.
    des champs. F. ♃
    des haies. F. ♃ (méd.)

inflatus.	*renflé.* Am. s. ♃ (orn.)
panduratus *L.*	*sinué.* Am. s. ♃
farinosus *L.*	*farineux.* madère, or. ♂
batatas *L.*	*patate.* Am. m., s. ch. ♃ (alim.)
nervosus *Lmk.*	*à nervures.* inde, s. ch. ♄
canariensis *L.*	*des Canaries.* or. ♄
jalapa *L.* ⎫	*jalap.* mexique, or. ♃ (méd.)
ipomœa macrorhiza *Mich.* ⎭	
althæoïdes *L.*	*à feuill. de guimauve.* F. m., or. ♃
pentaphyllus *L.*	*à 5 feuill.* Am. m. ⊙
cairicus *L.*	*du Caire.* ⊙
dissectus *L.*	*découpé.* Am. m. ⊙
hermanniæ *l'Her.* ⎫	*à feuill. d'hermannia.* pér. ♃
crenatus *Jacq.* ⎭	
fruticulosus *Lmk.*	*fruticuleux.* canaries, or. ♄
sibiricus *L.*	*de Sibérie.* ⊙
ebracteatus *Lmk.*	*sans bractées.*
siculus *L.*	*de Sicile.* ⊙

2. *Caule non volubili.*	2. Tige non grimpante.

pentapetaloïdes *L.*	*à 5 divisions.* italie. ⊙
evolvuloïdes *Desf.*	*évolvulus.* barbarie. ⊙
lineatus *L.*	*rayé.* F. m., or. ♃
cneorum *L.*	*satiné.* orient, or. ♄ (orn.)
oleæfolius *Lmk.*	*à feuill. d'olivier.* orient, or. ♄ (orn.)
cantabrica *L.*	*linéaire.* F. ♃
piloseliæfolius *Lmk.*	*à feuill. de piloselle.* orient. ♄
dorycnium *L.*	*dorycnium.* orient. ♄
tricolor *L.*	*tricolor.* esp. ⊙ (orn.)
pes-capræ *L.*	*pied de chèvre.* inde. ♃
soldanella *L.*	*soldanelle.* F. ♃ (méd.)

Ipomoea	Ipoméa
quamoclit *L.*	*quamoclit.* inde. ⊙ (orn.)
coccinea *L.*	*écarlate.* Am. m. ⊙
luteola *Jacq.*	*jaune.* Am. m. ⊙
leucantha *Jacq.*	*à fleurs blanches.* Am. m. ⊙
bona-nox *L.*	*épineux.* Am. m. ⊙
tuberculosa. ⎫	
stipulacea *Jacq.* ⎬	*tuberculeux.* île de F., s. ch. ♃
convolvulus tuberculosus *Lmk.* ⎭	
triloba *L.*	*à 3 lobes.* Am. m. ⊙
hederacea.	*à feuill. de lierre.* Am. m. ⊙
nil.	*nil.* Am. m. ⊙
quinqueloba.	*à 5 lobes.* ♃
purpurea.	*pourpre.* Am. m. ⊙ (orn.)

EVOLVULUS
   Alsinoïdes *l.*
   linifolius *l.*

CRESSA
   cretica *l.*

    Genera convolvulis affinia.

CUSCUTA
   europæa *l.*
   — epithymum.

ORDO XI.

POLEMONIA.

PHLOX
   suaveolens *H. K.*
   glaberrima *l.*
   paniculata *l.*
   divaricata *wild.*
   maculata *l.*
   setacea *l.*
   reptans *mich.*

POLEMONIUM
   cœruleum *l.*
   reptans *l.*

COBÆA
   scandens *cav.*

ORDO XII.

BIGNONIÆ.

CHELONE
   glabra *l.*
   pentstemon *l.*
   barbata *cav.*
   campanulata *cav.*

SESAMUM
   orientale *l.*

BIGNONIA.
    1. *Foliis simplicibus.*
   catalpa *l.*
   quercus *Lmk.*

   sempervirens *l.*

EVOLVULUS
   à feuill. d'alsine. inde. ☉
   à feuill. de lin. Antilles. ☉

CRESSA
   de Crète. orient, or. ♃

Genres qui ont de l'affinité avec les liserons.

CUSCUTE
   d'Europe. F. ☉
   — *épithym.* F. ☉

ORDRE XI.

LES POLÉMOINES.

PHLOX
   odorant. Am. s. ♃
   glabre. Am. s. ♃
   paniculé. Am. s. ♃ (orn.)
   étalé. Am. s. ♃
   tacheté. Am. s. ♃ (orn.)
   à feuill. étroites. Am. s. ♃
   rampant. Am. s. ♃

POLÉMOINE
   bleue. Eur. ♃ (orn.)
   rampante. Am. s. ♃ (orn.)

COBÉA
   sarmenteux. chili, or. ♄

ORDRE XII.

LES BIGNONES.

CHÉLONE
   glabre. Am. s. ♃ (orn.)
   à 5 étamines. Am. s., or. ♃
   barbue. mexique. ♃
   campanulée. mexique. ♃

SÉSAME
   d'orient. ☉ (écon.)

BIGNONE.
    1. Feuilles simples.
   catalpa. Am. s. ♄ (orn.)
   à feuill. de chéne. Am. m., s. ch. ♄
   toujours verte. Am. s. ♄

2. Foliis conjugatis.	**2. Feuilles conjuguées.**
unguis L.	à griffes. AM. m., s. ch. ♄
capreolata L.	à vrilles. AM. m., s. ch. ♄
crucigera L.	crucifère. AM. s., or. ♄
3. Foliis digitatis.	**3. Feuilles digitées.**
pentaphylla L.	à 5 feuill. AM. m., s. ch. ♄
leucoxylon L.	à bois blanc. AM. m., s. ch. ♄
4. Foliis pinnatis.	**4. Feuilles pennées.**
radicans L.	grimpante. AM. s. ♄ (orn.)
stans L.	droite. AM. m., s. ch. ♄ (orn.)
pandorana *Andr.*	pandorana. île Norfolk, or. ♄
MARTYNIA	**MARTYNIA**
proboscidea H. K.	à fruit cornu. AM. m. ☉
angulosa *Lmk.*	anguleux. Mexique. ☉
perennis L.	vivace. AM. m., s. ch. ♃

ORDO XIII.

GENTIANÆ.

I. Capsula simplex, unilocularis.

GENTIANA.

1. *Corollis quinquefidis, subcampani-formibus.*

lutea L.	jaune. F., Alpes. ♃ (méd.)
asclepiadea L.	à feuill. d'asclépias. F., Alp. ♃
pneumonanthe L.	pneumonanthe. F. ♃
acaulis L.	sans tige. F., Alpes. ♃ (orn.)
amarella L.	amarella. F. ☉

2. *Corollis quadrifidis.*

campestris L.	des champs. F. ☉
cruciata L.	croisette. F. ♃

SWERTIA	SWERTIA
perennis L.	vivace. F., Alpes. ♃
CHLORA	CHLORA
perfoliata L.	perfolié. F. ☉

II. Capsula simplex bilocularis.

CHIRONIA	CHIRONIA
decussata *Vent.*	à feuill. en croix. cap, or. ♄ (orn.)
frutescens L.	arbrisseau. cap, or. ♄ (orn.)
linoïdes L.	à feuill. de lin. cap, or. ♄
baccifera L.	baccifère. cap, or. ♄

ORDRE XIII.

LES GENTIANES.

I. Capsule simple, à une loge.

GENTIANE.

1. Corolles presque en cloche, à cinq divisions.

2. Corolle à quatre divisions.

II. Capsule simple biloculaire.

centaurium.
— minus.
filiformis.

petite centaurée. F. ☉ (méd.)
— *naine.*
filiforme. F. ☉

III. *Capsula didyma bilocularis.*

III. Capsule didyme, à deux loges.

SPIGELIA
anthelmia *L.*
marylandica *L.*

SPIGÉLIA
anthelmia. Am. m. ☉
de Maryland. Am. s. ♃

ORDO XIV.

APOCINEÆ.

I. *Germen duplex, fructus bifollicularis, semina non papposa.*

VINCA
major *L.*
minor *L.*
rosea *L.*

TABERNÆMONTANA
amsonia *L.*
citrifolia *L.*

nervosa.

CAMERARIA
latifolia *L.*

PLUMERIA
rubra *L.*
alba *L.*

II. *Germen duplex, fructus bifollicularis, semina papposa.*

NERIUM
oleander *L.*
— album.
— odoratum.

ECHITES
corymbosa *L.*
suberecta *L.*

STAPELIA
hirsuta *L.*
grandiflora *Mass.*
asterias *Mass.*
cæspitosa *Mass.*
papillosa *Dec.*

ORDRE XIV.

LES APOCINÉES.

I. 2 ovaires, 2 capsules folliculeuses, graines sans aigrettes.

PERVENCHE
grande. F. ♄ (méd., orn.)
petite. F. ♄ (orn.)
rose. inde, s. ch. ♄ (orn.)

TABERNÆMONTANA
amsonia. Am. s. ♃
à feuill. de citroner. Am. m., s. ch. ♄
à grosses nervures. Am. m., s. ch. ♄

CAMÉRARIA
à larges feuill. Am. m., s. ch. ♄

PLUMÉRIA
rouge. Am. m., s. ch. ♄
blanc. Am. m., s. ch. ♄

II. 2 ovaires, 2 capsules folliculeuses, graines aigrettées.

NÉRIUM
laurier rose. orient, or. ♄ (orn.)
— *blanc.* (orn.)
— *odorant.* (orn.)

ECHITÈS
corymbifère. Am. m., s. ch. ♄
droit. Am. m., s. ch. ♄

STAPÉLIA
velu. cap, s. ch. ♄
à grandes fleurs. cap, s. ch. ♄
astérias. cap, s. ch. ♄
touffu. cap, s. ch. ♄
mamelone. cap, s. ch. ♄

variegata *L.*	*panaché.* cap, s. ch. ♄
reticulata *Mass,*	*à réseau.* cap, s. ch. ♄

PERIPLOCA	*PÉRIPLOCA*
græca *L.*	*de Grèce.* orient. ♄
angustifolia *Bill.*	*à feuill. étroites.* Tunis, or. ♄

APOCYNUM	*APOCIN*
androsæmifolium *L.*	*gobe-mouche.* Am. s. ♃
cannabinum *L.*	*à fleurs vertes.* Am. s. ♃
hypericifolium *H. K.*	*à feuill. d'hypéricum.* Am. s. ♃
venetum *L.*	*denté.* italie. ♃

CYNANCHUM	*CYNANCUM*
prostratum *cav.*	*couché.* mexique, s. ch. ♃
acutum *L.*	*aigu.* F. m. ♃
monspeliacum *L.*	*de Montpellier.* F. m. ♃
melanthos *vahl.*	*à fleurs noires.*
caroliniense *Jacq.*	*de Caroline.* Am. s., or. ♃
erectum *L.*	*droit.* syrie, ♄
mauritianum.	*de l'Isle de France.* s. ch. ♄

ASCLEPIAS	*ASCLÉPIAS*
vincetoxicum *L.*	*dompte-venin.* F. ♃ (méd.)
nigra *L.*	*noir.* F. m. ♃
nivea *L.*	*blanc.* Am. s., or. ♃
curassavica *L.*	*de Curaçao.* s. ch. ♄
incarnata *L.*	*incarnat.* Am. s. ♃
tuberosa *L.*	*tubéreux.* Am. s., or. ♃
amœna *L.*	*rose.* Am. s. ♃
linaria *cav.*	*à feuill. de linaire.* or. ♃
mexicana *cav.*	*du Mexique.* or. ♃
fruticosa *L.*	*arbrisseau.* Tunis, or. ♄
syriaca *L.*	*à la ouate.* Am. s. ♃ (arts.)
gigantea *L.*	*à grandes fleurs.* ég., s. ch. ♄
arborescens *L.*	*arbre.* cap, s. ch. ♄

III. Germen simplex , fructus baccatus, aut rarius capsularis.	III. Un seul ovaire, une baie, ou plus rarement une capsule.

RAUWOLFIA	*RAUWOLFIA*
nitida *L.*	*à feuill. luisantes.* Am. m., s. ch. ♄
canescens *L.*	*blanchâtre.* Am. m., s. ch. ♄

CERBERA	*CERBÉRA*
thevetia *L.*	*thévétia.* Am. m., s. ch. ♄

CARISSA	*CARISSA*
bispinosa.	*bifurqué.* cap, s. ch. ♄

STRYCHNOS	*STRYCHNOS*
nux vomica *L.*	*noix vomique.* inde, s. ch. ♄

THEOPHRASTA
  americana *L.*

THÉOPHRASTA
  d'Amérique. Am. m., s. ch. ♄

ORDO XV.

S A P O T Æ.

SIDEROXYLON
  melanophleum *L.* }
  laurifolium *Lmk.* }
  atrovirens *Lmk.*
  lycioïdes *L.*
  tenax *Lmk.*
  spinosum *L.*

CHRYSOPHYLLUM
  glabrum *L.*
  cainito *L.*
  argenteum *Jacq.*

ACHRAS
  sapota *L.*

MYRSINE
  africana *L.*
  retusa *H. K.*

ORDRE XV.

LES SAPOTILLIERS.

BOIS-FER
  à feuill. de laurier. inde, s. ch. ♄

  vert sombre. Am. m., s. ch. ♄
  à feuill. de saule. Am. s. ♄
  satiné. Am. s., or. ♄
  argant. Af. s., or. ♄ (écon.)

CAIMITIER
  glabre. Am. m., s. ch. ♄
  drapé. Am. m., s. ch. ♄
  argenté. Am. m., s. ch. ♄

SAPOTILLIER
  cultivé. Am. m., s. ch. ♄ (alim.)

MYRSINÉ
  d'Afrique. cap, or. ♄
  à feuill. obtuses. Açores, or. ♄

CLASSIS IX.

D I C O T Y L E D O N E S

M O N O P É T A L Æ.

(*Corolla perigyna.*)

ORDO I.

G U A Y A C A N Æ.

DIOSPYROS
  ebenus *L.*
  virginiana *L.*
  lotus *L.*

ROYENA
  lucida *L.*
  hirsuta *L.*
  lycioïdes.

CLASSE IX.

DICOTYLÉDONS

MONOPÉTALES.

(Corolle attachée au calice.)

ORDRE I.

LES PLAQUEMINIERS.

PLAQUEMINIER
  ébénier. île de F., s. ch. ♄ (écon.)
  de Virginie. Am. s. ♄
  lotos. orient. ♄ (alim.)

ROYENA
  luisant. cap, or. ♄
  velu. cap, or. ♄
  à feuill. de lycium. ♄

STYRAX	STYRAX
officinale *L.*	*officinal.* F. m. ♄ (méd.)
levigatum *H. K.*	*glabre.* Am. s. ♄
HALESIA	HALÉSIA
tetraptera *L.*	*à 4 ailes.* Am. s. ♄
diptera *L.*	*à 2 ailes.* Am. s. ♄
HOPEA	HOPEA
tinctoria *L.*	*des teinturiers.* Am. s. ♄ (arts.)

## ORDO II.	## ORDRE II.
### *RHODODENDRA.*	### LES ROSAGES.
I. Corolla monopetala.	I. Corolle monopétale.
KALMIA	KALMIA
latifolia *L.*	*à larges feuill.* Am. s. ♄ (orn.)
angustifolia *L.*	*à feuill. étroites.* Am. s. ♄ (orn.)
glauca *H. K.*	*glauque.* Am. s. ♄ (orn.)
RHODODENDRON	RHODODENDRON
ferrugineum *L.*	*ferrugineux.* F., Alpes. ♄
hirsutum *L.*	*hérissé.* F., Alpes. ♄
maximum *L.*	*d'Amérique.* Am. s. ♄ (orn.)
minus *mich.*	*ponctué.* Am. s. ♄ (orn.)
ponticum *L.*	*de Pont.* As. ♄ (orn.)
AZALEA	AZALÉA
viscosa *L.*	*visqueux.* Am. s. ♄ (orn.)
glauca *L.*	*glauque.* Am. s. ♄ (orn.)
nudiflora *L.*	*à fleurs nues.* Am. s. ♄ (orn.)
pontica *L.*	*de Pont.* As. ♄ (orn.)
procumbens *L.*	*couché.* F., Alpes. ♄
II. Corolla subpolypetala.	II. Corolle presque polypétale.
RHODORA	RHODORA
canadensis *l'Her.*	*de Canada.* Am. s. ♄ (orn.)
LEDUM	LÉDUM
palustre *L.*	*des marais.* Alpes. ♄ (écon.)
latifolium *Lmk.*	*à larges feuill.* Am. s. ♄
thymifolium *Lmk.*	*à feuill. de thym.* Am. s. ♄
BEFARIA	BÉFARIA
paniculata *mich.*	*paniculé.* Am. s. ♄
MENZIEZIA	MENZIÉZIA
polyfolia *juss.*	*à feuill. de polium.* F. m. ♄
andromeda daboecia *L.* }	
ITEA	ITÉA
virginiana *L.*	*de Virginie.* Am. s. ♄ (orn.)
racemiflora *l'Her.*	*à grappes.* Am. s. ♄

ORDO III.

ERICÆ.

I. *Germen superum.*

ERICA.

1. *Antheræ aristatæ.*

a. *Foliis oppositis.*

glutinosa *Thunb.*
lutea *L.*

b. *Foliis ternis.*

paniculata *L.*
halicacaba *L.*
monsoniana *L. f.*
discolor *Andr.*
cruenta *H. K.*
nigrita *L.*
regerminans *L.*
urceolaris *Thunb.*
marifolia *H. K.*
planifolia *L.*
hirta *Thunb.*
articularis *L.*
viridi-purpurea *L.*
pubescens *L.*

c. *Foliis quaternis.*

persoluta *L.*
gracilis *Wendl.*
caffra *L.*
arborea *L.*
plumosa *Thunb.*
blæria ciliaris *L.*
glabella *Thunb.*
blæria purpurea *L.*
blæria *Thunb.*
blæria ericoïdes *L.*
mucosa *L.*
tetralix *L.*
abietina *L.*
verticillata *Andr.*
pattersonia *Andr.*

d. *Foliis senis.*

mammosa *L.*
empetrifolia *L.*
spicata *Thunb.*

ORDRE III.

LES BRUYÈRES.

I. Ovaire supère.

BRUYÈRE.

1. Anthères munies d'arêtes.

a. Feuilles opposées.

glutineuse. cap, or. ♄
jaune. cap, or. ♄

b. Feuilles ternées.

paniculée. cap, or. ♄
vésiculeuse. cap, or. ♄
à grandes fleurs. cap, or. ♄
de deux couleurs. cap, or. ♄
couleur de sang. cap, or. ♄
à tige brune. cap, or. ♄
prolifère. cap, or. ♄
urcéolée. cap, or. ♄
à feuill. de marum. cap, or. ♄
à feuill. planes. cap, or. ♄
hérissée. cap, or. ♄
articulée. cap, or. ♄
vert-pourpre. portugal. ♄
pubescente. cap, or. ♄

c. Feuilles quatre à quatre.

polymorphe. cap, or. ♄
grêle. cap, or. ♄
des Caffres. cap, or. ♄
en arbre. F. m., or. ♄

plumeuse. cap, or. ♄

glabre. cap, or. ♄

blæria. cap, or. ♄

muqueuse. cap, or. ♄
tétralix. F. ♄
à feuill. de sapin. cap, or. ♄
verticillée. cap, or. ♄
de patterson. cap, or. ♄

d. Feuilles six à six.

mamelonée. cap, or. ♄
à feuill. d'empetrum. cap, or. ♄
à épis. cap, or. ♄

11

2. *Cristatæ.*	2. Anthères en crête.
a. *Foliis oppositis.*	a. Feuilles opposées.
vulgaris *L.*	*commune.* F. ♄
b. *Foliis ternis.*	b. Feuilles ternées.
corifolia *L.*	*à feuill. de coris.* cap, or. ♄
calicina *L.*	*à grand calice.* cap, or. ♄
triflora *L.*	*à fleurs ternées.* cap, or. ♄
scoparia *L.*	*à balais.* F. ♄
bergiana *L.*	*de Bergius.* cap, or. ♄
formosa *Thunb.*	*cannelée.* cap, or. ♄
rubens *Thunb.*	*rouge.* cap, or. ♄
incarnata *Thunb.*	*incarnate.* cap, or. ♄
cinerea *L.*	*cendrée.* F. ♄
australis *L.*	*australe.* ESP., or. ♄
c. *Foliis quaternis.*	c. Feuilles quatre à quatre.
ramentacea *Thunb.*	*à longs rameaux.* cap, or. ♄
margaritacea *Thunb.*	*perlée.* cap, or. ♄
baccans *L.*	*globuleuse.* cap, or. ♄
pendula *Wendl.*	*pendante.* cap, or. ♄
retorta *L. f.*	*conique.* cap, or. ♄
3. *Muticæ.*	3. Anthères sans appendices.
a. *Foliis ternis.*	a. Feuilles ternées.
serrata *Thunb.*	*à feuill. en scie.* cap, or. ♄
umbellata *L.*	*ombellifère.* cap, or. ♄
imbricata *L.*	*imbriquée.* cap, or. ♄
axillaris *Thunb.*	*axillaire.* cap, or. ♄
sexfaria *H. K.*	*hexagone.* cap, or. ♄
taxifolia *H. K.*	*à feuill. d'if.* cap, or. ♄
capitata *L.*	*à fleurs en tête.* cap, or. ♄
bruniades *L.*	*laineuse.* cap, or. ♄
ciliaris *L.*	*ciliée.* F. ♄
virgata *Thunb.*	*effilée.* cap, or. ♄
hispidula *L. f.*	*soyeuse.* cap, or. ♄
petiverii *L.*	*de Petiver.* cap, or. ♄
banksii *Andr.*	*de Banks.* cap, or. ♄
sebana *H. K.*	*de Séba.* cap, or. ♄
monadelpha *Andr.*	*monadelphe.* cap, or. ♄
plukenetii *L.*	*de Plukenet.* cap, or. ♄
versicolor *Andr.*	*de diverses couleurs.* cap, or. ♄
perspicua *Wendl.*	*diaphane.* cap, or. ♄
aitonia *Andr.*	*d'Aiton.* cap, or. ♄
b. *Foliis quaternis aut pluribus.*	b. Feuilles quatre à quatre ou plus.
pulchella *Thunb.*	*élégante.* cap, or. ♄
vestita *Thunb.*	*recouverte.* cap, or. ♄
pinea *Thunb.*	*en masse.* cap, or. ♄

coccinea *L.*   *écarlate.* cap, or. ♄

purpurea *Andr.*   *pourpre.* cap, or. ♄

grandiflora *H. K.*   *à grandes fleurs.* cap, or. ♄

curviflora *L.*   *à fleurs courbes.* cap, or. ♄

tubiflora *L.*   *tubulée.* cap, or. ♄

conspicua *H. K.*   *remarquable.* cap, or. ♄

cerinthoides *L.*   *à fleurs de cerinthe.* cap, or. ♄

ventricosa *Thunb.*   *ventrue.* cap, or. ♄

fastigiata *L.*   *fasciculée.* cap, or. ♄

comosa *L.*   *à fleurs serrées.* cap, or. ♄

mediterranea *L.*   *de la Méditerranée.* F. mf., or. ♄

multiflora *L.*   *à fleurs nombreuses.* F. m., or. ♄

vagans *L.*   *étalée.* F. m., or. ♄

hirsuta *Thunb.*   *velue.* cap, or. ♄

cubica *L.*   *cubique.* cap, or. ♄

herbacea *L.*   *précoce.* suisse. ♄

ANDROMEDA   *ANDROMÉDA*

mariana *L.*   *de Maryland.* Am. s. ♄

nitida *Bartram.* ⎤
lucida *Lmk.* ⎬   *luisant.* Am. m. ♄
coriacea *H. K.* ⎦

axillaris *Lmk.*   *axillaire.* Am. s. ♄

paniculata *L.*   *paniculé.* Am. s. ♄

racemosa *L.*   *à grappes.* Am. s. ♄

arborea *L.*   *en arbre.* Am. s. ♄

caliculata *L.*   *caliculé.* Am. s. ♄

ferruginea *L.*   *ferrugineux.* Am. s. ♄

polifolia *L.*   *à feuill. de polium.* Am. s. ♄

— angustifolia.   — *à feuill. étroites.*

— latifolia.   — *à larges feuill.*

ARBUTUS   *ARBOUSIER*

unedo *L.*   *des Pyrénées.* F. m., or. ♄ (orn.)

andrachne *L.*   *andrachné.* orient, or. ♄

uva-ursi *L.*   *busserole.* F., Alpes. ♄ (méd.)

alpina *L.*   *des Alpes.* F. ♄

CLETHRA   *CLÉTHRA*

alnifolia *L.*   *à feuill. d'aune.* Am. s. ♄ (orn.)

tomentosa *Lmk.*   *velu.* Am. s. ♄ (orn.)

arborea *H. K.*   *en arbre.* canar., or. ♄ (orn.)

PYROLA   *PYROLE*

rotundifolia *L.*   *ronde.* F. ♃

minor *L.*   *petite.* F. ♃

secunda *L.*   *unilatérale.* F. ♃

uniflora *L.*   *à une fleur.* F., Alpes. ♃

maculata *L.*   *maculée.* Am. s. ♄

Epigæa	Epigéa
repens *l.*	rampant. Am. s. ♄
Gaultheria	Gaulthéria
procumbens *l.*	de Canada. Am. s. ♄ (écon.)
erecta *vent.*	à tige droite. Pérou, or. ♄

II. Germen inferum aut semi inferum. II. Ovaire infère ou moitié infère.

Vaccinium	Myrtil
myrtillus *l.*	lucet. F. ♄ (alim.)
pensylvanicum *lmk.*	de Pensylvanie. Am. s. ♄
uliginosum *l.*	des marais. F. ♄
vitis idea *l.*	ponctué. F., Alpes. ♄ (méd.)
stamineum *l.*	à longues étamines. Am. s. ♄
corymbosum *l.*	
amœnum *h. k.*	corymbifère. Am. s. ♄
disomorphum *mich.*	
macrocarpon *h. k.*	à gros fruit. Am. s. ♄
oxycoccos *l.*	canneberge. F. ♄ (alim.)
Empetrum	Empétrum
nigrum *l.*	à fruit noir. F., Alpes. ♄

ORDO IV.

CAMPANULÆ.

I. Antheræ distinctæ.

Michauxia (*Mindium* juss.)	
campanuloïdes *l'Her.*	
levigata *vent.*	

Canarina	
campanulata *l.*	

Campanula.	

1. *Folia levia, calicis sinubus non reflexis.*

cenisia *l.*
uniflora *l.*
hederæfolia *l.*
rotundifolia *l.*
rapunculus *l.*
persicifolia *l.*
obliqua *jacq.*
pyramidalis *l.*
stylosa *lmk.*
lilifolia *l.*
grandiflora *l. f.*
rhomboïdea *l.*
verticillata *l.*

ORDRE IV.

LES CAMPANULES.

I. Anthères distinctes.

Michauxia	
rude. syrie, or. ♂	
lisse. perse. ♂	

Canarine	
campaniforme. madère, or. ♃	

Campanule.	

1. Feuilles lisses, sinus des calices non-réfléchis.

du mont Cénis. Alpes. ♃
à une fleur. F., Alpes. ♃
à feuill. de lierre. F. ♃
à feuill. rondes. F. ♃
raiponce. F. ♂ (alim.)
à feuill. de pêcher. F. ♃
oblique. ♂
pyramidale. F. ♂ (orn.)
à long style. sibérie. ♃
à feuill. de lis. sibérie. ♃
à grandes fleurs. Tartarie. ♃
rhomboïdale. F., Alpes. ♃
verticillée. russie. ♃

2. *Foliis asperis , sinubus calicis non reflexis.*

2. Feuilles rudes , sinus du calice non-réfléchis.

latifolia *L.* — *à larges feuill.* F., Alpes. ♃
trachelium *L.* — *gantelée.* F. ♃
rapunculoïdes *L.* — *fausse raiponce.* F. ♃
bononiensis *L.* — *de Bologne.* italie. ♃
glomerata *L.* — *agglomérée.* F. ♃
thyrsoïdea *L.* — *en thyrse.* F., Alpes. ♂
tomentosa *Lmk.* — *cotonneuse.* orient. ♃
peregrina *L.* }
lanuginosa *Lmk.* } — *hérissée.* orient. ♂
erinus *L.* — *érine.* F. ☉

3. *Sinubus calicis reflexis.*

3. Sinus des calices réfléchis.

medium *L.* — *des jardins.* F. m. ♂ (orn.)
barbata *L.* — *barbue.* F., Alpes. ♃
spicata *L.* — *en épi.* F., Alpes. ♂
longifolia *Lapeyr.* — *à longues feuill.* pyrénées. ♃
sibirica *Jacq.* — *de Sibérie.* ♂

4. *Capsula columnifera aut prismatica.*

4. Capsule en colonne ou prismatique.

speculum *L.* — *miroir de Vénus.* F. ☉
hybrida *L.* — *hybride.* F. ☉
perfoliata *L.* — *perfoliée.* F. ☉
aurea *L.* — *jaune.* canaries, or. ♄

TRACHELIUM — TRACHELIUM
cœruleum *L.* — *à fleurs bleues.* Afr. s., or. ♃

GESNERIA — GESNERIA
tomentosa *L.* — *cotonneux.* Am. m., s. ch. ♄ (orn.)

PHYTEUMA — PHYTEUMA
spicata *L.* — *en épis.* F. ♃
orbicularis *L.* — *orbiculaire.* F. ♃
hemispherica *L.* — *hémisphérique.* F. ♃
pinnata *L.* — *à feuill. pennées.* orient, or. ♃

II. *Antheræ connatæ.* — II. Anthères réunies.

LOBELIA — LOBELIA
longiflora *L.* — *à longues fleurs.* Am.m., s.ch. ♃
cardinalis *L.* — *cardinale.* Am. s. ♃ (orn.)
siphilitica *L.* — *siphilitique.* Am. s. ♃ (méd.)
inflata *L.* — *renflé.* Am. s. ☉
cliffortiana *L.* — *de Cliffort.* Am. m. ☉
urens *L.* — *brûlant.* F. ☉
triquetra *L.* — *triangulaire.* cap, or. ♂
laurentia *L.* — *à longs pédoncules.* italie. ♀
erinus *L.* — *à feuill. d'érine.* Afr. ☉
pubescens *Jacq.* — *pubescent.* cap, or. ♃

minula *l.*
dortmanna *l.*

GOODENIA
ovata *smith.*

JASIONE
montana *l.*
perennis *lmk.*

nain. corse, or. ♃
aquatique. F. ♃

GOODENIA
ovale. N. HOLL. ♄

JASIONÉ
de montagne. F. ♂
vivace. ♃

CLASSIS X.

DICOTYLEDONES

MONOPETALÆ.

(Corolla pistillo imposita, antheræ connatæ.)

CLASSE X.

DICOTYLÉDONS

MONOPÉTALES.

(Corolle sur le pistil, anthères réunies.)

ORDO I.

SEMIFLOSCULOSÆ.

I. Receptaculum nudum , semen absque pappo.

LAMPSANA
communis *l.*
— crispa.

RHAGADIOLUS (*Lapsana l.*)
stellatus.
lampsanoïdes.
kolpinia *lmk.*

II. Receptaculum nudum, semen papposum.

PRENANTHES
muralis *l.*
viminea *l.*
purpurea *l.*
alba *l.*
pinnata *l.*

CHONDRILLA
juncea *l.*

LACTUCA
perennis *l.*
tenerrima *pourret.*

ORDRE I.

LES SEMIFLOSCULEUSES.

1. Réceptacle nud, graines sans aigrette.

LAMPSANE
commune. F. ☉
— crépue.

RHAGADIOLE
étoilée. orient. ☉
fausse lampsane. orient. ☉
hérissée. tartarie. ☉

II. Réceptacle nud , graines couronnées d'une aigrette.

PRÉNANTHÈS
des murailles. F. ♂
effilé. F. ♃
pourpre. F., Alpes. ♃
blanc. F., Alpes. ♃
penné. canaries, or. ♄

CONDRILLE
jonciforme. F. ♃

LAITUE
vivace. F. ♃
glauque. F. ♃

saligna *L.*   *lancéolée.* F. ☉
virosa *L.*   *vireuse.* F. ☉
— laciniata.   — *laciniée.*
scariola *L.*   *escariole.* F. ☉ (alim.)
— sanguinea.   — *pourpre.*
sativa *L.*   *cultivée.* ☉ (alim.)
— romana.   — *romaine..*
— capitata.   — *pommée.*
— crispa.   — *crépue.*
intybacea *Jacq.*   *à tige nue.* Am. m. ☉
spinosa *L.*   *épineuse.* Alger, or. ♄

SONCHUS   *LAITRON*
fruticosus *L.*   *arbrisseau.* canaries, or. ♄
sibiricus *L.*   *de Sibérie.* ♃
tataricus *L.*   *de Tartarie.* ♃
cordifolius.   *à feuill. en cœur.* ♃
plumieri *L.*   *de plumier.* F., Alpes. ♃
alpinus *L.*   *des Alpes.* F. ♂
floridanus *L.*   *de Floride.* Am. s. ♂
multiflorus.   *à fleurs nombreuses.*
oleraceus *L.*   *commun.* F. ☉
— asper.   — *rude.*
divaricatus *Desf.*   *étalé.* Égypte, or. ♃
chondrilloïdes *Desf.*   *à tige de condrille.* Barb. ☉
tenerrimus *L.*   *lacinié.* F. ☉
palustris *L.*   *des marais.* F. ♃
arvensis *L.*   *des champs.* F. ☉
maritimus *L.*   *maritime.* F. ♃

HIERACIUM.   *EPERVIÈRE.*

     1. *Caule folioso.*   1. Tige feuillue.

fruticosum.   *arbrisseau.* ♄
umbellatum *L.*   *ombellifère.* F. ♃
sabaudum *L.*   *de Savoie.* F. ♃
— maculatum.   — *tacheté.*
— latifolium.   — *à larges feuill.*
blattarioïdes *L.*   *à feuill. de blattaire.* F., Alp. ♃
pyrenaïcum *L.*   *des Pyrénées.* F. ♃
amplexicaule *L.*   *amplexicaule.* F., Alpes. ♃
villosum *L.*   *velue.* Alpes. ♃
grandiflorum *wald.* }
pappoleucum *vill.* }   *à grandes fleurs.* F., Alpes. ♃
alpinum *L.*   *des Alpes.* F. ♃
intybaceum *Jacq.* }
albidum *vill.* }   *tubulée.* F., Alpes. ♃
tubulosum *Lmk.* }
cerinthoïdes *L.*   *à feuill. de melinet.* F., Alp. ♃
paludosum *L.*   *des marais.* F., Alpes. ♃

lampsanoïdes *gouan.*	*à feuill. de lampsane.* F., pyr. ♃
prenanthoïdes *l.*	*à feuill. de prenanthès.* F., Alpes. ♃
jacquini *vill.*	*de Jacq.* F., Alpes. ♃
murorum *l.*	*des murs.* F. ♃
sylvaticum *l.*	*des bois.* F. ♃
prunellæfolium *all.* } pumilum *l.* }	*à feuill. de brunelle.* F., Alp. ♃
porrifolium *l.*	*à feuill. de poireau.* F., Alp. ♃
echioïdes *wald.*	*rude.* Allem. ♃

2. *Caule nudo multifloro.*   2. Tige nue à plusieurs fleurs.

aurantiacum *l.*	*couleur de feu.* F., Alpes ♃
piloselloïdes *vill.* } cymosum *leers.* }	*à feuill. de piloselle.* F., Alp. ♃
auricula *l.* } dubium *l.* }	*auriculée.* F. ♃

3. *Caule nudo unifloro.*   3. Tige nue à une fleur.

pilosella *l.*	*pilosella.* F. ♃ (méd.)

CREPIS   *CRÉPIS*

sibirica *l.*	*à larges feuill.* sibérie. ♃
parviflora.	*à petites fleurs.* orient. ☉
coronopifolia *desf.*	*à feuill. de corne de cerf.* barb. ☉
albida *vill.*	*blanc.* F., Alpes. ♃
alpina *l.*	*des Alpes.* F. ☉
rubra *l.*	*rouge.* F. ☉
pauciflora.	*à fleurs rares.* Égypte. ☉
nemausensis *gouan.* } andryala nemausensis *vill.* }	*à tige nue.* F. ☉
fœtida *l.*	*fétide.* F. ☉
pulchra *l.*	*à fleurs de lampsane.* F. ☉
hispida. *wald.*	*hérissé.* Hongrie. ⊙
virgata *desf.*	*effilé.* Barbarie. ♃
dioscoridis *l.*	*de dioscoride.* F. ☉
patula.	*étalé.* ☉
tectorum *l.* } virens *vill.* }	*des toits.* F. ☉
biennis *l.*	*bisannuel.* F. ♂
cinerea. } tectorum *vill.* }	*cendré.* F. ♂
pungens.	*piquant.* ☉

DREPANIA (*Crépis* L.)   *DREPANIA*

barbata.	*barbu.* F. m. ☉
▬ pallida,	▬ *à fleurs pâles.*

HYOSÉRIS.	HYOSÉRIS.
1. *Caule ramoso.*	1. Tige rameuse.
hedypnoïs *L.*	*dormeuse.* F. ☉
rhagadioloïdes *L.*	*rhagadiole.* F. ☉
cretica *cav.*	*de Crète.* ☉
2. *Caule nudo simpl ci.*	2. Tige nue simple.
radiata *L.*	*rayonnée.* F. m. ☉
lucida *L.*	*luisante.* orient. ♂
aspera *L.*	*rude.* italie. ☉
fœtida *L.*	*fétide.* F. ☉
minima *L.*	*petite.* F. ☉
taraxacoïdes *vill.*	*commune.* F. ♃
ZACINTHA	**ZACINTHA**
verrucaria.	*tuberculeux.* orient. ☉
TARAXACUM	**TARAXACUM**
dens-leonis.	*pissenlit.* F. ♃ (méd.)
LEONTODON	**LÉONTODON**
pyrenaïcum *gouan.*	*des Pyrénées.* F. ♃
aureum *L.*	*orangé.* F., Alpes. ♃
bulbosum *L.*	*bulbeux.* F. ♃
autumnale *L.*	*d'automne.* F. ♃
hastile *L.*	*lancéolé.* F. ♃
hispidum *L.*	*hérissé.* F. ♃
PICRIS	**PICRIS**
hieracioïdes *L.*	*epervière.* F. ♂
sprengeriana.	
hieracium sprengerianum *L.* }	*de Sprenger.* F. m. ☉
integrifolia.	*à feuill. entières.* EUR. ☉
rhagadialoïdes.	
crepis rhagadioloïdes *L.* }	*rhagadiole.* ☉
globulifera.	*globuleux.* ☉
asplenioïdes *L.*	*à feuill. d'asplénium.* barb. ☉
HELMINTIA (*Picris L.*)	**HELMINTIA**
echioïdes.	*hérisse.* F. ☉
SCORZONERA	**SCORZONÈRE**
hispanica *L.*	*d'Espagne.* ♂ (alim., méd.)
angustifolia *L.*	*à feuill. étroites.* F. ♃
humilis *L.*	*petite.* F. ♃
laciniata *L.*	*laciniée.* F. ♂
resedifolia *L.*	*à feuill. de réséda.* F. ☉
eriosperma *gouan.*	*laineuse.* F. m. ♃
aspera *Desf.*	*rude.* orient. ♃
PICRIDIUM (*Scorzonera L.*)	**PICRIDIUM**
vulgare	*commun.* F. ☉
tingitanum.	*de Tanger.* ☉

12

Tragopogon
pratense L.
majus Jacq.
undulatum Jacq.
orientale L.
porrifolium L.
crocifolium L.

Urospermum (*Tragopogon* L.)
dalechampii.
picroïdes.

III. Receptaculum villosum aut paleaceum.

Geropogon
glabrum L.

Hypochæris
maculata L.
glabra L.
arachnoïdea Desf.
radicata L.

Seriola
levigata L.
ætnensis L.
cretensis L.

Andryala
integrifolia L.
sinuata L.
lanata L.
ragusina L.
cheiranthifolia l'Her.

pinnatifida H. K.

Catananche
cœrulea L.
lutea L.

Cichorium
intybus L.
endivia L.
— crispa.
spinosum L.

Scolymus
maculatus L.
grandiflorus Desf.
hispanicus L.

Cercifix
des prés. F. ♂ (alim.)
élevé. Autriche. ♂
ondulé. orient. ♂
d'orient. ♂
à feuill. de poireau. F. ♂
à feuill. de safran. F. m. ♂

Urospermum
de Dalechamp. F. ♂
hérissé. F. ☉

III. Réceptacle velu ou garni de paillettes.

Géropogon
glabre. italie. ☉

Hypochæris
tacheté. F. ♃
glabre. F. ☉
arachnoïde. Alger. ☉
à longues racines. F. ♃

Sériola
lisse. Barbarie. ♃
de l'Etna. italie. ☉
de Crète. ☉

Andryala
à feuill. entières. F. ♂
sinué. F. ♂
laineux. F. ♃
de Raguse. F., or. ♃
à feuill. de giroflée. Madère,
or. ♃
pinnatifide. canaries, or. ♄

Catananche
bleue. F. ♂
jaune. F. m. ☉

Chicorée
sauvage. F. ♃ (méd., alim.)
endive. ☉ (alim.)
— *crépue.*
épineuse. F. m. ♂

Scolymus
panaché. italie. ☉
à grandes fleurs. Barbarie. ♂
d'Espagne. ♂

ORDO II.
ORDRE II.

FLOSCULOSÆ.
LES FLOSCULEUSES.

I. *Receptaculum setosum aut paleaceum, semen papposum, flores flosculosi omnes hermaphroditi.* (*Polygamia æqualis* L.)

I. Réceptacle garni de soies ou de paillettes, graines aigrettées, tous les fleurons hermaphrodites. (Polygamie égale).

CNICUS
  oleraceus *L.*
  erisithales *L.*
  acarna *L.*
  spinosissimus *L.*
  centauroïdes *L.*
  cernuus *L.*

CNICUS
  des prés. F. ♂
  érisitales. F. ♃
  acarna. ESP. ☉
  hérissé. F., Alpes. ☉
  à feuill. de centaurée. F., PYR. ♃
  penché. sibérie. ♃

CARDUUS.

  1. *Foliis decurrentibus.*

  lanceolatus *L.*
  leucographus *L.*
  nutans *L.*
  arvensis.
  serratula arvensis *L.* }
  crispus *L.*
  palustris *L.*
  acanthoïdes *L.*
  pycnocephalus *Jacq.*
  argentatus *L.*
  arabicus. *Jacq.*
  dissectus *L.*
  monspessulanus *L.*
  canus *L.*
  carlinoïdes *Gouan.* }
  carlina pyrenaïca *L.* }

CHARDON.

  1. Feuilles décurrentes.

  lancéolé. F. ♂
  panaché. F. m. ☉
  penché. F. ♂
  hémorrhoïdal. F. ♃
  crépu. F. ☉
  des marais. F. ♃
  à feuill. d'acanthe. F. ☉
  à fleurs tombantes. F. ☉
  argenté. Égypte. ☉
  d'Arabie. ☉
  découpé. F. ♃
  de Montpellier. F. ♃
  blanchâtre. Autriche. ♃
  à fleurs de carline. PYRÉN. ♃

  2. *Foliis sessilibus vel amplexicaulibus.*

  semipectinatus *Lmk.*
  helenioïdes *L.*
  anglicus *Lmk.*
  tuberosus *L.*
  stellatus *L.*
  syriacus *L.*
  marianus *L.*
  — viridis.
  casabonæ *L.*
  diacantha *Bill.* }
  afer *Jacq.* }
  fruticosus.
  eryophorus *L.*
  giganteus *Desf.*

  2. Feuilles sessiles ou amplexicaules.

  demi-pectiné. Tartarie. ♃
  à feuill. d'aunée. sibérie. ♃
  des prés. F. ♃
  tubéreux. F. ♃
  étoilé. orient. ☉
  de Syrie. ☉
  marie. F. ♂ (méd.)
  — vert.
  casabon. EUR. austr., or. ♂
  à 2 épines. syrie. ♂
  arbrisseau. or. ♄
  à tête laineuse. F. ♂
  gigantesque. Barbarie.

ciliatus *murr.*   *cilié.* sibérie. ♃
serratuloïdes *l.*   *sarette.* f. ♃
acaulis *l.*   *sans tige.* f. ♃

ONOPORDON   *ONOPORDON*
acanthium *l.*   *à feuill. d'acanthe.* f. ♂
— viride.   — *vert.*
illyricum *l.*   *d'Illyrie.* eur. austr. ♂
arabicum *l.*   *d'Arabie.* f. m. ♂
acaule *l.*   *sans tige.* f., pyrénées. ♂

CINARA   *ARTICHAUX*
scolymus *l.*   *cultivé.* f. m. ♃ (écon.)
cardunculus *l.*   *cardon.* barbarie. ♂ (écon.)
humilis *l.*   *nain.* alger. ♃
acaulis *l.*   *sans tige.* alger. ♃

CARLINA   *CARLINE*
acaulis *l.*   *sans tige.* f., alpes. ♃
acanthifolia *all.*   *à feuil. d'acanthe.* f., alpes. ♃
lanata *l.*   *laineuse.* f. m. ☉
corymbosa *l.*   *corymbifère.* italie, or. ♃
vulgaris *l.*   *commune.* f. ♂

ATRACTYLIS   *ATRACTYLIS*
gummifera *l.*   *gommifère.* barbarie. ♃ (écon.)
cancellata *l.*   *chardon prisonnier.* f. m. ☉
humilis *l.*   *nain.* esp. ♂

CARTHAMUS   *CARTHAME*
tinctorius *l.*   *des teinturiers.* ég. ☉ (arts.)
albus.   *à tige blanche.* orient. ☉
lanatus *l.*   *laineux.* f. ☉
creticus *l.*   *de Crète.* ☉
cœruleus *l.*   *bleu.* esp. ♃
mitissimus *l.*   *sans épines.* f. ♃
corymbosus *l.*   *corymbifère.* tunis, or. ♃
salicifolius *l.*   *à feuill. de saule.* canar., or. ♄

ARCTIUM   *BARDANE*
lappa *l.*   *officinale.* f. ♂ (méd.)
— tomentosa.   — *cotonneuse.*
grandiflora.   *à grandes fleurs.* f. ♂

STÆHELINA   *STÆHELINA*
dubia *l.*   *à feuill. de romarin.* f., or. ♄
chamæpeuce *l.*   *chamæpeucé.* orient, or. ♄

SERRATULA   *SARETTE*
centauroïdes *l.*   *laciniée.* sibérie. ♃
spicata *l.*   *à épis.* am. s. ♃
squarrosa *l.*   *rude.* am. s. ♃
tinctoria *l.*   *des teinturiers.* f. ♃ (arts.)

coronata L. — *couronnée.* sibérie. ♃
heterophylla *Desf.* — *à feuill. variables.* F., Alp. ♃
pinnatifida.
carduus radiatus *wald.* } — *pinnatifide.* hongrie. ♃

II. *Receptaculum setosum aut paleaceum, semen papposum, flosculi steriles in ambitu.* (*Polygamia frustranea* L.) — II. Réceptacle garni de soies ou de paillettes, graine couronnée d'une aigrette, fleurons de la circonférence stériles, (Polygamie frustranée.)

ZOEGEA — *ZOEGEA*
leptaurea L. — *d'orient.* ☉ (orn.)

CENTAUREA. — *CENTAURÉE.*

1. *Squamæ calicinæ læves, nec ciliatæ nec spinosæ.* — 1. Ecailles du calice lisses, dépourvues de cils et d'épines.

crupina L. — *à feuill. de chondrille.* F. m. ☉
lippii L. — *de Lippi.* égypte. ☉
amberboï *Lmk.* — *odorante.* orient. ☉ (orn.)
moschata L. — *musquée.* orient. ☉ (orn.)
rhutenica *Lmk.* — *glauque.* russie. ♃
centaurium L. — *grande.* italie. ♃
alpina L. — *des Alpes.* italie. ♃
africana *Lmk.* — *d'Afrique.* barbarie. ♃

2. *Squamæ calicinæ serrato ciliatæ.* — 2. Ecailles du calice dentées et ciliées.

phrygia L. — *plumeuse.* F., Alpes. ♃
jacea L. — *jacée.* F. ♃
nigra L. — *noire.* F. ♃
uniflora L. — *à une fleur.* F. m. ♃
pullata L. — *à colerette.* F. m. ☉
montana L. — *de montagne.* F., Alpes. ♃
cyanus L. — *bluet.* F. ☉ (orn.)
paniculata L. — *paniculée.* F. ☉
spinosa L. — *épineuse.* orient, or. ♄
ragusina L. — *de Raguse.* orient, or. ♄
candidissima *Lmk.* — *très-blanche.* italie, or. ♄
cinerea *Lmk.* — *cendrée.* italie, or. ♃
sempervirens L. — *toujours verte.* portug., or. ♄
scabiosa L. — *scabieuse.* F. ♃
— italica. — — *d'Italie.*
atropurpurea. — *noir-pourpre.* orient. ♂
diluta *H. K.* — *rose-pâle.* eur. mér. ☉
orientalis L. — *d'orient.* or. ♃
balsamita *Lmk.* — *à feuill. de balsamite.* orient. ☉

3. *Squamæ calicis scariosæ.* — 3. Ecailles du calice scarieuses.

glastifolia L. — *à feuill. de pastel.* orient. ♃
alata *Lmk.* — *ailée.* tartarie. ♃
alba L. — *blanche.* espagne. ♃
behen L. — *béhen.* syrie, or. ♃ (méd.)

conifera L.	*conifère.* F. m., or. ♂
rhapontica L.	*rhapontic.* F., Alpes. ♃

4. *Spinæ calicinæ palmatæ.*	4. Epines du calice palmées.
sonchifolia L.	*à feuill. de laitron.* F. m. ☉
ferox *Desf.*	*hérissée.* Alger. ♃
seridis L.	*à feuill. de chicorée.* Esp. ♃
aspera L.	*rude.* F. m. ♃
napifolia L.	*à feuill. de navet.* orient. ☉
prolifera *vent.*	*prolifère.* Égypte. ☉

5. *Spinæ calicis compositæ.*	5. Epines du calice rameuses.
benedicta L.	*chardon bénit.* F. m. ☉ (méd.)
eriophora L.	*laineuse.* Alger. ☉
calcitrapa L.	*chausse-trape.* F. ♂ (méd.)
— major.	— *grande.* Égypte. ♂
apula L.	*de la Pouille.* ☉
melitensis L.	*de Malte.* F. m. ☉
collina L.	*des collines.* F. m. ♃
solstitialis L.	*du solstice.* F. ☉
verutum L.	*à longues épines.* orient. ☉
multifida.	*découpée.* ♃

6. *Spinæ calicis simplices.*	6. Epines du calice simples.
salmantica L.	*de Salamanque.* F. m. ♂
pumila L.	*petite.* Égypte. ♂
crocodylium L.	*à feuill. de vulnéraire.* syrie. ☉
galactites L.	*panachée.* F. m. ♂

III. *Flosculi calice proprio cincti.* (*Polygamia segregata* L.)	III. Fleurons entourés d'un calice partiel. (Polygamie séparée.)
ELÉPHANTOPUS	*ELÉPHANTOPUS*
scaber L.	*rude.* inde , s. ch. ♃
GUNDELIA	*GUNDELIA*
tournefortii L.	*de Tournefort.* syrie. ♃
SPHÆRANTHUS	*BOULETTE*
indicus L.	*des Indes.* s. ch. ♃
ECHINOPS	*ECHINOPS*
sphærocephalus L.	*à grosses têtes.* F. ♃
ritro L.	*azuré.* F. m. ♃
spinosus L.	*épineux.* Tunis. ♃
horridus.	*de Perse.* ♃
strigosus L.	*à feuill. rudes.* Esp. ☉

IV. *Receptaculum nudum, semina absque pappo, flosculi omnes hermaphroditi.*	IV. Réceptacle nud , graines sans aigrettes, tous les fleurons hermaphrodites.
BALSAMITA *Desf.*	*BALSAMITE*
grandiflora *Desf.*	*à grandes fleurs.* Alg. ♃ (orn.)
ageratifolia.	*à feuill. d'ageratum.* crète. ♄
chrysanthemum flosculosum L. }	

suaveolens.
tanacetum balsamita *l.* }

annua.
tanacetum annuum *l.* }

odorante. F. m. ♃

annuelle. ESP. ☉

V. *Receptaculum nudum , villosum aut paleaceum, semina nuda, flosculi fœminei in ambitu.* (*Polygamia superflua* L.)

V. Réceptacle nud , velu , ou garni de paillettes ; fleurons femelles à la circonférence. (Polygamie superflue.)

HIPPIA
frutescens *l.*

HIPPIA
arbrisseau. cap , or. ♄

GYMNOSTYLES *JUSS.*
anthemifolia.

GYMNOSTYLE
à feuill. d'anthémis. N. HOLL.☉

TANACETUM
suffruticosum *l.*
vulgare *l.*
— crispum.
sibiricum *l.*

TANAISIE
arbrisseau. cap , or. ♄
commune. F. ♃ (méd.)
— *crêpue.*
de Sibérie. ♃

CARPESIUM
cernuum *l.*

CARPÉSIUM
penché. F. ♂

GRANGEA (*Artemisia* L.)
latifolia.
maderaspatana.
decumbens.
minima.

GRANGEA
à feuill. larges. ☉
à feuill. sinuées. inde. ☉
tombant. N. HOLL. ☉
nain. chine. ☉

ARTEMISIA.

ARMOISE.

1. *Herbaceæ , calices oblongi.*

capillifolia *lmk.*
vulgaris *l.*
palmata *lmk.*
maritima *l.*
suaveolens *lmk.*

1. Tiges herbacées, calices allongés.

capillaire. chine, or. ♃
commune. F. ♃ (méd.)
palmée. Espagne. ♃
maritime. F. ♃
odorante. F. ♃

2. *Herbaceæ , calice hemisphærico.*

austriaca *jacq.*
campestris *l.*
dracunculus *l.*
tanacetifolia *l.*
glacialis *l.*
rupestris *l.*
insipida *vill.*
absinthium *l.*
absinthioides.
pontica *l.*

2. Tiges herbacées, calice hémisphérique.

d'Autriche. ♃
champêtre. F. ♃ (méd.)
estragon. tartarie. ♃ (écon.)
à feuill. de tanaisie. F., Alp. ♃
des glaciers. F., Alp. ♃
des rochers. F., Alpes. ♃
insipide. F., Alpes. ♃
absinthe. F. ♃ (méd.)
fausse absinthe. ♃
de Pont. italie. ♃ (méd.)

3. *Fruticosæ.*

cœrulescens *l.*
corymbosa *lmk.*

3. Tiges ligneuses.

bleuâtre. italie. ♄
corymbifère. italie. ♄

valentina. }
hispanica *Lmk.*
de *Valence.* esp., or. ♄

abrotanum *L.*
citronelle. f. m. ♄ (méd.)

sinensis *L.*
moxa. chine, or. ♄ (méd.)

argentea *l'Her.*
argentée. canaries, or. ♄

arborescens *L.*
en arbre. f. m., or. ♄

MICROPUS
MICROPUS

erectus *L.*
droit. f. m. ☉

supinus *L.*
couché. f. ☉

pygmæus. }
filago pygmæa *L.*
nain. f. m. ☉

VI. *Receptaculum nudum rarius pa'eaceum, semina papposa, flosculi fæminei in ambitu.*
VI. Réceptacle nud ou rarement garni de paillettes, graines aigrettées, fleurons femelles à la circonférence.

FILAGO
FILAGO

montana *L.*
de montagne. f. ☉

germanica *L.*
dicothome. f. ☉

gallica *L.*
de France. f. ☉

pyramidata *L.*
pyramidal. f. ☉

leontopodion *L.*
pied de lion. f., Alpes. ♃

XERANTHEMUM
XÉRANTHÈME

annuum *L.*
annuel. f. ☉ (orn.)

inapertum *L.*
fermé. f. ☉

fulgidum *L.*
éclatant. cap, or. ♂ (orn.)

bracteatum *vent.*
à grandes bractées. n. holl., or. ♂ (orn.)

GNAPHALIUM.
IMMORTELLE.

1. *Chrysocoma.*
1. Fleurs jaunes.

stœchas *L.*
stœchas. f. m., or. ♄ (méd.)

— minor.
— naine.

crassifolium *Lmk.*
à feuill. épaisses. or. ♄

ovatum. }
crassifolium *L.*
à feuill. ovales. cap, or. ♄

cymosum *L.*
corymbifère. cap, or. ♄

orientale *L.*
d'orient. or. ♄ (orn.)

arenarium *L.*
des sables. Allemagne ☉

luteo-album *L.*
jaune-blanche. f. ☉

fœtidum *L.*
fétide. cap. ☉

patulum *L.*
étalée. cap, or. ♄

2. *Argyrocoma.*
2. Fleurs blanches.

teretifolium *L.*
à feuill. cylindriq. cap, or. ♄

undulatum *L.*
ondulée. am. m. ☉

spathulatum *Lmk.*
en spatule. ☉

serpyllifolium *Lmk.*
à feuill. de serpolet. cap, or. ♄

margaritaceum *L.*
des jardins. am. s. ♃ (orn.)

dioïcum *L.*
pied de chat. f. ♃ (méd.)

supinum *L.*   *petite.* F., Alpes.
alpinum *L.*   *des Alpes.* F. ♃
sylvaticum *L.*   *des bois.* F. ♂
uliginosum *L.*   *des marais.* F. ☉

CONYZA et BACCHARIS *L.*   CONISE
neriifolia *L.*   *à feuill. de nérium.* cap, or. ♄
ivæfolia *L.*   *à feuill. d'iva.* Am. m., or. ♄
halimifolia *L.*   *à feuill. d'halime.* Am. s. ♄
dioscoridis *L.*   *de dioscoride.* syrie, or. ♄
odorata *L.*   *odorante.* Am. m., s. ch. ♄
candida *L.*   *blanche.* candie, or. ♄
chinensis *L.*   *de Chine.* ☉
gouani.
erigeron gouani *L.* }   *de Gouan.* canaries, or. ♂
ægyptiaca *L.*   *d'Egygte.* ♃
squarrosa *L.*   *rude.* F. ♂
rupestris *L.*   *des rochers.* barbarie, or. ♄
sordida *L.*   *à trois fleurs.* F.m., or. ♄
saxatilis *L.*   *à une fleur.* F.m., or. ♄

TUSSILAGO   TUSSILAGE
alpina *L.*   *des Alpes.* F., Alpes. ♃
farfara *L.*   *pas-d'âne.* F. ♃ (méd.)
alba *L.*   *blanc.* F. ♃
petasites *L.*   *petasite.* F. ♃
suaveolens.   *odorant.* ♃ (orn.)

VII. *Receptaculum nudum, semen papposum, flosculi omnes hermaphroditi.*   VII. Réceptacle nud, graines aigrettées, tous les fleurons hermaphrodites.

CACALIA.   CACALIA.

1. *Fruticosæ.*   1. Tiges ligneuses.
laciniata *L.*   *lacinié.* cap, s. ch. ♄
papillaris *L.*   *mamelonné.* cap, s. ch. ♄
anteuphorbium *L.*   *à feuill. ovales.* cap, s. ch. ♄
kleinia *L.*   *Kleinia.* canaries, s. ch. ♄
ficoïdes *L.*   *ficoïde.* cap, s. ch. ♄
cylindrica *Lmk.*   *cylindrique.* cap, s. ch. ♄
repens *L.*   *rampant.* cap, s. ch. ♄

2. *Herbaceæ.*   2. Tiges herbacées.
linaria *cav.*   *à feuill. de linaire.* N. Esp, s. ch. ♃
porophyllum *L.*   *à feuill. poreuses.* Am. m. ☉
suaveolens *L.*   *odorant.* Am. s. ♃
petasites *Lmk.*   *à feuill. de tussilage.* F., Alp. ♃
tomentosa *Lmk.*   *cotonneux.* F., Alpes. ♃
alliariæfolia *Lmk.*   *à feuill. d'alliaire.* F., Alp. ♃
atriplicifolia *L.*   *à feuill. d'arroche.* Am. s. ♃
sonchifolia *L.*   *à feuill. de laitron.* inde. ☉

13

CHRYSOCOMA	CHRYSOCOME
dichotoma *L. f.*	*dicothome.* canaries, or. ♄
coma aurea *L.*	*dorée.* cap, or. ♄
cernua *L.*	*penchée.* cap, or. ♄
linosyris *L.*	*linosiris.* F. ♃
dracunculoïdes *Lmk.*	*à feuill. d'estragon.* sibér. ♃
graminifolia *L.*	*à feuill. de gramen.* Am. s. ♃
anthelmintica.	*antelmintique.* inde, s. ch. ♂
noveboracensis.	*de Novéboraço.* Am. s. ♃
præalta.	*gigantesque.* Am. s. ♃

EUPATORIUM.	EUPATOIRE.
1. *Calix imbricatus, 3 ad 9 florus.*	1. Calice imbriqué renfermant 3 à 9 fleurs.
houstonis *L.*	*de Houston.* Am. m., s. ch. ♄
dalea *L.*	*de la Jamaïque.* Am. m., s. ch. ♄
scandens *L.*	*grimpante.* Am. s., or. ♃
altissimum *L.*	*élevée.* Am. s., or. ♃
cannabinum *L.*	*à feuill. de chanvre.* F. ♃ (méd.)
syriacum *Jacq.*	*pubescente.* ♃
sessilifolium *L.*	*à feuill. sessiles.* Am. s. ♃
purpureum.	*pourpre.* Am. s. ♃
maculatum *L.*	*maculée.* Am. s. ♃
2. *Calix imbricatus decemflorus et ultra.*	2. Calice imbriqué renfermant 10 ou un plus grand nombre de fleurons.
atriplicifolium *Lmk.*	*à feuill. d'arroche.* Am. m., s. ch. ♄
perfoliatum *L.*	*perfoliée* Am. s., or. ♃
aromaticum *L.*	*aromatique.* Am. s., or. ♃
cœlestinum *L.*	*bleue.* Am. s., or. ♃
ageratoïdes *L. f.*	*ageratum.* Am. s. ♃
sessilifolium *Lmk.*	*à feuill. sessiles.* Am. s. ♃
fruticosum.	*ligneuse.* ♄

STEVIA	STEVIA
serrata *cav.* ⎱ ageratum punctatum *ortéga.* ⎰	*à feuill. en scie.* mexique, or. ♃
pedata *cav.* ⎱ ageratum pedatum *ortéga.* ⎰	*à feuill. en pédale.* Cuba. ☉

KUHNIA	KUNIA
fruticosa *vent.* ⎱ eupatorium canescens *ortéga.* ⎰	*arbrisseau.* île de Cuba, or. ♄

AGERATUM	AGÉRATUM
conyzoïdes *L.*	*fausse conise.* Am. m. ⊘
cœruleum.	*bleu.* Am. m. ☉

VIII. *Receptaculum villosum aut palea-* *ceum, semen nudum aut subnudum.*

VIII. Réceptacle velu ou garni de pail-lettes , graines sans aigrettes.

CALÉA
aspera *Jacq.*

CALÉA
à feuill. rudes. AM. m. ☉

TARCHONANTHUS
camphoratus *L.*

TARCONANTE
camphré. cap, or. ♄

ATHANASIA
annua *L.*
trisurcata *L.*
crithmifolia *L.*
parviflora *L.*
tricuspis.

ATHANASIA
annuel. F. m. ☉
trifurqué. cap, or. ♄
à feuill. de bacelle. cap, or. ♄
à petites fleurs. cap, or. ♄
à trois pointes. cap, or. ♄

DIOTIS (*Athanasia* L.)
maritima.

DIOTIS
maritime. F. m., or. ♃

SANTOLINA
chamæcyparissus *L.*
rosmarinifolia *L.*
tomentosa.
eriosperma.   ⎫
an erecta *L.*   ⎭

SANTOLINE
commune. F. m. ♄ (orn.)
à feuill. de romarin. ESP., or. ♄
cotonneuse. ESP., or. ♄

laineuse. italie. ♃

ANACYCLUS
aureus *L.*
creticus *L.*
valentinus *L.*

ANACYCLUS
jaune. F. m. ☉
de Crète. orient. ☉
de Valence. F. m. ☉

ORDO III.

RADIATÆ.

ORDRE III.

LES RADIÉES.

I. *Receptaculum nudum, pappus nullus.*

I. Réceptacle nud, graines sans aigrette.

COTULA
aurea *L.*
anthemoïdes *L.*
coronopifolia *L.*
turbinata *L.*

COTULA
jaune. ESP. ☉
à feuill. d'anthémis. ESP. ☉
corne de cerf. cap. ☉
conique. cap. ☉

BELLIS
annua *L.*
perennis *L.*

PAQUERETTE
annuelle. F. ☉
vivace. F. ♃

MATRICARIA
parthenium *L.*
chamomilla *L.*
suaveolens *L.*

MATRICAIRE
officinale. F. ♃ (méd.)
chamomille. F. ☉
odorante. F. ☉ (méd.)

CHRYSANTHEMUM.	CHRISANTHÈME.
1. *Leucanthema.*	1. Fleurs blanches.
præaltum *vent.*	*élevé.* perse, or. ♃
corymbiferum *l.*	*corymbifère.* F. m. ♃
frutescens *l.*	*arbrisseau.* canaries, or. ♄
pinnatifidum *l. s.*	*pinnatifide.* canaries, or. ♄
serotinum *l.*	*tardif.* AM. S. ♃
leucanthemum *l.*	*grande marguerite.* F. ♃
grandiflorum.	*à grandes fleurs.* F., pyrén. ♃
montanum *l.*	*de montagne.* F., Alpes. ♃
balsamita *l.*	*balsamita.* orient. ♃
— multifida.	— *découpé.*
monspeliense *l.*	*de Montpellier.* F. m. ♃
alpinum *l.*	*des Alpes.* F. ♃
carinatum *schousb.*	*en carène.* maroc. ☉
2. *Chrysanthema.*	2. Fleurs jaunes.
myconis *l.*	*à feuill. entières.* F. m. ☉
segetum *l.*	*des moissons.* F. ☉
coronarium *l.*	*des jardins.* orient. ☉ (orn.)
— pallidum.	— *à fleurs pâles.*
CALENDULA	SOUCI
arvensis *l.*	*des champs.* F. ☉
ægyptica.	*d'Egypte.* ☉
officinalis *l.*	*cultivé.* F. ☉ (écon.)
stellata. *cav.*	*étoilé.* Espagne. ☉
tomentosa *Desf.*	*cotonneux.* barbarie.
hybrida *l.*	*hybride.* cap. ☉
pluvialis *l.*	*des pluies.* cap. ☉
fruticosa *l.*	*arbrisseau.* cap, s. ch. ♄
MADIA	MADIA
viscosa *cav.*	*visqueux.* chili. ☉
OSTEOSPERMUM	OSTÉOSPERME
moniliferum *l.*	*à colliers.* cap, or. ♄
spinosum *l.*	*épineuse.* cap, or. ♄
pinnatifidum *l'uer.*	*pinnatifide.* cap, or. ♄
MILLERIA	MILLERIA
quinqueflora *l.*	*à 5 fleurs.* AM. m. ☉
contrayerva *lmk.*	*contrayerva.* chili. ☉
ERIOCEPHALUS	ERIOCÉPHALE
africanus *l.*	*d'Afrique.* cap, or. ♄
II. *Receptaculum nudum, semina papposa.*	II. Réceptacle nud, graines aigrettées.
BELLIUM	BELLIUM
minutum *l.*	*nain.* orient. ☉
bellidioïdes *l.*	*fausse paquerette.* italie. ☉

HELENIUM
autumnale *l.* — d'automne. Am. s. ♃
quadridentatum *Bill.* — à quatre dents. Am. s. ♃

PECTIS
prostrata. *cav.* — couché. N. Esp., s. ch. ♃
multifida *ortéga.* — découpé. Pérou. ⊙.

TAGETES
erecta *l.* — droite. Mexique. ⊙
patula *l.* — touffue. Mexique. ⊙
lucida *cav.* — luisante. N. Esp., or. ♃
tenuifolia *cav.* — à feuill. étroites. Pérou. ⊙
minuta. — à petites fleurs. chili. ☾
papposa *mich.* — aigrettée. Am. s. ⊙

DORONICUM et ARNICA *l.* — DORONIC
pardalianches *l.* — à feuill. en cœur. F., Alpes. ♃
plantagineum *l.* — à feuill. de plantain. F. ♃
arnica *l.* — arnica. F., Alpes. ♃ (méd.)
scorpioïdes *l.* — scorpion. F. ♃
bellidiastrum *l.* — à fleurs de paquerette. F., Alp. ♃

GORTERIA — GORTERIA
rigens *l.* — à grandes fleurs. cap, or. ♃
pinnata *l.* — penné. cap, or. ♃

INULA — AUNÉE
helenium *l.* — officinale. F. ♃ (méd.)
bifrons *l.* — décurrente. F. ♃
oculus christi *lmk.* — œil de Christ. F. ♃
britannica *l.* — britannique. F. ♃
dysenterica *l.* — dysenterique. F. ♃
crispa. — }
gnaphalodes *vent.* — } crépue. Égypte. ⊙
aster crispus *forsk.* — }
squarrosa *l.* — } rude. F. ♃
spiræifolia *lmk.* — }
salicina *l.* — à feuill. de saule. F. ♃
ensifolia *l.* — ensiforme. F. ♃
chrithmoïdes *l.* — criste marine. F. ♄ (écon.)
hirta *l.* — velue. F. ♃
montana *l.* — de montagne. F. ♃
cinerea *lmk.* — } cendrée. F. ♃
vaillantii *all.* — }
viscosa. — }
erigeron viscosum *l.* — } visqueuse. F. m., or. ♄
graveolens. — }
erigeron graveolens *l.* — } fétide. F. ⊙
tuberosa. — }
erigeron tuberosum *l.* — } tubéreuse. F. m., or. ♃

glutinosa. aster glutinosus *cav.* }	*glutineuse.* mexique , or. ♄

ERIGERON

canadense *l.*	*de Canada.* f. ☉
siculum *l.*	*de Sicile.* f. m. ☉
longifolium.	*à feuill. longues.* Am. s.
annuum. aster annuus *l.* }	*à fleurs blanches.* Am. s. ☉
philadelphicum *l.*	*de Philadelphie.* Am. s. ♃
alpinum *l.*	*des Alpes.* f. ♃
uniflorum *l.*	*à une fleur.* f., Alpes. ♃
acre *l.*	*âcre.* f. ☉
fœtidum *l.*	*fétide.* cap, or. ♂
contortum.	*à feuill. contournées.* ☉
viscosum. psiadia glutinosa *Jacq.* }	*visqueuse.* Antilles, s. ch. ♄

BOLTONIA (*Matricaria* l.)   *BOLTONIA*

asteroïdes *l'Her.*	*à fleurs d'aster.* Am. s. ♃
glastifolia *l'Her.*	*à feuill. de pastel.* Am. s. ♃

ASTER   *ASTER*

dentatus *Andr.*	*denté.* N. Holl., or. ♄
fruticosus *l.*	*arbrisseau.* cap, or. ♄
argenteus *Mich.* sericeus *vent.* }	*satiné.* Am. s. ♄
tenellus *l.*	*fragile.* cap. ☉
tripolium *l.*	*maritime.* f. ♂
alpinus *l.*	*des Alpes.* f. ♃
pyrenæus *Lmk.*	*des Pyrénées.* f. ♃
amellus *l.*	*amelle.* f. m. ♃ (orn.)
amygdalinus *Lmk.*	*à feuill. d'amandier.* Am. s. ♃
leucanthemus.	*à fleurs blanches.* Am. s. ♃
acris *l.*	*âcre.* f. m. ♃
trinervis.	*à trois nervures.* ♃
dracunculoïdes *Lmk.*	*à feuill. d'estragon.* ♃
diversifolius *Mich.*	*à feuill. variables.* Am. s. ♃
amplexicaulis *Lmk.*	*amplexicaule.* Am. s. ♃ (orn.)
novæ angliæ *l.*	*de la Nouvelle-Angleterre.* Am. s. ♃ (orn.)
cordifolius *l.*	*à feuill. en cœur.* Am. s. ♃ (orn.)
patulus *Lmk.*	*étalé.* Am. s. ♃ (orn.)
rubricaulis *Lmk.*	*à tiges pourpres.* Am. s. ♃ (orn.)
lævigatus *Lmk.*	*glabre.* Am. s. ♃
longifolius *Lmk.*	*a feuill. longues.* Am. s. ♃
amœnus *Lmk.*	*luisant.* Am. s. ♃ (orn.)
novi belgii *l.* paniculatus *Lmk.* }	*paniculé.* Am. s. ♃ (orn.)

strictus.	ramassé. Am. s. ♃
salicifolius *Lmk.*	*à feuill. de saule.* Am. s. ♃
tradescanti *L.*	*de Tradescanti.* Am. s. ♃
coridifolius *Mich.*	*à feuill. de coris.* Am. s. ♃
ericoïdes *L.*	*à feuill. de bruyère.* Am. s. ♃
grandiflorus *L.*	*à grandes fleurs.* Am. s. ♃
chinensis *L.*	*reine - marguerite.* chine. ☉
	(orn.)
miser *L.*	*grêle.* Am. s. ♃

SOLIDAGO. — **VERGE-D'OR.**

1. *Racemis secundis patulis.*	1. Grappes unilatérales et étalées.
sempervirens *L.*	*toujours verte.* Am. s. ♃
elliptica *H. K.*	*elliptique.* Am. s. ♃
canadensis *L.*	*de Canada.* Am. s. ♃ (orn.)
glabra.	*glabre.* Am. s. ♃ (orn.)
nutans.	*penchée.* Am. s. ♃ (orn.)
procera *H. K.*	*élevée.* Am. s. ♃ (orn.)
aspera *H. K.*	*rude.* Am. s. ♃ (orn.)
2. *Racemis erectis.*	2. Grappes redressées.
integrifolia.	*à feuill. entières.* Am. s. ♃
multiflora.	*à fleurs nombreuses.* ♃
mexicana *L.*	*du Mexique.* Am. s. ♃
latifolia *L.*	*à larges feuill.* Am. s. ♃
bicolor *L.*	*de deux couleurs.* Am. s. ♃
flexicaulis *L.*	*tortueuse.* Am. s. ♃
virga-aurea *L.*	*des bois.* F. ♃
minuta *L.*	*petite.* F. ♃
rigida *L.*	*à feuill. dures.* Am. s. ♃
gracilis.	*grêle.* ♃

CINERARIA — **CINÉRAIRE**

geifolia *L.*	*à feuill. de géum.* cap, or. ♄
lobata *l'her.*	*lobée.* cap, or. ♄
alpina *L.*	*des Alpes.* F. ♃
amelloïdes *L.*	*à fleurs d'amelle.* cap, or. ♄
maritima *L.*	*maritime.* F. ♄
populifolia *l'her.*	*à feuill. de peupl.* canar., or. ♃
aurita *l'her.*	*auriculée.* canaries, or. ♄
lanata *l'her.*	*laineuse.* canaries, or. ♄
cruenta *l'her.*	*pourpre.* canaries, or. ♄

SENECIO. — **SÉNEÇON.**

1. *Floribus flosculosis.*	1. Fleurs flosculeuses.
cernuus *L. f.* ⎫	
rubens *Jacq.* ⎬	*à fleurs penchées.* inde. ☉
hieracifolius *L.*	*à feuill. d'épervière.* Am. s. ☉
vulgaris *L.*	*commun.* F. ☉

*

reclinatus *l'Her.* — *récliné.* cap, or. ♄
discolor. — *de deux couleurs.* ♄

2. *Floribus radiatis, ligulis revolutis.* — 2. Fleurs radiées, demi-fleurons roulés

ægyptius *L.* — *d'Égypte.* ☉
triflorus *L.* — *à fleurs ternées.* Égypte. ☉
sylvaticus *L.* — *des bois.* F. ☉
viscosus *L.* — *visqueux.* F. ☉
coronopifolius *Desf.* — *corne-de-cerf.* Barbarie. ☉

3. *Floribus radiatis, radio patente, foliis pinnatifidis.* — 3. Fleurs radiées, demi-fleurons horizontaux, feuilles découpées.

dentatus *Jacq.* — *denté.* cap. ☉
elegans *L.* — *violet.* cap. ☉ (orn.)
jacobæa *L.* — *jacobée.* F. ♃
erucifolius *L.* — *à feuill. de roquette.* F. ♂
abrotanifolius *L.* — *à feuill. de citronelle.* F. ♂
incanus *L.* — *blanc.* Alpes. ♃
nebrodensis *L.* — *à feuill. de paquerette.* Esp. ☉

4. *Floribus radiatis, radio patente, foliis indivisis.* — 4. Fleurs radiées, rayons horizontaux, feuilles entières.

paludosus *L.* — *des marais.* F. ♃
sarracenicus *L.* — *traçant.* F. ♃
nemorensis *L.* — *des forêts.* F. ♃
doria *L.* — *doria.* F. m. ♃
coriaceus *H. K.* — *à feuill. de limonium.* orient. ♃
doronicum *L.* — *doronic.* F., Alpes. ♃
longifolius *L.* — *à feuill. longues.* cap, or. ♄
halimifolius *L.* — *à feuill. d'halime.* cap, or. ♄
rigidus *L.* — *rude.* cap, or. ♄

OTHONNA — OTHONNA
cheirifolia, *L.* — *spatule.* Tunis. ♄
coronopifolia *L.* — *corne-de-cerf.* cap, or. ♄
pectinata *L.* — *pectiné.* cap, or. ♄

III. Semina non papposa, receptaculum paleaceum. — III. Graines sans aigrette, réceptacle garni de paillettes.

ANTHÉMIS. — ANTHÉMIS.

1. *Floribus radio albis.* — 1. Demi-fleurons blancs.

cota *L.* — *piquante.* Italie. ☉
altissima *L.* — *élevée.* F. m. ☉
maritima *L.* — *maritime.* F. ♃
mixta *L.* — *corne-de-cerf.* F. ☉
arvensis *L.* — *des champs.* F. ☉
cotula *L.* — *fétide.* F. ☉
nobilis *L.* — *camomille.* F. ♃ (méd.)
pyrethrum *L.* — *pyrèthre.* F. m., or. ♃ (méd.)

2. *Floribus radio luteis aut violaceis.*

tinctoria *L.*

valentina *L.*

— bicolor.

arabica *L.*

grandiflora.

ovatifolia *ortéga.*

globosa *ortéga.*

triloba-*ortéga.*

ACHILLEA.

1. *Corollis radio luteis.*

santolina *L.*

falcata *Lmk.*

tenuifolia *Lmk.*

ageratum *L.*

ægyptiaca *L.*

bipinnata *L.*

pubescens *L.*

pauciflora *Lmk.*

decumbens *Lmk.*

abrotanifolia *L.*

filipendulina *Lmk.*

tomentosa *L.*

2. *Corollis radio albis aut purpureis.*

macrophylla *L.*

clavennæ *L.*

herbarota *All.*

cuneifolia *Lmk.* }

serrata *Retz.*

ptarmica *L.*

alpina *L.*

sibirica *L.*

impatiens *L.*

flosculosa.

magna *All.*

compacta *Lmk.* }

nana. *L.*

lanata *Lmk.* }

nobilis *L.*

ligustica *All.*

millefolium *L.*

— purpureum.

rosea.

asplenifolia *vent.* }

---

2. Demi-fleurons blancs ou violets.

des *teinturiers.* F., Alpes. ♃

de *Valence.* F. m. ☉

— de deux couleurs.

d'*Arabie.* Alger. ☉ (orn.)

à grandes fleurs. chine. ♄ (orn.)

à feuilles ovales. pérou, s.ch. ♃

globuleuse. mexique, or. ♃

à 3 lobes. N. Esp., or. ♃

MILLEFEUILLE.

1. Demi-fleurons jaunes.

santoline. orient. ♃

falciforme. orient, or. ♄

à feuilles menues. orient, or. ♄

eupatoire. F. m. ♃ (méd.)

d'*Egypte.* orient. ♃

bipennée. orient. ♃

pubescente. orient. ♃

à fleurs rares. orient. ♃

tombante. Kamtzch. ♃

à feuill. de citronelle. orient. ♃

à feuill. de filipendule. orient, ♃

cotonneuse. F., Alpes. ♃

2. Demi-fleurons blancs ou roses.

à larges feuill. F., Alpes. ♃

corne de cerf. F., Alpes. ♃

cunéiforme. F., Alpes. ♃

à feuill. en scie. Alpes. ♃

sternutatoire. F. ♃

des *Alpes.* F. ♃

de Sibérie. ♃

pectinée. sibérie. ♃

flosculeuse. ♃

compacte. F., Alpes. ♃

petite. F., Alpes. ♃

odorante. F., Alpes. ♃

fasciculée. Alpes. ♃

commune. F. ♃

— pourpre. (orn.)

rose. Am. s. ♃ (orn.)

14

PARTHENIUM | PARTHÉNIUM
hysterophorus *l.* — *lacinié.* AM. m. ☉
integrifolium *l.* — *à feuill. entières.* AM. s., or. ♈

BUPHTALMUM | *BUPHTALMUM*
frutescens *l.* — *arbrisseau.* AM. s., or. ♄
arborescens *l.* — *en arbre.* AM. m., s. ch. ♄
peruvianum *lmk.* — *du Pérou.* s. ch. ♄
aquaticum *l.* — *aquatique.* F. ☉
maritimum *l.* — *maritime.* F. ♈
spinosum *l.* — *épineux.* F. m. ☉
grandiflorum *l.* — *à grandes fleurs.* F. ♈
procumbens. — *couché.* ♈

SIGESBECKIA | *SIGESBECKIA*
orientalis *l.* — *d'orient.* inde. ☉
flosculosa *l'her.* — *flosculeux.* PÉROU. ☉

ECLYPTA | *ECLYPTA*
erecta *l.* — *droit.* inde. ☉
prostrata *l.* — *couché.* inde. ☉

BALTIMORA | *BALTIMORA*
erecta *l.* — *droit.* AM. s. ☉

DAHLIA | *DAHLIA*
pinnata *cav.* — *à feuill. pennées.* MEXIQUE , s. ch. ♈ (orn.)
rosea *cav.* — *rose.* MEXIQUE , s. ch. ♈ (orn.)
purpurea *cav.* — *pourpre.* MEXIQUE, s.ch. ♈ (orn.)

POLYMNIA | *POLYMNIA*
uvedalia *l.* — *à·larges feuill.* AM. s. ♈
canadensis *l.* — *de Canada.* ♈

ENCELIA | *ENCELIA*
halimifolia *cav.* — *à feuill. d'halime.* N. ESP. , s. ch. ♄
canescens *cav.* — *à feuill. blanches.* MEXIQUE , s. ch. ♄

XIMENESIA *cav.* | *XIMENESIA*
encelioïdes *cav.* — *à feuill. d'encelia.* MEXIQUE. ☉

SCLEROCARPUS *jacq.* | *SCLÉROCARPE*
africanus *jacq.* — *d'Afrique.* ☉

SILPHIUM | *SILPHIUM*
laciniatum *l.* — *lacinié.* AM. s. ♈ (orn.)
terebinthinaceum *jacq.* — *à feuill. en cœur.* AM. s. ♈ (orn.)
perfoliatum *l.* — *perfolié.* AM. s. ♈ (orn.)
connatum *l.* — *à feuill. réunies.* AM. s. ♈ (orn.)

trifoliatum *L.*   *à feuill. ternées.* Am. s. ♃ (orn.)
scabrum *walth.*   *à feuill. rudes.* Am. s. ♃
trilobatum *L.*   *trilobé.* Am. m., s. ch. ♃

COREOPSIS   *CORÉOPSIS*
auriculata *L.*   *auriculé.* Am. s. ♃
tripteris *L.*   *à trois ailes.* Am. s. ♃ (orn.)
verticillata *L.*   *verticillé.* Am. s. ♃
delphinifolia *Lmk.*   *à feuill. de delphinium.* Am. s. ♃ (orn.)
alternifolia *L.*   *à feuill. alternes.* Am. s. ♃
alata *cav.*   *ailé.* mexique., or. ♃

COSMOS *cav.*   *COSMOS*
bipinnata *cav.*   *bipenné.* mexique. ☉

RUDBECKIA   *RUDBECKIA*
laciniata *L.*   *lacinié.* Am. s. ♃ (orn.)
— angustifolia.   *— à feuill. étroites.*
pinnata *vent.*   *à feuill. pennées.* Am. s. ♃
aspera.   *à feuill. rudes.* Am. s. ♃
triloba *L.*   *trilobé.* Am. s. ♂
hirta *L.*   *velu.* Am. s. ♂
purpurea *L.*   *pourpre.* Am. s., or. ♃ (orn.)
amplexicaulis *bosc.* }   *amplexicaule.* mexique. ☉
perfoliata *cav.* }

SANVITALIA *cav.*   *SANVITALIA*
villosa *cav.* }   *velu.* N. ESP. ☉
lorantea atropurpurea *ortéga.* }

IV. Semina papposa , receptaculum palea-ceum.   IV. Graines aigrettées , réceptacle garni de paillettes.

HELIANTHUS   *SOLEIL*
annuus *L.*   *cultivé.* pérou. ☉ (orn.)
multiflorus *L.*   *à fleurs nombr.* Am. s. ♃ (orn.)
tuberosus *L.*   *topinambour.* brésil. ♃ (alim.)
mollis *Lmk.* }
pubescens *vahl.* }   *cotonneux.* Am. s. ♃
canescens *Mich.* }
tubæformis *jacq.*   *renflé.* mexique. ☉
atrorubens *Lnk.*   *noir-pourpre.* Am. s. ♃ (orn.)
altissimus *L.*   *élevé.* Am. s. ♃
giganteus *L.*   *gigantesque.* Am. s. ♃
angustifolius *L.*   *à feuill. étroites.* Am. s. ♃
strumosus *L.*   *fusiforme.* Am. s. ♃
divaricatus *L.*   *étalé.* Am. s. ♃
levis *L.* }   *lisse.* Am. s. ♃
buphtalmum helianthoïdes *L.* }
prostratus.   *couché.* pérou, or. ♃
dentatus *cav.*   *à feuill. dentées.* mex., or. ♃

GAILLARDA *Fougeroux.*
    pulchella.
    virgilia helioïdes *l'HER.* }

GAILLARDA
    élégant. véra-cruz. ⊙ (orn.)

GALINSOGA *cav.*
    parviflora *cav.*
    triloba *cav.*

GALINSOGA
    à petites fleurs. pérou. ⊙
    trilobé. N. ESP. ⊙

PASCHALIA *ortéga.*
    glauca *ortéga.*

PASCHALIA
    à feuill. glauques. chili, s.ch. ♃

AMELLUS
    lychnitis *L.*
    pedunculatus *ortéga.*

AMELLUS
    bleu. cap , or. ♄
    pédonculé. ⊙

ZINNIA
    pauciflora *L.*
    multiflora *L.*

      violacea *cav.* }
      elegans *Jacq.* }
      revoluta *cav.* }
      tenuiflora *Jacq.* }

ZINNIA
    à fleurs rares. pérou. ⊙ (orn.)
    à fleurs nombreuses. loui-
      siane. ⊙ (orn.)

    violet. mexique. ⊙ (orn.)

    roulé. mexique. ⊙ (orn.)

VERBESINA
    gigantea *Jacq.*
    atriplicifolia.
    fruticosa *L.*
    serrata *cav.*
    alata *L.*
    nodiflora *L.*

VERBESINE
    gigantesque. AM. M., s. ch. ♄
    à feuill. d'arroche. s. ch. ♄
    arbrisseau. AM. M., s. ch. ♄
    à feuill. en scie. N. ESP., s.ch. ♄
    ailée. AM. M., s. ch. ♃
    nodiflore. AM. M. ⊙

HETEROSPERMA *cav.*
    pinnata *cav.*

HÉTÉROSPERME
    à feuill. pennées. N. ESP. ⊙

BIDENS
    tripartita *L.*
    cernua *L.*
    frondosa *L.*
    pilosa *L.*
    bullata *L.*
    nivea *L.*
    bipinnata *L.*
    heterophylla *ortéga.*
    dichotoma.

BIDENS
    à trois feuill. F. ⊙
    penché. F. ⊙
    feuillu. AM. s. ⊙
    velu. AM. M. ☿
    bulleux. italie. ⊙
    à fleurs blanches. AM. s. ♃
    bipenné. AM. s. ⊙
    à feuill. de saule. N. ESP., or. ♃
    dichotome. ♃

SPILANTHUS
    oleracea *L.*

    fusca.
    alcmella *L.*

SPILANTHUS
    cresson de Para. AM. M. ⊙
      (méd.)
    brun. AM. M. ⊙ (méd.)
    alcmella. inde. ⊙

AGRIPHYLLUM (*Gorteria* L.)
  asteroïdes.
  echinatum.
  gorteria echinata *H. K.* }

ARCTOTIS
  tristis *L.*
  plantaginea *L.*
  aspera *L.*
  repens. *Jacq.*

AGRIPHYLLUM
  à feuill. d'yeuse. cap, or. ♄
  hérissé. cap. ☉

ARCTOTIS
  triste. cap. ☉
  à feuill. de plantain. cap, or. ♃
  rude. cap, or. ♄
  rampant. cap, or. ♃

CLASSIS XI.

DICOTYLEDONES

MONOPETALAE.

(*Corolla epigyna, antheræ distinctæ.*)

ORDO I.

DIPSACEÆ.

I. *Flores aggregati.*

MORINA
  persica *L.*

DIPSACUS
  sylvestris *Jacq.*
  fullonum *wild.*
  laciniatus *L.*
  pilosus *L.*

SCABIOSA.

  I. *Corollis quadrifidis.*
  alpina *L.*
  rigida *L.*
  syriaca *L.*
  dichotoma *Lmk.* }
  transylvanica *L.*
  centauroïdes *Lmk.*
  leucantha *L.*
  succisa *L.*
  arvensis *L.*
  sylvatica *L.*
  integrifolia *L.*

CLASSE XI.

DICOTYLEDONS

MONOPÉTALES.

(Corolle sur le pistil, anthères distinctes.)

ORDRE I.

LES DIPSACÉES.

I. Fleurs rapprochées.

MORINE
  de Perse. ♃ (orn.)

DIPSACUS
  sauvage. F. ♂
  chardon bonnetier. F. ♂ (arts.)
  lacinié. F. ♂
  velu. F. ☉

SCABIEUSE.

  I. Corolles à quatre divisions.
  des Alpes. F. ♃
  à feuill. dures, cap, or. ♄
  de Syrie ☉

  de Transylvanie. ☉
  fausse centaurée. F. m. ♃
  à fleurs blanches. F. m. ♃
  tronquée. F. ♃ (méd.)
  des champs. F. ♃ (méd.)
  des bois. F. ♃ (méd.)
  à feuill. entières. F. ☉

2. *Corollis quinquefidis.*	2. Corolle à cinq divisions.
columbaria *L.*	colombaire. F. ♃
— lutea.	— jaune.
suaveolens.	odorante. F. ♃
lucida *vill.*	luisante. F., Alpes. ♃
setifera *Lmk.*	sétifère. ⊙
ochroleuca *Jacq.*	jaunâtre. All. ♂
urceolata *Desf.* ⎫ rutæfolia *vahl.* ⎬ divaricata *Lmk.* ⎭	urcéolée. Tunis. ♃
argentea *L.*	argentée. orient, or. ♃
sicula *L.* ⎫ divaricata *Jacq.* ⎭	de Sicile. ⊙
stellata *L.*	étoilée. F. m. ⊙
parviflora *Desf.* ⎫ dichotoma *cyrillo.* ⎭	à petites fleurs. orient. ⊙
prolifera *L.*	prolifère. orient. ⊙
atropurpurea *L.*	des jardins. inde. ⊙ (orn.)
africana *L.*	d'Afrique. or. ♄
cretica *L.*	de Crète. or. ♄
graminifolia *L.*	à feuill. de gramen. F., Alp. ♃
palæstina *L.*	de Palestine. or. ♃

KNAUTIA

orientalis *L.*	d'orient. ⊙
plumosa *L.*	plumeux. orient. ⊙

ALLIONIA

incarnata *L.*	incarnat. Pérou. ⊙

II. *Flores distincti.* · II. Fleurs distinctes.

VALERIANA. · **VALÉRIANE.**

1. *Semen unicum papposum.* · 1. Une seule graine aigrettée.

rubra *L.*	rouge. F. ♃ (orn.)
angustifolia *All.*	à feuill. étroites. F. ♃
calcitrapa *L.*	chaussetrape. orient. ⊙
dioïca *L.*	dioïque. F. ♃
officinalis *L.*	officinale. F. ♃
phu *L.*	phu. F. ♃
tripteris *L.*	à feuill. ternées. F., Alpes. ♃
montana *L.*	de montagne. F., Alpes. ♃
tuberosa *L.*	tubéreuse. F., Alpes. ♃
celtica *L.*	nard-celtique. F., Alp. ♃ (méd.)
saxatilis *L.*	des rochers. F., Alpes. ♃
pyrenaica *L.*	des Pyrénées. F. ♃

2. *Fructus trilocularis coronatus.* · 2. Fruit couronné et à trois loges.

cornucopiæ *L.*	corne d'abondance. Barb. ⊙
olitoria *wild.*	mâche. F. ⊙ (alim.)

vesicaria *wild.*   *vésiculeuse.* orient. ☉
coronata *wild.*   *couronnée.* F. ☉
echinata *wild.*   *hérissée.* F. ☉
sibirica *L.*   *de Sibérie.* ♂

ORDO II.

RUBIACEÆ.

I. Fructus dicoccus dispermus , stamina sæpius 4.

SHERARDIA
   arvensis *L.*

ASPERULA
   arvensis *L.*
   odorata *L.*
   taurina *L.*
   cynanchica *L.*
   brevifolia *vent.*
   tinctoria *L.*
   calabrica *L.*

GALIUM.

     1. *Fructu glabro.*

   palustre *L.*
   uliginosum *L.*
   verum *L.*
   mollugo *L.*
   saxatile *L.*
   provinciale *Lmk.*
   lucidum.
   glaucum *L.*
   rubioïdes *L.*
   sylvaticum *L.*
   linifolium *Lmk.*
   pumilum *Lmk.*
   jussiæi *vill.*
   trichophyllum *All.*
   parisiense *Lmk.*
   divaricatum *Lmk.*

   2. *Fructu hispido aut aspero.*

   rotundifolium *L.*
   aparine *L.*
   — minor.
   villosum *Lmk.*
   spurium *L.*

ORDRE II.

LES RUBIACÉES.

I. 2 graines accolées , ordinairement 4 étamines.

SHÉRARDIA
   des champs. F. ☉

ASPÉRULE
   des champs. F. ☉
   odorante. F. ♃
   de Turin. F., Alpes. ♃
   à l'esquinancie. F. ♃
   à feuill. courtes. orient, or. ♄
   des teinturiers. F. ♃
   de Calabre. or. ♄

CAILLELAIT.

     1. Fruit glabre.

   des marais. F. ♃
   aquatique. F. ♃
   jaune. F. ♃ (méd.)
   blanc. F. ♃
   des rochers. F. ♃
   de Provence. ♃
   luisant. F. ♃
   glauque. F. ♃
   à feuill. de garance. F. ♃
   des bois. F. ♃
   à feuill. de lin. F. ♃

   nain. F., Alpes. ♃

   de Paris. ☉
   étalé. F. ☉

   2. Fruit hérissé ou rude.

   à feuill. rondes. F. ♃
   apariné. F. ☉
   — *petit.*
   velu. ESP. ♃
   à fruit rude. F. ☉

CRUCIANELLA
angustifolia *l.*
latifolia *l.*
ciliata *lmk.*
maritima *l.*

CRUCIANELLE
à feuill. étroites. F. ☉
à feuill. larges. F. ☉
ciliée. orient. ☉
maritime. F., or. ♄

VALANTIA
muralis *l.*
hispida *l.*
articulata *l.*
aparine *l.*
cruciata *l.*

VALANTIA
des murailles. F. ☉
velu. F. ☉
articulé. orient. ☉
à gros fruit. F. ☉
croisette. F. ♃

RUBIA
tinctorum *l.*
lucida *l.*
angustifolia *l.*
cordifolia *l.*

GARANCE
des teinturiers. F. ♃ (arts.)
luisante. barbarie, or. ♄
à feuill. étroites. minorq., or. ♄
à feuill. en cœur. russie. ♃

ANTHOSPERMUM
æthiopicum *l.*

ANTHOSPERMUM
d'Ethiopie. s. ch. ♄

II. *Fructus dicoccus dispermus, stamina 4, rarius 5 aut 6.*

II. 2 graines accolées, 4 étamines, rarement 5 ou 6.

HOUSTONIA
coccinea *andr.*

HOUSTONIA
écarlate. mexique, s. ch. ♄
(orn.)

SPERMACOCE
verticillata *l.*
tenuior *l.*

SPERMACOCÉ
verticillé. am. m., s. ch. ♄
grêle. am. ☉

DIODIA
virginiana *l.*

DIODIA
de Virginie. or. ♃

PHYLLIS
nobla *l.*

PHYLLIS
à feuill. ternées. canar., or. ♄

III. *Fructus monocarpus bilocularis polyspermus, stamina 4.*

III. 1 fruit à 2 loges polyspermes, 4 étamines.

OLDENLANDIA
madagascariensis.

OLDENLANDIA
de Madagascar. ☉

CATESBÆA
spinosa *l.*

CATESBÆA
épineux. am. m., s. ch. ♄

IV. *Fructus monocarpus bilocularis polyspermus, stamina 5.*

IV. 1 fruit à 2 loges polyspermes, 5 étamines.

RANDIA
aculeata *l.*

RANDIA
épineux. antilles, s. ch. ♄

PINCKNEYA *mich.*
pubens *mich.*

PINCKNEYA
pubescent. am. s., or. ♄

RONDELETIA	RONDÉLÉTIA
triflora *vahl.*	*à trois fleurs.* Antilles, s. ch. ♄
GENIPA	GÉNIPA
americana *L.*	*d'Amérique.* Am. m., s. ch. ♄
GARDENIA	GARDÉNIA
florida *L.*	*à grandes fleurs.* cap, or. ♄ (orn.)
verticillata.	*verticillé.* s. ch. ♄

V. *Fructus monocarpus bilocularis dispermus, stamina 4.*   V. 1 fruit à 2 loges monospermes, 4 étamines.

IXORA	IXORA
coccinea *L.*	*écarlate.* Am. m., s. ch. ♄ (orn.)
alba *L.*	*blanc.* inde, s. ch. ♄
ERNODEA *swartz.*	ERNODÉA
littoralis *swartz.*	*des rivages.* Antilles, s. ch. ♄.

VI. *Fructus monocarpus bilocularis dispermus, stamina 5.*   VI. 1 fruit à 2 loges monospermes, 5 étamines.

SERISSA *juss.*	SÉRISSA
fœtida.	
lycium fœtidum *L. f.*	
lycium indicum *Retz.*	*fétide.* japon, s. ch. ♄
lycium japonicum *Thunb.*	
buchozia coprosmoïdes *l'Her.*	
CHIOCOCCA	CHIOCOCCA
racemosa *L.*	*à grappes.* Am. m., s. ch. ♄
PSYCHOTRIA	PSYCHOTRIA
undata *Jacq.*	*ondulé.* Am. m., s. ch. ♄
COFFEA	CAFÉ
arabica *L.*	*d'Arabie.* As., s. ch. ♄ (écon., méd.)
POEDERIA	PÉDÉRIA
fœtida *L.*	*fétide.* inde, s. ch. ♄

VII. *Fructus monocarpus multilocularis loculis monospermis, stamina 4, 5 aut plura.*   VII. 1 fruit à plusieurs loges monospermes, 4, 5 ou un plus grand nombre d'étamines.

GUETTARDA	GUETTARDA
scabra *vent.*	*rude.* Antilles, s. ch. ♄
matthiola scabra *L.*	

VIII. *Fructus monocarpus multilocularis loculis polyspermis, stamina 5 aut plura.*   VIII. 1 fruit à plusieurs loges polyspermes, 5 étamines ou plus.

HAMELLIA	HAMELLIA
patens *L.*	*ouvert.* Am. m., s. ch. ♄

IX. *Flores aggregati supra receptaculum commune, aut rarius coadunati.*

IX. Fleurs rapprochées sur un réceptacle commun, ou plus rarement réunies.

MITCHELLA
repens *L.*

MITCHELLA
rampant. AM. S. ♄

OPERCULARIA *gærtner.*
paleata *young.*
sessiliflora *juss.*
aspera *gærtner.*

OPERCULAIRE
à paillettes. N. HOLL., or. ♃
à fleurs sessiles. N. HOLL., or. ♃
à fruit rude. N. HOLL., or. ♃

CEPHALANTHUS
occidentalis *L.*

CÉPHALANTE
d'occident. AM. S. ♄ (orn.)

ORDO III.

ORDRE III.

CAPRIFOLIA.

LES CHÈVREFEUILLES.

I. *Calix caliculatus aut bracteatus, stylus 1, corolla monopetala.*

I. Calice caliculé ou accompagné de bractées, 1 style, corolle monopétale.

LINNÆA
borealis *L.*

LINNÉE
boréale. Alpes. ♄

TRIOSTEUM
perfoliatum *L.*

TRIOSTÉUM
perfolié. AM. S. ♃

SYMPHORICARPOS (*Lonicera* L.)
parviflora.

SYMPHORINE
à petites fleurs. AM. S. ♄

DIERVILLA (*Lonicera* L.)
lutea.

DIERVILLA
jaune. AM. S. ♄ (orn.)

LONICERA.

CHÈVREFEUILLE.

    1. *Caule volubili.*

    1. Tige grimpante.

parviflora *Lmk.* ⎫
dioïca *H. K.* ⎭
caprifolium *L.*
periclymenum *L.*
sempervirens *L.*

à petites fleurs. AM. S. ♄ (orn.)
des jardins. F. M. ♄ (orn.)
des bois. F. ♄ (orn.)
toujours vert. AM. S. ♄ (orn.)

    2. *Caule recto, pedunculis bifloris.*

    2. Tige droite, pédoncules à 2 fleurs.

tatarica *L.*
pyrenaïca *L.*
nigra *L.*
cœrulea *L.*
xylosteon *L.*
alpigena *L.*

de Tartarie. ♄ (orn.)
des Pyrénées. F. ♄ (orn.)
à fruit noir. F., Alpes. ♄ (orn.)
à fruit bleu. F., Alpes. ♄ (orn.)
velu. F., Alpes. ♄ (orn.)
des Alpes. F. ♄ (orn.)

II. *Calix caliculatus aut bracteatus, stylus 1, corolla sub-polypetala.*

II. Calice caliculé ou accompagné de bractées, 1 style, corolle presque polypétale.

VISCUM
album *L.*

GUI
blanc. F. ♄ (méd.)

III. Calix bracteatus, stylus nullus, stigmata 3, corolla monopetala.	III. Calice accompagné de bractées, style nul, 3 stigmates, corolle monopétale.

VIBURNUM

    tinus *L.*

    — latifolius.

    nudum *L.*

    lentago *L.*

    prunifolium *L.*

    pyrifolium.

    cassinoïdes *L.*

    punicifolium.

    lantana *L.*

    — canadensis.

    dentatum *L.*

    — longifolium.

    acerifolium *L.*

    opulus *L.*

    — sterilis.

HORTENSIA

    rosea

    hydrangea hortensia *smith.* }

SAMBUCUS

    ebulus *L.*

    canadensis *L.*

    nigra *L.*

    — virescens.

    — laciniata *L.*

    racemosa *L.*

IV. Calix simplex, stylus 1, corolla sub-polypetala.

CORNUS

    sanguinea *L.*

    alba *L.*

    stricta *l'Her.*

    paniculata *l'Her.* }
    racemosa *Lmk.* }

    sericea *l'Her.* }
    amomum *Mill.* }
    cœrulea *Lmk.* }

    circinata *l'Her.* }
    rugosa *Lmk.* }

VIORNE

    laurier-tin. ESP. ♄ (orn.)

    — à larges feuill.

    nue. AM. S. ♄ (orn.)

    luisante. AM. S. ♄ (orn.)

    à feuill. de prunier. AM. S. ♄ (orn.)

    à feuill. de poirier. AM. S. ♄ (orn.)

    à feuill. de cassiné. AM. S., or. ♄

    à feuill. de grenadier. AM. S., or. ♄

    cotonneuse. F. ♄

    — de Canada.

    dentée. AM. S. ♄ (orn.)

    — à longues feuill.

    à feuill. d'érable. AM. S. ♄ (orn.)

    obier. F. ♄ (orn.)

    — boule de neige. (orn.)

HORTENSIA

    rose. JAP., or. ♄ (orn.)

SUREAU

    hièble. F. ♃ (méd.)

    de Canada. ♄

    noir. F. ♄ (écon., méd.)

    — vert.

    — lacinié.

    à grappes. F. ♄ (orn.)

IV. Calice simple, 1 style, corolle presque polypétale.

CORNOUILLER

    sanguin. F. ♄ (écon.)

    blanc. AM. S. ♄ (orn.)

    élancé. AM. S. ♄ (orn.)

    paniculé. AM. S. ♄ (orn.)

    à fruit bleu. AM. S. ♄ (orn.)

    à feuill. rondes. AM. S. ♄ (orn.)

florida *L.*	*à grande fleur.* ᴀᴍ. ꜱ. ♄ (orn.)
mascula *L.*	*mâle.* ꜰ. ♄ (écon.)
— flava.	— *à fruit jaune.*
alternifolia *L.*	*à feuill. alternes.* ᴀᴍ. ꜱ. ♄ (orn.)
succica *L.*	*de Suède.* ♃
canadensis *L.*	*de Canada.* ♃
Hᴇᴅᴇʀᴀ	*Lɪᴇʀʀᴇ*
helix *L.*	*commun.* ꜰ. ♄ (orn., écon.)

CLASSIS XII.

DICOTYLEDONES

POLIPETALÆ.

(*Stamina epigyna.*)

ORDO I.

ARALIÆ.

Aʀᴀʟɪᴀ
  spinosa *L.*
  racemosa *L.*
  hispida *Mich.*
  nudicaulis *L.*

Pᴀɴᴀx
  quinquefolium *L.*
  aculeatum *H. K.*
  zanthoxylum trifoliatum *L.* }

ORDO II.

UMBELLIFERÆ.

Æɢᴏᴘᴏᴅɪᴜᴍ
  podagraria *L.*

Pɪᴍᴘɪɴᴇʟʟᴀ
  saxifraga *L.*
  magna *L.*
  — rubens.
  dissecta *Retz.*
  peregrina *L.*
  dioica *L.*
  anisum *L.*

CLASSE XII.

DICOTYLÉDONS

POLYPÉTALES.

(Étamines sur le pistil.)

ORDRE I.

LES ARALIES.

Aʀᴀʟɪᴀ
  épineux. ᴀᴍ. ꜱ. ♄ (orn.)
  à grappes. ᴀᴍ. ꜱ. ♃
  velu. ᴀᴍ. ꜱ. ♄
  à tiges nues. ᴀᴍ. ꜱ. ♃

Pᴀɴᴀx
  ginseng. chine, ᴀᴍ. ꜱ. ♃ (méd.)
  épineux. chine, or. ♄

ORDRE II.

LES OMBELLIFÈRES.

Æɢᴏᴘᴏᴅɪᴜᴍ
  podagraire. ꜰ. ♃

Bᴏᴜᴄᴀɢᴇ
  saxifrage. ꜰ. ♃
  élevé. ꜰ. ♃
  — *rouge.*
  lacinié. suisse. ♃
  étranger. italie. ♃
  dioïque. ꜰ. ♃
  anis. orient. ☉ (écon., méd.)

CARUM — CARVI
carvi L. — cultivé. F. ♂ (écon., méd.)

APIUM — APIUM
petroselinum L. — persil. sardaigne. ♂ (alim.)
— crispum. — — crépu.
— tuberosum. — — tubéreux.
graveolens L. — des marais. F. ♂
— celeri. — — céleri. (alim.; méd.)

ANETHUM — ANET
segetum L. — des moissons. portugal. ⊙
graveolens L. — fétide. ESP. ⊙
fœniculum L. — fenouil. F. m. ♃ (écon., méd.)

SMYRNIUM — MACERON
olusatrum L. — à feuill. ternées, F. ♂
perfoliatum L. — perfolié. orient. ♂

PASTINACA — PANAIS
sativa L. — cultivé. F. ♂ (alim., méd.)
opopanax L. — opopanax. sicile. ♃ (méd.)
lucida L. — luisant. mahon. ♂
dissecta vent. — découpé. syrie, or. ♂

THAPSIA — THAPSIA
villosa L. — velu. F. m. ♃
garganica L. — lisse. F. m. ♃

SESELI — SÉSÉLI
montanum L. — de montagne. F. ♃
annuum L. — annuel. F. ♂
ammoïdes L. — à feuill. d'ammi. portugal. ⊙
elatum L. — tuberculeux. F. ♃
tortuosum L. — tortueux. F. m. ♂

IMPERATORIA — IMPÉRATOIRE
ostruthium L. — des Alpes. F. ♃ (méd.)
sylvestris. } — des prés. F. ♃
angelica sylvestris L. }
verticillaris. } — verticillée. F. ♃
angelica verticillaris L. }

CHÆROPHYLLUM — MYRRHIS
sylvestre L. — sauvage. F. ♃
bulbosum L. — bulbeux. F. ♂
temulum L. — tacheté. F. ♂
aromaticum L. — aromatique. autriche. ♃
aureum L. — jaune. F. ♃
hirsutum L. — velu. F. ♃
coloratum L. — coloré. illyrie. ♂

SCANDIX — CERFEUIL
odorata L. — musqué. F., alpes. ♃ (écon.)

pecten L.	peigne de Vénus. F. ⊙
australis L.	austral. F. m. ⊙
pinnatifida Vent.	pinnatifide. Perse. ⊙
cerefolium L.	cultivé. F. ⊙ (écon.)
antriscus L.	hérissé. F. ⊙
trichosperma L.	à longues soies. orient. ⊙

CORIANDRUM   CORIANDRE

sativum L.	cultivée. orient. ⊙ (écon., méd.)
testiculatum L.	bilobée. Eur. austr. ⊙

ÆTHUSA   ÆTHUSA

cynapium L.	fétide ou petite ciguë. F. ⊙ (vén.)
meum L.	méum. F., Alpes. ♃ (méd.)
bunius L.	à feuill. de coriandre. F. ♂

CICUTA   CIGUE

virosa L.	aquatique. F. ♃ (vén.)
maculata L.	tachetée. Am. s. ♃ (vén.)

PHELLANDRIUM   PHELLANDRIUM

aquaticum L.	aquatique. F. ♂ (vén.)
mutellina L.	des Alpes. F. ♃

OENANTHE   OENANTHÉ

fistulosa L.	fistuleuse. F. ♃
crocata L.	à feuill. de persil. F. ♃
prolifera L.	prolifère. sicile. ♃
globulosa L.	globuleuse. F. ♂
pimpinelloïdes L.	à feuill. de boucage. F. ♃

CUMINUM   CUMIN

cyminum L.	officinal. orient. ⊙ (méd.)

BUBON   BUBON

macedonicum L.	de Macédoine. ♂
rigidius L.	à feuill. roides. or. ♃
galbanum L.	galbanum. cap, or. ♄ (méd.)
levigatum H. K.	lisse. cap, or. ♄
gummiferum L.	gommifère. cap, or. ♄

SISON   SISON

segetum L.	des moissons. F. ♂
amomum L.	amomum. F. ♂
canadense L.	de Canada. ♃
ammi L.	ammi. orient. ⊙
inundatum L.	aquatique. F. ⊙
verticillatum L.	verticillé. F. ♃

SIUM   BERLE

angustifolium L.	à feuill. étroites. F. ♃
latifolium L.	à feuill. larges. F. ♃
nodiflorum L.	nodiflore. F. ♃
repens L.	rampante. F. ♃

sisarum L. — *chervi*. F. ♃ (alim.)
falcaria L. — *falciforme*. F. ♃
siculum L. — *de Sicile*. ♂

ANGELICA — *ANGÉLIQUE*
archangelica L. — *de Bohême*. F., Alpes. ♂ (écon., méd.)
lucida L. — *luisante*. Ani. s. ♂
atropurpurea L. — *noir-pourpre*. canada. ♃
razoulii *Gouan*. — *de Razoul*. F., pyrénées. ♃
triloba. — *trilobée*. italie. ♃
laserpitium trilobum *Jacq.* }

LIGUSTICUM — *LIVÉCHE*
levisticum L. — *officinale*. F., Alpes. ♃ (écon., méd.)
peloponense L. — *cicutaire*. carniole. ♃ (orn.)
pyrenæum *Gouan*. — *des Pyrénées*. F. ♃
austriacum *Jacq.* — *d'Autriche*. F. ♃
peregrinum *Jacq.* — *à feuill. de céleri*. portugal. ♂

HERACLEUM — *BERCE*
sphondylium L. — *des prés*. F. ♃ (écon., méd.)
angustifolium L. — *à feuill. étroites*. F. ♃
alpinum L. — *des Alpes*. F. ♃
laciniatum. — *laciniée*. sibérie. ♃
amplifolium *Lapeyr*. — *à grandes feuill*. pyrénées. ♃

LASERPITIUM — *LASER*
latifolium L. — *à larges feuill*. F. ♃
gallicum L. — *cunéiforme*. F. ♃
— crispum. — *— crépu*.
siler L. — *lancéolé*. F. ♃
halleri L. — *de Haller*. F., Alpes. ♃
simplex L. — *à tiges simples*. F., Alpes. ♃
thapsioides *Desf*. — *jaune*. barbarie, or. ♃
triquetrum *Vent*. — *triangulaire*. Asie, or. ♃

FERULA — *FÉRULE*
communis L. — *commune*. Eur. aust. ♃
ferulago L. — *luisante*. barbarie. ♃
tingitana L. — *de Tanger*. barbarie. ♃
orientalis L. — *d'orient*. ♃ (orn.)
nodiflora L. — *nodiflore*. orient. ♃

PEUCEDANUM — *PEUCÉDANUM*
officinale L. — *officinal*. F. ♃ (méd.)
altissimum. — *gigantesque*. ♃
alsaticum *Poiret*. }
album. — *blanc*. ♃
an minus L. }

tenuifolium *Poiret.* à feuill. menues. ♃
silaüs *L.* des prés. F. ♃

CACHRYS *CACHRYS*
tomentosa *Desf.* }
panacisfolia *Vahl.* } cotonneux. Barbarie. ♃
libanotis *L.* libanotis. sicile, or. ♃
sicula *L.* de Sicile. or. ♃

CRITHMUM *CRITHMUM*
maritimum *L.* maritime. F. ♃ (écon.)

ATHAMANTA *ATHAMANTA*
libanotis *L.* libanotis. suède. ♃
condensata *L.* à fleurs denses. sibérie. ♃
sibirica *L.* de Sibérie. ♃
cervaria *L.* glauque. F. ♃
oreoselinum *L.* oréosolinum. F. ♃
sicula *L.* de Sicile. F. m., or. ♃
cretensis *L.* de Crète. F., Alpes. ♃
annua *L.* annuelle. orient. ☉

SELINUM *SÉLINUM*
chabræi *Murr.* de Chabréus. F. ♃
palustre *L.* des marais. F. ♃
pyrenæum *Gouan.* des Pyrénées. F. ♃
seguieri *L. f.* de Séguier. italie. ♃
peucedanoïdes. à feuill. de peucédanum. ♃
austriacum *L.* d'Autriche. F. ♃
carvifolia *L.* à feuill. de carvi. F., Alp. ♃
monnieri *L.* de Lemonnier. F. m. ☉

CONIUM *CONIUM*
maculatum *L.* ciguë des jardins. F. ♂

BUNIUM *BUNIUM*
bulbocastanum *L.* terre-noix. F. ♃
minus. *Gouan.* petit. F. m. ♃

AMMI *AMMI*
majus *L.* officinal. F. ☉ (méd.)
visnaga. }
daucus visnaga *L.* } bisnagre. F. ☉

DAUCUS *CAROTTE*
meoïdes. à feuill. de méum. ♃
carota *L.* cultivée. F. ♂ (alim., méd.)

CAUCALIS *CAUCALIS*
grandiflora *L.* à grandes fleurs. F. ☉
daucoïdes *L.* à feuill. de carotte. F. ☉
latifolia *L.* à larges feuill. F. ☉
platicarpos *L.* à gros fruit. F. ☉

leptophylla L.	*à feuill. menues.* F. ☉
anthriscus.	*anthriscus.* F. ☉
nodosa.	*nodiflore.* F. ☉
TORDYLIUM	*TORDYLIUM*
syriacum L.	*de Syrie.* orient. ☉
officinale L.	*officinal.* F. m. ☉
apulum L.	*d'Italie.* ☉
maximum L.	*lancéolé.* F. m. ☉
HASSELQUISTIA	*HASSELQUISTIA*
ægyptiaca L.	*d'Egypte.* ☉
ARTEDIA	*ARTEDIA*
squamata L.	*écailleux.* orient. ☉
BUPLEVRUM.	*BUPLÈVRE.*

1. *Herbacea.*	1. *Tiges herbacées.*
rotundifolium L.	*à feuill. rondes.* F. ☉
longifolium L.	*à feuill. longues.* F., Alpes. ♃
stellatum L.	*étoilé.* F., Alpes. ♃
petræum L.	*des rochers.* F., Alpes. ♃
ranunculoides L.	*renoncule.* F., Alpes. ♃
falcatum L.	*falciforme.* F. ♃
semicompositum L.	*demi-composé.* F. m. ☉
odontites L.	*odontites.* F. m. ☉
junceum L.	*jonciforme.* F. ☉
tenuissimum L.	*filiforme.* F. ☉
rigidum L.	*à feuill. dures.* F. m. ♃

2. *Fruticosa.*	2. *Tiges ligneuses.*
spinosum L. f.	*épineux.* F. m. ♄
fruticescens L.	*à feuill. étroites.* Barb., or. ♄
fruticosum L.	*arbrisseau.* F. m. ♄ (orn.)
coriaceum *l'Her.*	
gibraltaricum *Lmk.* ⎫	
obliquum *Vahl.* ⎬	*coriace.* Barbarie, or. ♄
arborescens *Jacq.* ⎭	

ECHINOPHORA	*ECHINOPHORA*
spinosa L.	*épineux.* F. m. ♃
tenuifolia L.	*à petites feuill.* orient. ♃
ASTRANTIA	*ASTRANTIA.*
major L.	*à grandes fleurs.* F., Alpes. ♃ (orn.)
minor L.	*à petites fleurs.* F., Alpes. ♃
SANICULA	*SANICLE*
europæa L.	*d'Europe.* F. ♃ (méd.)
marylandica L.	*de Maryland.* ♃

ERYNGIUM	ERYNGIUM
planum *L.*	*à feuill. planes.* F. ♂
aquaticum *L.*	*aquatique.* AM. S. ♃
dichotomum *Desf.*	*dichotome.* BARBARIE. ☉
pusillum *L.*	*petit.* BARBARIE, OR. ♃
alpinum *L.*	*des Alpes.* F. ♃
spina-alba *vill.*	*à épines blanches.* F., Alp. ♃
campestre *L.*	*des champs,* ou *chardon Roland.* F. ♃ (méd.)
dilatatum *Lmk.*	*dilaté.* MAROC. ♃
bourgati *Gouan.*	*bourgati.* F. m. ♃
maritimum *L.*	*maritime.* F. ♃
tenue *Desf.*	*filiforme.* BARBARIE. ☉
suaveolens *Brouss.*	*odorant.* CANARIES. ☉
HYDROCOTYLE	HYDROCOTYLE
vulgaris *L.*	*écuelle d'eau.* F. ♃
sibthorpioïdes *Lmk.*	*à feuill. de sibthorpia.*
americana *L.*	*d'Amérique.* AM. S. ♃
spananthe *Wild.* spananthe paniculata *Jacq.* }	*barbu.* AM. m. ☉
LAGOECIA	LAGOECIA
cuminoïdes *L.*	*à feuill. de cumin.* F. m. ☉

CLASSIS XIII.

DICOTYLEDONES

POLYPETALÆ.

(*Stamina hypogyna.*)

ORDO I.

RANUNCULACEÆ.

I. *Capsulæ monospermæ non dehiscentes.*

CLEMATIS.

1. *Scandentes.*

viorna *L.*
viticella *L.*
crispa *L.*
florida *Thunb.*

orientalis *L.*
vitalba *L.*

CLASSE XIII.

DICOTYLÉDONS

POLYPÉTALES.

(Étamines attachées sous le pistil.)

.ORDRE I.

LES RENONCULES.

I. Capsules monospermes ne s'ouvrant pas.

CLÉMATITE.

1. Tiges grimpantes.

viorne. AM. S. ♄
bleue. ESP. ♄ (orn.)
crépue. CAROLINE. ♄
à grandes fleurs. JAPON, OR. ♄ (orn.)
d'orient. ♄
brûlante. F. ♄

virginiana *l.*	*de Virginie.* ♭
flammula *l.*	*odorante.* f. m. ♭ (orn.)
cirrhosa *l.*	*à vrilles.* barbar. ♭ (orn.)
calycina *H. K.* ⎫	
balearica *lmk.* ⎭	*à grand calice.* mahon. ♭

2. *Erectæ.* · 2. Tige droite.

erecta *l.*	*droite.* f. m. ♃
integrifolia *l.*	*à feuill. entières.* Autriche. ♃

ATRAGENE · *ATRAGÉNÉ*

alpina *l.*	*des Alpes.* f. ♭
— flava.	— *jaune.*
indica.	*des Indes.* s. ch. ♭

THALICTRUM · *PIGAMON*

alpinum *l.*	*des Alpes.* f. ♃
foetidum *l.*	*fétide.* f. ♃
tuberosum *l.*	*tubéreux.* f., pyrén. ♃
minus *l.*	*des bois.* f. ♃
majus *jacq.*	*élevé.* Autriche. ♃
angustifolium *l.*	*à feuill. étroites.* f. ♃
flavum *l.*	*des prés.* f. ♃
angulosum.	*anguleux.* ♃
glaucum.	*glauque.* ♃
rugosum.	*ridé.* f. m. ♃
nigricans *jacq.*	*noir.* Autriche. ♃
medium *jacq.*	*moyen.* hongrie. ♃
atropurpureum *jacq.* ⎫	*à feuill. d'ancolie.* f., Alp. ♃
aquilegifolium *l.* ⎭	(orn.)

ANEMONE · *ANÉMONE*

hepatica *l.*	*hépatique.* eur. ♃ (orn.)
vernalis *l.*	*printanière.* f. ♃
pulsatilla *l.*	*pulsatile.* f. ♃
alpina *l.*	*des Alpes.* f. ♃
apiifolia *wild.*	*à feuill. de persil.* f., Alpes. ♃
coronaria *l.*	*des jardins.* orient. ♃ (orn.)
stellata *lmk.* ⎫	
hortensis *l.* ⎭	*étoilée.* f. m. ♃
baldensis *l.*	*du mont Baldus.* f., Alpes. ♃
sylvestris *l.*	*sauvage.* suisse. ♃
virginiana *l.*	*de Virginie.* ♃
dichotoma *l.*	*dichotome.* canada. ♃
trifolia *l.*	*à trois feuill.* f. ♃
nemorosa *l.*	*des bois.* f. ♃
ranunculoïdes *l.*	*renoncule.* f. ♃
narcissiflora *l.*	*à fleurs de narcisse.* f., Alp. ♃
thalictroïdes *l.*	*à feuill. de pigamon.* am. s. ♃

ADONIS	ADONIS
æstivalis ʟ.	d'été. F. ⊙
autumnalis ʟ.	d'automne. F. ⊙
vernalis ʟ.	printanier. F. , Alpes. ♃
ANAMENIA ʋent.	ANAMÉNIA
coriacea ʋent. ⎫	à feuill. coriaces. cap, or. ♃
adonis capensis ʟ. ⎭	

RANUNCULUS.   RENONCULE.

1. Foliis simplicibus.   1. Feuillès entières.

flammula ʟ.	petite douve. F. ♃
lingua ʟ.	lancéolee. F. ♃
gramineus ʟ.	à feuill. de gramen. F. ♃
nodiflorus ʟ.	à fleurs sessiles. F. ♃
pyrenæus ʟ.	des Pyrénées. F. ♃
amplexicaulis ʟ.	amplexicaule. F., Alpes. ♃
parnassifolius ʟ.	à feuill. de parnassia. F., Alp. ♃
bullatus ʟ.	bulleuse. Barbarie. ♃
ficaria ʟ.	petite chélidoine. F. ♃ (méd.)
thora ʟ.	thora. F., Alpes. ♃

2. Foliis dissectis et divisis.   2. Feuilles découpées.

creticus ʟ.	de Crète. ♃
spicatus ᴅesf.	à épis. Barbarie. ♃
auricomus ʟ.	printanière. F. ♃
sceleratus ʟ.	scélérate. F. ⊙ (vén.)
pensyivanicus ʟ. f. ⎫	de Pensylvanie. ♂
canadensis ᴊacq. ⎭	
aconitifolius ʟ.	à feuill. d'aconit. F., Alpes. ♃
platanifolius ʟ.	à feuill. de platane. F., Alp. ♃
asiaticus ʟ.	d'Asie. ♃
glacialis ʟ.	des glaciers. F., Alpes. ♃
rutæfolius ʟ.	à feuill. de rue. F., Alpes. ♃
nivalis ʟ.	des neiges. F., Alpes. ♃
alpestris ʟ.	des Alpes. F. ♃
hirsutus curtis. ⎫	
pallidior ʋill. ⎬	velue. F. ⊙
philonotis ʀetz. ⎭	
bulbosus ʟ.	bulbeuse. F. ♃ (vén.)
repens ʟ.	rampante. F. ♃ (vén.)
acris ʟ.	âcre. F. ♃ (vén.)
lanuginosus ʟ.	lanugineuse. F. ♃
chærophyllus ʟ.	à feuill. de cerfeuil. F. ♃
arvensis ʟ.	des champs. F. ⊙
muricatus ʟ.	hérissée. F. ⊙
parviflorus ʟ.	à petites fleurs. F. ⊙
falcatus ʟ.	falciforme. F. m. ⊙
hederaceus ʟ.	à feuill. de lierre. F, ♃

aquatilis *L.* aquatique. f. ♃ (vén.)
— circinatus. — arrondie.
peucedanoïdes. à feuill. de peucédanum. f. ♃

MYOSURUS *MYOSURUS*
minimus *L.* petit. f. ☉

II. *Capsulæ polyspermæ.* II. Capsules polyspermes.

TROLLIUS *TROLLIUS*
europæus *L.* d'Europe. f., Alpes. ♃

HELLEBORUS *HELLÉBORE*
hyemalis *L.* d'hiver. f., Alpes. ♃
niger *L.* noir. f., Alpes. ♃ (orn.)
viridis *L.* vert. f., Alpes. ♃
fœtidus *L.* pié de griffon. f. ♃
lividus *H. K.* livide. corse. ♃

ISOPYRUM *ISOPYRUM*
thalictroïdes *L.* à feuill. de pigamon. f. ☉
fumarioïdes *L.* à feuill. de fumeterre. f. ♃

NIGELLA *NIGELLE*
damascena *L.* à involucre. f. m. ☉ (orn.)
sativa *L.* cultivée. orient. ☉
arvensis *L.* des champs. f. ☉
hispanica *L.* d'Espagne. f. m. ☉
orientalis *L.* d'orient. ☉

GARIDELLA *GARIDELLE*
nigellastrum *L.* de Provence. ☉

AQUILEGIA *ANCOLIE*
vulgaris *L.* des jardins. f. ♃ (orn.)
alpina *L.* des Alpes. f. ♃
viridiflora *H. K.* à fleurs vertes. sibérie. ♃
canadensis *L.* de Canada. ♃ (orn.)

DELPHINIUM. *DELPHINIUM.*

1. *Unicapsularia.* 1. Une seule capsule.
consolida *L.* des blés. f. ☉
ajacis *L.* d'Ajax. suisse. ☉ (orn.)

2. *Capsulæ 3 aut 5.* 2. 3 ou 5 capsules.
ambiguum *L.* de deux couleurs. maroc. ☉
peregrinum *L.* étranger. barbarie. ☉
grandiflorum *L.* à grandes fleurs. sibérie. ♃
elatum *L.* elevé. sibérie. ♃ (orn.)
— hirsutum. velu. sibérie. ♃
— hybridum *wild.* }
staphysagria *L.* staphysaigre. f. m. ♂ (vén., méd.)

ACONITUM.

  1. *Corolla flavæ.*

  lycoctonum *L.*
  pyrenaïcum *L.*
  anthora *L.*

  2. *Corollæ cæruleæ.*

  napellus *L.*
  cammarum *L.*

CALTHA
  palustris *L.*

PÆONIA
  mascula *L.* }
  corallina *Retz.* }
  femina *L.* }
  officinalis *Retz.* }
  villosa. }
  humilis *Retz.* }
  lobata.
  albiflora *Pallas.*
  anomala *L.*
  tenuifolia *L.*

ZANTHORHIZA *l'Her.*
  apiifolia *l'Her.*

III. Germen unicum, bacca unilocularis polysperma.

ACTÆA
  spicata *L.*
  — alba.
  — rubra.
  racemosa *L.*

PODOPHYLLUM
  peltatum *L.*

ACONIT.

  1. Corolles jaunes.

  tue-loup. F., Alpes. ♃ (vén.)
  des Pyrénées. ♃ (vén.)
  anthora. F., Alpes. ♃ (vén.)

  2. Corolles bleues.

  napel. F., Alpes. ♃ (vén.)
  à grandes fleurs. F., Alpes. ♃ (vén.)

CALTHA
  des marais. F. ♃ (orn.)

PIVOINE

  mâle. suisse. ♃ (orn., méd.)

  femelle. F., Alp. ♃ (orn., méd.)

  velue. ESP. ♃ (orn.)

  lobée. ♃ (orn.)
  blanche. sibérie. ♃ (orn.)
  laciniée. sibérie. ♃ (orn.)
  à feuill. menues. sibér. ♃ (orn.)

ZANTHORHIZA
  à feuill. de persil. Am. s. ♄

III. 1 seul ovaire, baie polysperme à une loge.

ACTÉA
  des Alpes. F. ♃ (méd.)
  — *à fruit blanc.* Am. s. ♃
  — *à fruit rouge.*
  à grappes. Am. s. ♃

PODOPHYLLUM
  en bouclier. Am. s. ♃

ORDO II.

PAPAVERACEÆ.

I. Stamina indefinita, antheræ filamentis adnatæ.

SANGUINARIA
  canadensis *L.*

ARGEMONE
  mexicana *L.*

ORDRE II.

LES PAVOTS.

I. Etamines indéfinies, anthères attachées le long du bord des filets.

SANGUINAIRE
  de Canada. ♃

ARGÉMONE
  du Mexique. ☉

PAPAVER.

1. *Capsulis hispidis.*

hybridum *L.*
argemone *L.*
alpinum *L.*
nudicaule *L.*

2. *Capsulis glabris.*

rhœas *L.*
dubium *L.*
cambricum *L.*
orientale *L.*
somniferum *L.*

— nigrum *L.*

CHELIDONIUM
glaucium *L.*
corniculatum *L.*
hybridum *L.*
majus *L.*
— quercifolium.

II. Stamina definita.

BOCCONIA
frutescens *L.*

HYPECOUM
procumbens *L.*

FUMARIA
cucullaria *L.*
bulbosa *L.*
solida *smith.*
nobilis *L.*
fungosa *H. K.*
sempervirens *L.*
lutea *L.*
vesicaria *L.*
parviflora *Lmk.*
officinalis *L.*
caprcolata *L.*
claviculata *L.*
spicata *L.*

PAVOT. -

1. Capsules hérissées.

hybride. F. ⊙
argémoné. F. ⊙
des Alpes. F. ♃
à tiges nues. F., Alpes. ♃

2. Capsules glabres.

coquelicot. F. ⊙ (méd.)
à long fruit. F. ⊙
jaune. F., Alpes. ♃
d'orient. ♃ (orn.)
des jardins. F. ⊙ (orn., méd., écon.)
— à graines noires.

CHÉLIDOINE
glauque. F. ♂
cornue. F. m. ⊙
hybride. F. m. ⊙
officinale. F. ♃ (méd.)
— à feuill. de chéne.

II. Etamines définies.

BOCCONIA
arbrisseau. Am. m., s, ch. ♄

HYPÉCOUM
tombant. F. ⊙

FUMETERRE
capuchon. Am. s. ♃
bulbeuse. F. ♃ (orn.)
solide. F., ♃
odorante. sibérie. ♃
fongueuse. Am. s. ♃
toujours verte. Am. s. ⊙
jaune. Barbarie. ♃
vésiculeuse. cap. ⊙
à petites fleurs. F. m. ⊙
officinale. F. ⊙ (méd.)
à vrilles. F. m. ⊙
claviculée. F. m. ⊙
à épis. F. m. ⊙

ORDO III.	ORDRE III.
CRUCIFERÆ.	LES CRUCIFÈRES.
I. *Siliquosæ.*	I. Siliqueuses.

RAPHANUS	*RAIFORT*
sativus L.	*cultivé.* chine. ☉ (écon.)
— oleifer.	*— radis.*
— niger.	*— noir.* ♂
raphanistrum L.	*des moissons.* F. ☉
SINAPIS	*MOUTARDE*
arvensis L.	*des champs.* F. ☉
alba L.	*blanche.* F. ☉
nigra L.	*sénevé.* F. ☉ (écon.)
incana L.	*incane.* F. ♂
pubescens L.	*pubescente.* sicile, or. ♃
pyrenaïca L.	*des Pyrénées.* F. ♂
hispida *schousb.*	*hérissée.* MAROC. ☉
cernua *Thunb.*	*penchée.* chine. ☉
juncea L.	*jonciforme.* chine. ☉
brassicata L.	*à feuill. de chou.* chine. ☉
erucoïdes L.	*fausse roquette.* F. m. ☉
BRASSICA	*CHOU*
cheiranthos *vill.*	*à fleur de cheiri.* F., Alpes. ♂
eruca L.	*roquette.* F. ☉
erucastrum L.	*fausse roquette.* F. m. ☉
richeri *vill.*	*de Richer.* F., Alpes. ♃
alpina L.	*des Alpes.* F. ♃
vesicaria L.	*vésiculeux.* Espagne. ☉
oleracea L.	*commun.* F. ♂ (alim.)
— sylvestris.	*— sauvage.* (alim.)
— sabellica.	*— frisé.* (alim.)
— gongliodes.	*— rave.* (alim.)
— botrytis.	*— fleur.* (alim.)
— viridis.	*— vert.* (alim.)
— capitata.	*— pommé.* (alim.)
— rubra.	*— rouge.* (alim.)
rapa L.	*turneps.* F. ♂ (alim.)
napus L.	*navet.* F. ♂ (alim.)
arvensis L.	*violet.* F. ♃
campestris L.	*des champs.* F. ☉
orientalis L.	*d'orient.* F. ☉
TURRITIS et ARABIS L.	*TOURETTE*
glabra L.	*glabre.* F. ♂
hirsuta L.	*velue.* F. ♂
arabis hispida *Lmk.* }	

hispida *L.* — *hérissée.* F., Alpes. ♃

bellidifolia *L.* — *à feuill. de paquerette.* F., Alp. ♃

verna *L.* — *printanière.* F., Alpes. ♃

thaliana *L.* — *paniculée.* F. ☉

pendula *L.* — *pendante.* F., Alpes. ♂

turrita *L.* — *inclinée.* F., Alpes. ♂

HESPERIS — *JULIENNE*

matronalis *L.* — *cultivée.* F., Alpes. ♂ (orn.)

tristis *L.* — *à fleurs brunes.* Autriche. ♂

lyrata *Lmk.* — *en lyre.* Sibérie. ☉

africana *L.* — *d'Afrique.* F. m. ☉

laxa *Lmk.* — *à fleurs lâches.* Tartarie. ☉

verna *L.* — *printanière.* F. m. ☉

maritima.
cheiranthus maritimus *L.* } — *de Mahon.* F. m. ☉ (orn.)

chia *L.*
cheiranthus chius *L.* } — *de Chio.* orient. ☉

linifolia *Pourret.* — *à feuill. de lin.* Esp. ♃

CHEIRANTHUS — *GIROFLÉE*

cheiri *L.* — *jaune.* F. ♂ (orn.)

mutabilis *l'Her.* — *changeante.* Canaries, or. ♄

fenestralis *L.* — *fenestrelle.* ♂ (orn.)

sinuatus *L.* — *sinuée.* F. ☉

incanus *L.* — *incane.* Esp. ♃

annuus *L.* — *quarantain.* Eur. austr. ☉ (orn.)

græcus.
hesperis æstiva *Lmk.* variet *B.* } — *grecque.* orient. ☉ (orn.)

littoreus *L.* — *des rivages.* F. m. ♂

tristis *L.* — *brune.* F. m., or. ♃

tricuspidatus *L.* — *à trois pointes.* F. m. ☉

farsetia *L.* — *de farset.* Barbarie, or. ♄

ERYSIMUM — *ÉRYSIMUM*

officinale *L.* — *officinal.* F. ☉ (méd.)

barbarea *L.* — *à feuill. en lyre.* F. ♃

præcox *smith.* — *printanier.* F. ♂

alliaria *L.* — *alliaire.* F. ♂ (méd.)

repandum *L.*
cheiranthus paniculatus *Lmk.* } — *festonné.* F. ☉

cheiranthoïdes *L.* — *à petites fleurs.* F. ☉

hieracifolium *L.* — *à feuill. d'épervière.* F. ♂

murale.
cheiranthus erysimoïdes *L.* } — *des murailles.* F. ♂

alpinum.
cheiranthus alpinus *L.* } — *des Alpes.* F. ♃

quadrangulum.
cheiranthus quadrangulus *l'Her.*
cheiranthus cornutus *Lmk.* } — *à long style.* Sibérie. ♃

SISYMBRIUM.	CRESSON.

1. Siliquis declinatis levibus. · **1. Siliques lisses et abaissées.**

nasturtium L.	de fontaine. F. ♃ (alim., méd.)
palustre *Pollich.* ⎱	des marais. F. ☉
terrestre *curtis.* ⎰	
sylvestre L.	sauvage. F. ☉
amphibium L.	amphibie. F. ♃
pyrenaïcum L.	des Pyrénées. F. ♃
tanacetifolium L.	à feuill. de tanaisie. F., Alp. ♃
tenuifolium L.	fausse roquette. F. ♃
hispanicum *jacq.*	d'Espagne. F. ☉

2. Siliquis sessilibus axillaribus. · **2. Siliques sessiles axillaires.**

polyceratium L.	à siliques nombreuses. F. ☉
supinum L.	couché. F. ☉
bursifolium L.	à feuill. de tabouret. F. ☉

3. Caule nudo. · **3. Tige nue.**

murale L. ⎱	des murailles. F. ☉
erucastrum *Gouan.* ⎰	
vimineum L.	grêle. F. ☉
barrelieri L.	de barrelier. F. m. ☉
repandum *wild.* ⎱	sinué. F., Alpes. ♃
monense *All.* ⎰	
arenosum L.	des sables. F., Alpes. ☉

4. Foliis pinnatis. · **4. Feuilles pennées.**

sophia L.	sophia. F. ☉
altissimum L.	élevé. F. ☉
irio L.	irio. F. ☉
columnæ *jacq.*	de Columna. F. ☉
loeselii L.	de Loesel. F. ☉
obtusangulum *wild.* ⎱	à angles obtus. F., Alpes ☉
jacobeæfolium *Bergeret.* ⎰	

5. Foliis integris. · **5. Feuilles entières.**

| strictissimum L. | ramassé. F., Alpes. ♃ |
| apetalum. | sans pétales. ☉ |

CARDAMINE.	CARDAMINÉ.

1. Foliis simplicibus. · **1. Feuilles simples.**

alpina *wild.* ⎱	des Alpes. F. ♃
bellidifolia *All.* ⎰	
asarifolia L.	à feuill. d'asarum. F., Alp. ♃

2. Foliis ternatis. · **2. Feuilles ternées.**

| resedifolia L. | à feuill. de réséda. F., Alp. ♃ |
| trifolia L. | à feuill. ternées. F. ♃ |

3. *Foliis pinnatis.*	3. Feuilles pennées.
chelidonia *l.*	*à feuill. de chélidoine.* f. ♃
amara *l.*	*amer.* f. ♃
impatiens *l.*	*élastique.* f. ♂
hirsuta *l.*	*velu.* f. ☉
parviflora *l.*	*à petites fleurs.* f. ☉
pratensis *l.*	*des prés.* f. ♃

Dentaria	Dentaire
enneaphylla *l.*	*à 9 feuill.* f., Alpes. ☉
pinnata *lmk.* ⎱	*pennée.* f., Alpes. ♃
heptaphyllos *vill.* ⎰	
pentaphyllos *l.*	*à 5 feuill.* f., Alpes. ♃

II. Siliculosa. — II. Les siliculeuses.

Ricotia	Ricotia
ægyptiaca *l.*	*d'Egypte.* ☉

Lunaria	Lunaire
rediviva *l.*	*vivace.* f. ♃ (orn.)
annua *l.*	*annuelle.* f. ☉ (orn.)

Biscutella	Biscutella
auriculata *l.*	*auriculé.* f. m. ☉
levigata *l.*	*à fruit lisse.* f. ☉
apula *l.*	*à fruit rude.* f. ☉

Clypeola	Clypéola
jonthlaspi *l.*	*jonthlaspi.* f. m. ☉
maritima *l.*	*maritime.* f. m. ♂
alliacea. ⎱	*à odeur d'ail.* Autriche. ♃
peltaria alliacea *l.* ⎰	

Alyssum.	Alysson.

1. *Fruticulosa.* — 1. Tiges ligneuses.

spinosum *l.*	*épineux.* f. m. ♄
saxatile *l.*	*des rochers.* orient. ♄
alpestre *l.*	*des Alpes.* f. ♄

2. *Herbacea.* — 2. Tiges herbacées.

incanum *l.*	*blanc.* f. ♂
montanum *l.*	*de montagne.* f., Alpes. ♃
calicinum *l.*	*à petites fleurs.* f. ☉
campestre *l.*	*des champs.* f. ☉
clypeatum *l.*	*en bouclier.* Liban. ♂

3. *Siliculis inflatis.* — 3. Silicules renflées.

deltoïdeum *l.*	*deltoïde.* syrie, or. ♃
sinuatum *l.*	*sinué.* Espagne. ♂
utriculatum *l.*	*à utricules.* orient. ♃

Draba.	**Draba.**
1. Caule nudo.	*1. Tige nue.*
aizoïdes *l.*	aizoïde. F., Alpes. ♃
alpina *l.*	des Alpes. F. ♃
verna *l.*	printanier. F. ☉
pyrenaïca *l.*	des Pyrénées. F. ♃
2. Caule foliosa.	*2. Tige feuillue.*
muralis *l.*	des murailles. F. ☉
hirta *l.*	hérissé. F. ♃
incana *l.*	blanc. F., Alpes. ♂
Cochlearia	**Cochléaria**
officinalis *l.*	officinal. F. ♂ (méd.)
danica *l.*	de Danemarck. ♂
armoracia *l.*	cran de Bretagne. F. ♃ (écon., méd.)
draba *l.*	draba. F. ♃
glastifolia *l.*	à feuill. de pastel. F. ♂
Coronopus	**Corne de cerf**
vulgaris.	commune. F. ☉
Senebiera *dec.*	**Sénébiéra**
pinnatifida *dec.* ⎫	
lepidium didymum *l.* ⎭	pinnatifide. as. ♂
Iberis	**Iberis**
semperflorens *l.*	de tous les mois. sicile, or. ♄ (orn.)
sempervirens *l.*	toujours verte. F., Alpes. ♄
saxatilis *l.*	des rochers. F., Alpes. ♄
cinerea.	cendrée. esp., or. ♄
gibraltarica *l.*	de Gibraltar. esp., or. ♄
rotundifolia *wild.*	à feuill. rondes. F., Alpes. ♃
carnosa *wild.*	à feuill. charnues. F., pyr. ♃
amara *l.*	amère. F. ☉ (orn.)
umbellata *l.*	ombellifère. esp. ☉ (orn.)
pinnata *l.*	pennée. F. m. ☉
linifolia *l.*	à feuill. de lin. F. m. ♂
nudicaulis *l.*	à tige nue. F. ☉
Thlaspi	**Thlaspi**
arvense *l.*	à grandes siliques. F. ☉
campestre *l.*	pubescent. F. ♂
alliaceum *l.*	alliacé. F. ☉
saxatile *l.*	des rochers. F. ♂
montanum *l.*	de montagne. F., Alpes. ♃
perfoliatum *l.*	perfolié. F., Alpes. ♂
alpestre *l.*	alpestre. F. ☉
hirtum *l.*	velu. F. m. ♂

ceratocarpon *l. f.*   *à fruit cornu.* sibérie. ☉

bursa pastoris *l.*   *bourse à berger.* F. ☉

sativum.   *cresson alénois.* ☉ (écon.,

lepidium sativum *l.* }   méd.)

— latifolium.   — *à larges feuill.*

— crispum.   — *crépu.*

nudicaule.   *à tige nue.* F. ☉

lepidium nudicaule *l.* }

ruderale.   *sans pétales.* F. ☉

lepidium ruderale *l.* }

LEPIDIUM   *LÉPIDIUM*

perfoliatum *l.*   *perfolié.* orient. ☉

subulatum *l.*   *en aléne.* ESP. ♄

procumbens *l.*   *couché.* F. ☉

alpinum *l.*   *des Alpes.* F. ♃

petræum *l.*   *des rochers.* F. ☉

latifolium *l.*   *passe-rage.* F. ♃ (écon.)

iberis *l.*   *ibéris.* F. ♃

cardamines *l.*   *à feuill. lyrées.* ESP. ♂

vesicarium *l.*   *vésiculeux.* orient. ☉

ANASTATICA   *ANASTATICA*

hierochuntica *l.*   *rose de Jériko.* Af. s. ☉

VELLA   *VELLA*

pseudocitysus *l.*   *faux cityse.* orient, or. ♄

annua *l.*   *annuel.* BARBARIE. ☉

MYAGRUM   *CAMELINE*

perenne *l.*   *vivace.* Allem. ♃

orientale *l.*   *d'orient.* ☉

rugosum *l.*   *ridée.* F. m. ☉

perfoliatum *l.*   *amplexicaule.* F. ☉

sativum *l.*   *cultivée.* F. ☉ (écon.)

paniculatum *l.*   *paniculée.* F. ☉

saxatile *l.*   *des rochers.* F., Alpes. ♃

BUNIAS   *BUNIAS*

spinosa *l.*   *épineux.* égypte. ♂

erucago *l.*   *tétragone.* F. m. ☉

ægyptiaca *l.*   *d'Egypte.* ☉

balearica *l.*   *de Mahon.* ☉

orientalis *l.*   *d'orient.* ♃

KAKILE   *KAKILÉ*

maritima.   *maritime.* F. ☉

CRAMBE   *CRAMBÉ*

maritima *l.*   *maritime.* F. ♃ (écon.)

tatarica *l.*   *de Tartarie.* ♃

orientalis *l.*   *d'orient.* ♃

hispanica *l.*   *d'Espagne.* ☉

filiformis *jacq.*   *filiforme.* ♃

strigosa *l'her.*   *des Canaries.* or. ♄

Isatis   Pastel

tinctoria *l.*   *des teinturiers.* f. ♂ (arts.)

lusitanica *l.*   *de Portugal.* ☉

ORDO IV.   ORDRE IV.

CAPPARIDES.   LES CAPRIERS.

Cleome   Cléomé

gigantea *l.*   *gigantesque.* guinée, s. ch. ♄

pentaphylla *l.*   *à 5 feuill.* inde. ☉

spinosa *l.*   *épineux.* am. m. ☉

dodecandra *l.*   *à 12 étamines.* inde. ☉

icosandra *l.*   *à 20 étamines.* ceylan. ☉

arabica *l.*   *d'Arabie.* égypte. ☉

viscosa *l.*   *visqueux.* ceylan. ☉

ornithopodioïdes *l.*   *pié-d'oiseau.* orient. ☉

Capparis   Caprier

spinosa *l.*   *cultivé.* f. m. ♄ (écon.)

longifolia *swartz.*   *à longues feuill.* am. m., s. ch. ♄

saligna *vahl.*   *à feuill. de saule.* am. m., s. ch. ♄

flexuosa *l.*   *tortueux.* Antilles, s. ch. ♄

frondosa *l.*   *feuillu.* Antilles, s. ch. ♄

Reseda   Réséda

luteola *l.*   *gaude.* f. ♂

glauca *l.*   *glauque.* f., pyrénées. ♂

sesamoïdes *l.*   *sésamoïde.* f. ☉

alba *l.*   *blanc.* espagne. ☉

undata *l.*   *à 3 styles.* espagne. ♃

lutea *l.*   *jaune.* f. ♃

phyteuma *l.*   *à grand calice.* f. ☉

odorata *l.*   *odorant.* barbarie. ☉ (orn.)

canescens *l.*   *velu.* orient. ♃

Drosera   Rossolis

rotundifolia *l.*   *à feuill. rondes.* f. ☉

longifolia *l.*   *à feuill. longues.* f. ☉

Parnassia   Parnassia

palustris *l.*   *des marais.* f. ♃

ORDO V.	ORDRE V.
SAPINDI.	LES SAVONNIERS.

CARDIOSPERMUM
  halicacabum ʟ.

CARDIOSPERME
  pois de merveille. ᴀᴍ. ᴍ. ☉

PAULLINIA
  pinnata ʟ.

PAULLINIA
  à feuill. pennées. ᴀᴍ. ᴍ.,
  s. ch. ♄

SERJANIA
  triternata.
  paullinia polyphylla ʟ. }

SERJANIA
  triterné. ᴀᴍ. ᴍ., s. ch. ♄

KOELREUTERIA
  paullinioïdes *ʟ'ʜᴇʀ.* }
  paniculata ʟᴍᴋ. }

KOELREUTÉRIA
  paniculé. ᴘᴇʀᴏᴜ. ♄ (orn.)

SAPINDUS
  saponaria ʟ.
  rigidus ʜ. ᴋ.
  indica.

SAVONNIER
  commun. inde., s. ch. ♄
  à feuill. roides. ᴀᴍ. ᴍ., s. ch. ♄
  des Indes. s. ch. ♄

ALLOPHYLLUS *swartz.*
  racemosus *swartz.*

ALLOPHYLLUS
  à grappes. ᴀᴍ. ᴍ., s. ch. ♄

EUPHORIA
  lit-chi.
  sapindus edulis *ʜ. ᴋ.* }

EUPHORIA
  lit-chi. chine, s. ch. ♄ (alim.)

MELICOCCA
  bijuga.

MÉLICOCCA
  à 4 feuill. ᴀᴍ. ᴍ., s. ch. ♄

CUPANIA
  glabra *swartz.*

CUPANIA
  glabre. ᴀᴍ. ᴍ., s. ch. ♄

ORDO VI.	ORDRE VI.
ACERA.	LES ÉRABLES.

ÆSCULUS
  hyppocastanum ʟ.

  flava ʜ. ᴋ.
  pavia ʟ.
  macrostachia *mich.*

ÆSCULUS
  maronnier d'Inde. ᴀsie. ♄
  (orn.)
  jaune. ᴀᴍ. s. ♄ (orn.)
  pavia rouge. ᴀᴍ. s. ♄ (orn.)
  nain. ᴀᴍ. s. ♄ (orn.)

ACER
  negundo ʟ.
  pensylvanicum ʟ. }
  striatum ʟᴍᴋ. }

ERABLE
  à feuill. de frène. ᴀᴍ. s. ♄ (orn.)
  jaspé. ᴀᴍ. s. ♄ (orn.)

montanum *h. k.* }
spicatum *lmk.* }
        de montagne. Am. s. ♄
tataricum *l.*   *de Tartarie.* ♄ (orn.)
rubrum *l.*   *rouge.* Am. s. ♄ (orn.)
coccineum *h. k.* }
tomentosum. }
        écarlate. Am. s. ♄ (orn.)
saccharinum *l.*   *à sucre.* Am. s. ♄ (écon.)
platanoïdes *l.*   *plane.* F. ♄
— laciniosum.   *— lacinié.*
pseudo-platanus *l.*   *sicomore.* F. ♄
campestre *l.*   *champêtre.* F. ♄
opalus *l.*   *opale.* F., Alpes. ♄
opulifolium *vill.*   *à feuill. d'obier.* F., Alpes. ♄
monspesulanum *l.*   *de Montpellier.* ♄ (orn.)
creticum *l.*   *de Crète.* ♄

HYPPOCRATEA   *HYPPOCRATEA*
  volubilis *l.*   *sarmenteux.* Am. m., s. ch. ♄

ORDO VII.

MALPIGHIÆ.

ORDRE VII.

LES MALPIGHIES.

BANISTERIA   *BANISTERIA*
  laurifolia *l.*   *à feuill. de laurier.* Am. m.
           s. ch. ♄
  tomentosa.   *cotonneux.* Am. m., s. ch. ♄
  periplocæfolia.   *à feuill. de périploca.* Am. m.
           s. ch. ♄

TRIOPTERIS   *TRIOPTERIS*
  jamaïcensis *l.*   *de la Jamaique.* s. ch. ♄

MALPIGHIA   *MALPIGHIA*
  glabra *l.*   *glabre.* Am. m., s. ch. ♄
  punicifolia *l.*   *à feuill. de grenadier.* Am. m.
           s. ch. ♄
  myrtifolia.   *à feuill. de myrte.* Am. m.
           s. ch. ♄
  urens *l.*   *brûlant.* Am. m., s. ch. ♄
  nitida *l.*   *luisant.* Am. m., s. ch. ♄
  macrophylla.   *à larges feuill.* Am. m., s. ch. ♄
  coccigera *l.*   *à feuill. de kermès.* Am. m.
           s. ch. ♄
  aquifolia *l.*   *à feuill. de houx.* Am. m., s. ch. ♄

TRIGONIA   *TRIGONIA*
  villosa *Aublet.*   *velu.* cayenne, s. ch. ♄

ERYTHROXYLUM   *ERYTHROXYLUM*
  hypericifolium *lmk.*   *à feuill. de millepertuis.* île
           de F., s. ch. ♄

ORDO VIII.

HYPERICA.

HYPERICUM.

1. Trigyna.

ægyptiacum L.
scabrum L.
coris L.
nummularium L.

pulchrum L.
tomentosum L.
elodes L.
crispum L.
humifusum L.
montanum L.
hirsutum L.
perforatum L.
quadrangulare L.
delphinense *vill.*
dubium *smith.*
canariense L.
androsæmum L.
hircinum L.
elatum *Desrouss.*
triplinerve *vent.*
prolificum L.
dolabriforme *vent.*
heterophyllum *vent.*

2. Styli 5.

richeri *vill.*
fimbriatum *Desrouss.*
amplexicaule *Desrouss.*
calycinum L.
chinense L.
balearicum L.

ORDO IX.

GUTTIFERÆ.

CLUSIA
rosea L.
MAMMEA
americana L.

ORDRE VIII.

LES MILLÉPERTUIS.

MILLÉPERTUIS.

1. 3 styles.

d'Egypte. or. ♄
rude. orient, or. ♄
verticillé. F., Alpes. ♄
à feuill. de nummulaire. F., Alpes. ♃

élégant. F. ♃
cotonneux. F. m., or. ♃
des marais. F. ♃
crépu. Barbarie. ♃
couché. F. ☉
de montagne. F. ♃
velu. F. ♃
officinal. F. ♃ (méd.)
tétragone. F. ♃

du Dauphiné. F., Alpes. ♃

des Canaries. or. ♄ (orn.)
androsème. F. ♄ (méd.)
fétide. orient. ♄
élevé. ♄
à 3 nervures. Am. s. ♃
prolifique. Am. s. ♄ (orn.)
en doloire. Am. s. ♃
à feuill. variables. perse, or. ♄

2. 5 styles.

de Richer. F., Alpes. ♃

amplexicaule. ♃
à grand calice. orient. ♄ (orn.)
de Chine. or. ♄ (orn.)
de Mahon. ♄

ORDRE IX.

LES GUTTIERS.

CLUSIA
rose. Am. m., s. ch. ♄
MAMMEA
abricot de St.-Domingue. s. ch. ♄ (alim.)

18

ORDO X.

AURANTIA.

I. Fructus monospermus.

BALANITES *Delisle.*
 ægyptiaca.
 xymenia ægyptiaca *L.* }

FISSILIA
 , psittacorum.

II. Fructus polyspermus baccatus.

MURRAYA
 sinica *L.*

CITRUS
 medica *L.*

 — acida.
 — cedra.
 — tuberosa.
 — balotina.
 — limon.
 — florentina.
 aurantium *L.*

 — olyssiponense.
 — violaccum.
 — multiflorum.
 — lunatum.
 — maximum.
 — bergamium.
 decumana *L.*
 sinense.
 trifolia *L.*

LIMONIA
 trifoliata *L.*

III. Fructus polyspermus capsularis.

TERNSTROMIA
 elliptica *swartz.*

THEA
 bohea *L.*
 — viridis.

CAMELLIA
 japonica *L.*

ORDRE X.

LES ORANGERS.

I. Fruit monosperme.

BALANITE
 d'Egypte. s. ch. ♄

FISSILIA
 bois de perroquet. île de F.,
 s. ch. ♄

II. Une baie polysperme.

MURRAYA
 buis de Chine. s.ch. ♄ (orn.)

CITRONNIER
 commun. inde , or. ♄ (écon.,
 méd.)

 — *aigre.*
 — *cédra.*
 — *poncire.*
 — *balotin.*
 — *lime-douce.*
 — *de Florence.*
 oranger. Asie , or. ♄ (écon.,
 méd.)

 — *de Portugal.*
 — *violet.*
 — *riche-dépouille.*
 — *turc.*
 — *chadec.*
 — *bergamotte.*
 pampelmouse. inde , or. ♄
 de Chine. or. ♄
 à feuill. ternées. Japon, or. ♄

LIMONIA
 à feuill. ternées. inde, s.ch. ♄

III. Une capsule polysperme.

TERNSTROMIA
 elliptique. Am.m., s. ch. ♄

THÉ
 bou. chine, or. ♄ (écon.,méd.)
 — *vert.*

CAMELLIA
 du Japon. or. ♄ (orn.)

ORDO XI.	ORDRE XI.
MELIÆ.	LES AZÉDARACS.
I. Folia simplicia.	I. Feuilles simples.

WINTERANIA
canella L.f.

WINTÉRANIA
canelle blanche. Am.m., s.ch. ♄ (méd.)

AYTONIA
capensis L.f.

AYTONIA
du Cap. or. ♄

II. Folia composita.

II. Feuilles composées.

PORTESIA *cav.*
ovata *cav.*

PORTÉSIA
à feuill. ovales. Am.m., s.ch. ♄

TRICHILIA
spondioïdes *jacq.*

TRICHILIA
à feuill. de monbin. Am. m., s. ch. ♄

GUAREA
trichilioïdes L.

GUAREA
faux trichilia. Am.m., s.ch. ♄

MELIA
azedarach L.

MÉLIA
azédarac. inde, or. ♄ (orn.)

SWIETENIA
mahogoni L.

SWIÉTÉNIA
mahogoni, acajou à meubles. Am.m., s.ch. ♄ (arts.)

CEDRELA
odorata L.

CÉDRELA
odorant, acajou à planches. Am.m., s. ch. ♄ (arts.)

ORDO XII.	ORDRE XII.
VITES.	LES VIGNES.

CISSUS
orientalis.
acida L.
quadrangularis L.
sicyoïdes L.
antarcticus *vent.*
quinquefolia.
hederacea *wild.*
hedera quinquefolia L.

CISSUS
d'orient. perse, or. ♄
acide. Am. m., s. ch. ♄
quadrangulaire. inde, s.ch. ♄
à feuill. dentées. Am.m., s.ch. ♄
antarctique. N. holl., or. ♄

vigne vierge. Am. s. ♄

VITIS
vinifera L.
laciniosa L.

VIGNE
cultivée. Asie. ♄ (écon.)
laciniée. ♄ (écon.)

vulpina *l.*	*de renard.* Am. s. ♄
labrusca *l.*	*cotonneuse.* Am. s. ♄
cordifolia *mich.*	*à feuill. en cœur.* Am. s. ♄
virginiana.	
rubra *mich.* Herb. }	*de Virginie.* Am. s. ♄
arborea *l.*	*à feuill. de persil.* Am. m., s. ch. ♄

ORDO XIII.

GERANIA.

ORDRE XIII.

LES GÉRANIUM.

GERANIUM.

GÉRANIUM.

1. *Staminibus 7 antheriferis.* (Pelargonia.)

1. 7 étamines fertiles. (*Les Pélargonium.*)

fulgidum *l.*	*couleur de feu.* cap, or. ♄ (orn.)
inquinans *l.*	*écarlate.* cap, or. ♄ (orn.)
— roseum.	— *rose.*
hybridum *l.*	*hybride.* cap, or. ♄ (orn.)
flabellatum.	*en éventail.* cap, or. ♄
zonale *l.*	*à zónes.* cap, or. ♄ (orn.)
— variegatum.	— *panaché.*
acetosum *l.*	*acide.* cap, or. ♄
glaucum *l.f.* }	*lancéolé.* cap, or. ♄
lanceolatum *cav.* }	
canum. }	*à feuill. blanches.* cap, or. ♄
tomentosum *Andr.* }	
peltatum *l.*	*en bouclier.* cap, or. ♄
grandiflorum *Andr.*	*à grandes fleurs.* cap, or. ♄ (orn.)
cortusæfolium *Jacq.* non *l'Her.*	*à feuill. de cortusa.* cap, or. ♄ (orn.)
hamatum *Jacq.* }	*à crochets.* cap, or. ♄ (orn.)
echinatum *curtis.* }	
tetragonum *l.*	*tétragone.* cap, or. ♄ (orn.)
reniforme *Andr.*	*réniforme.* cap, or. ♄
papilionaceum *l.*	*papilionacé.* cap, or. ♄ (orn.)
inodorum.	*inodore.* N. Holl., or. ♄
cotyledonis *l.*	*à feuill. de cotylédon.* cap, or. ♄
vitifolium *l.*	*à feuill. de vigne.* cap, or. ♄
angulosum *H. K.* }	*anguleux.* cap, or. ♄ (orn.)
acerifolium *cav.* }	
beaufortianum.	*de Beaufort.* cap, or. ♄ (orn.)
cucullatum *l.*	*capuchon.* cap, or. ♄ (orn.)
ribifolium *Jacq.*	*à feuill. de groseiller.* cap, or. ♄
tomentosum *Jacq.*	*drapé.* cap, or. ♄
rigidum *wild.*	*à feuill. dures.* cap, or. ♄

cordifolium *cav.* }
cordatum *h. k.* }
violarium *jacq.*   *à feuill. en cœur.* cap, or. ♄ (orn.)
    à fleurs de pensée. cap, or. ♄ (orn.)

ovale *l'her.*   *ovale.* cap, or. ♄
betulinum *l.*   *à feuill. de bouleau.* cap, or. ♄
— incisum.   *— incisé.*
formosissimum.   *élégant.* cap, or. ♄ (orn.)
capitatum *l.*   *à fleurs en tête.* cap, or. ♄ (orn.)

viscosum *cav.* }
glutinosum *l'her.* }
— laciniatum.   *visqueux.* cap, or. ♄
    — lacinié.
quercifolium *l.*   *à feuill. de chêne.* cap, or. ♄ (orn.)

terebinthinaceum *cav.* }
graveolens *l'her.* }
radula *cav.*   *térébinthinacé.* cap, or. ♄
scabrum *l.*   *radula.* cap, or. ♄ (orn.)
tricuspidatum *l'her.*   *rude.* cap, or. ♄
bicolor *jacq.*   *à 3 pointes.* cap, or. ♄
    de deux couleurs. cap, or. ♄ (orn.)

quinquevulnerum *andr.*   *à 5 taches.* cap, or. ♄ (orn.)
carnosum *l.*   *charnu.* cap, or. ♄
gibbosum *l.*   *gibbeux.* cap, or. ♄
ceratophyllum *l'her.*   *à feuill. cornues.* cap, or. ♄
exstipulatum *cav.*   *sans stipules.* cap, or. ♄
crispum *l.* }
hermanniæfolium *l. f.* }
ternatum *l. f.*   *crépu.* cap, or. ♄
trifidum *jacq.*   *trilobé.* cap, or. ♄
adulterinum *l'her.*   *trifide.* cap, or. ♄
incisum *andr.*   *adultérin.* cap, or. ♄
suaveolens.   *incisé.* cap, or. ♄
tabulare *l.* }   *suave.* cap, or. ♄
elongatum *cav.* }
alchimilloides *l.*   *à longs pédoncules.* cap, or. ♃
    à feuill. d'alchimille. cap, or. ♃

odoratissimum *l.*   *odorant.* cap, or. ♃
astragalifolium *jacq.* }
pinnatum *h. k.* }
multicaule *jacq.*   *à feuill. d'astragale.* cap, or. ♃
betonicum *cav.*   *à tiges nombreuses.* cap, or. ♃
coriandrifolium *l.*   *à feuill. de bétoine.* cap, or. ♃
    à feuill. de coriandre. cap, or. ♃

myrrhifolium *l.*   *à feuill. de myrrhis.* cap, or. ♃
lacerum *jacq.*   *lacéré.* cap, or. ♃
grossularioides *l.*   *filiforme.* cap, or. ♃

carneum *Jacq.*	*à petites fleurs.* cap, or. ♀
lobatum *L.*	*lobé.* cap, or. ♀
triste *L.*	*à fleurs brunes.* cap, or. ♀ (orn.)
daucifolium *cav.* ⎱	*à feuill. de carotte.* cap, or. ♀
flavum *Burm.* ⎰	(orn.)

2. Staminibus 5 antheriferis. (Erodia.)   2. 5 étamines fertiles. (*Les Erodium.*)

alpinum *Burm.*	*des Alpes.* italie. ♀
petræum *Gouan.*	*des rochers.* F., pyrénées. ♀
cicutarium *L.*	*à feuill. de ciguë.* F. ☉
romanum *L.*	*romain.* F. ☉
moschatum *L.*	*musqué.* F. ☉
hirtum *Forsk.*	*pubescent.* égypte, or. ♀
laciniatum *cav.*	*lacinié.* barbarie. ☉
maritimum *L.*	*maritime.* F. ☉
malacoïdes *L.*	*malacoïde.* F. m. ☉
glaucophyllum *L.*	*glauque.* égypte. ☉
ciconium *L.*	*bec de cigogne.* F. ☉
gruinum *L.*	*bec de grue.* F. ☉
geifolium *Desf.* ⎫	*à feuill. de bénoite.* barbarie,
hymenodes *l'Her.* ⎬	or. ♂ (orn.)
trifolium *cav.* ⎭	
pusillum *L.*	*petit.* F. ☉
chamædrioïdes *cav.* ⎱	*à feuill. de chamædris.* corse,
reichardi *Murr.* ⎰	or. ♀

3. Staminibus 10 antheriferis. (Gerania.)   3. 10 étamines fertiles. (*Les Géranium.*)

pyrenaïcum *L.*	*des Pyrénées.* F. ☉
tuberosum *L.*	*tubéreux.* italie. ♀
macrorhizum *L.*	*à grosse racine.* italie. ♀
anemonefolium *l'Her.* ⎱	*à feuill. d'anémone.* madère,
palmatum *cav.* ⎰	or. ♀
phæum *L.*	*brun.* F., Alpes. ♀
roseum *l'Her. mss.*	*rose.* F., Alpes. ♀
reflexum *L.*	*réfléchi.* F., Alpes. ♀
lividum *l'Her.*	*livide.* F., Alpes. ♀
nodosum *L.*	*noueux.* F., Alpes. ♀
striatum *L.*	*réticulé.* italie. ♀ (orn.)
aconitifolium *l'Her.*	*à feuill. d'aconit.* F., Alpes. ♀
sylvaticum *L.*	*des bois.* F., Alpes. ♀
maculatum *L.*	*tacheté.* Am. s. ♀
pratense *L.*	*des prés.* F. ♀
varium *l'Her.* ⎱	*cendré.* F., pyrénées. ♀
cineraceum *Lapeyr.* ⎰	
incanum *L.*	*incane.* cap, or. ♀
argenteum *L.*	*argenté.* F. m. ♀
robertianum *L.*	*herbe à Robert.* F. ♂
lucidum *L.*	*luisant.* F. ☉

bohemicum *L.*   *de Bohême.* ⊙
divaricatum *wild.*   *étalé.* hongrie. ⊙
carolinianum *L.* }   *de Caroline.* ⊙
lanuginosum *Jacq.* }
molle *L.*   *à feuill. molles.* F. ⊙
columbinum *L.*   *colombin.* F. ⊙
dissectum *L.*   *découpé.* F. ⊙
rotundifolium *L.*   *à feuill. rondes.* F. ⊙
sibiricum *L.*   *de Sibérie.* ⊙
sanguineum *L.*   *sanguin.* F. ♃

MONSONIA   MONSONIA
speciosa *L. f.*   *élégant.* cap, or. ♃

Genera geraniis affinia.   Genres qui ont de l'affinité avec les Géranium.

TROPÆOLUM   CAPUCINE
majus *L.*   *cultivée.* pérou. ⊙ (orn., écon.)
— multiplex.   — *à fleurs doubles.* s.ch. ♃
minus *L.*   *à petites fleurs.* pérou. ⊙

IMPATIENS   BALSAMINE
balsamina *L.*   *des jardins.* inde. ⊙ (orn.)
noli me tangere *L.*   *des bois.* F. ⊙

OXALIS.   OXALIS.

1. *Foliis ternatis, scapo unifloro.*   1. Feuilles ternées, hampe à une fleur.

acetosella *L.*   *des bois.* F. ♃ (écon., méd.)
purpurea *Jacq.*   *pourpre.* cap, or. ♃

2. *Foliis ternatis, scapo multifloro.*   2. Feuilles ternées, hampe à plusieurs fleurs.

violacea *L.*   *violet.* Am. s. ♃
cernua *Jacq.*   *incliné.* cap, or. ♃

3. *Foliis ternatis, pedunculis unifloris, caule inferne nudo.*   3. Feuilles ternées, pédoncules à une fleur, tige nue inférieurement.

versicolor *L.*   *bigarré.* cap, or. ♃

4. *Foliis ternatis, pedunculis unifloris, caule folioso.*   4. Feuilles ternées, pédoncules à une fleur, tige toute feuille.

incarnata *L.*   *incarnat.* cap, or. ♃

5. *Foliis ternatis, pedunculis multifloris, caule folioso.*   5. Feuilles ternées, pédoncules à plusieurs fleurs, tige feuillue.

corniculata *L.*   *cornu.* F. ♃
stricta *Jacq.*   *serré.* Am. s. ♃

ORDO XIV.

MALVACEÆ.

I. Stamina in tubum corolliferum connata indefinita . fructus multicapsularis, capsulæ capitatæ.

PALAVA cav.
   malvifolia cav.
   malope parviflora l'Her. }

MALOPE
   malacoïdes l.
   trifida cav.

KITAIBELIA wild.
   vitifolia wild.

II. Stamina in tubum corolliferum connata indefinita, fructus multicapsularis, capsula in orbem dispositæ aut in unam coalitæ.

MALVA.
   1. Foliis indivisis.
spicata l.
polystachia cav.
scoparia cav. et l'Her. non Jacq.
scabra cav.
americana l.
angustifolia cav.
   2. Foliis angulatis.
asperrima Jacq.
miniata cav.
fragrans cav.
capensis cav.
virgata cav.
abutiloides l.

peruviana l.
limensis l.
caroliniana l.
sherardiana l.
parviflora l.
verticillata l.
microcarpa.
rotundifolia l.
sylvestris l.
crispa l.
alcea l.

ORDRE XIV.

LES MALVACÉES.

I. Étamines indéfinies, réunies en un tube adhérent à la corolle, plusieurs capsules réunies en tête.

PALAVA
   à feuill. de mauve. Pérou. ☉

MALOPÉ
   à feuill. ovales. Barbarie. ♂
   à 3 lobes. Afr. s. ☉

KITAIBELIA
   à feuill. de vigne. Hongrie. ♈

II. Étamines indéfinies réunies en un tube adhérent à la corolle, plusieurs capsules disposées circulairement ou réunies en une seule.

MAUVE.
   1. Feuilles non-lobées.
à épis. Am. m., s. ch. ♄
à plusieurs épis. Pérou, s. ch. ♄
à balais. Pérou, s. ch. ♄
rude. Pérou, s. ch. ♄
d'Amérique. Am. m. ☉
à feuill. étroites. Mex., s. ch. ♄
   2. Feuilles anguleuses.
rapeuse. cap, or. ♄
rouge. s. ch. ♄ (orn.)
odorante. cap, or. ♄
du Cap. or. ♄
effilée. cap, or. ♄ (orn.)
à feuill. d'abutilon. Am. m., s. ch. ♄
du Pérou. ☉
de Lima. ☉
de Caroline. ☉
de Shérard. italie, or. ♂
à petites fleurs. Barbarie. ☉
verticillée. chine. ☉
à petit fruit. Égypte. ☉
à feuill. rondes. F. ♈ (méd.)
sauvage. F. ♂ (méd.)
crépue. orient. ☉
alcée. F. ♈

moschata *l.* — musquée. F. ♃
ægyptia *l.* — d'Egypte. ☉

LAVATERA. — *LAVATERA.*

   1. *Caule fruticoso.* —   1. Tige ligneuse.

arborea *l.* — en arbre. italie, or. ♄
micans *l.* — brillant. ESP., or. ♄
olbia *l.* — olbia. F. m., or. ♄
pseudo-olbia. — faux olbia. or. ♄
unguiculata. — onguiculé. or. ♄
triloba *l.* — à 3 lobes. F. m., or. ♄
lusitanica *l.* — de Portugal. or. ♄
maritima *gouan.* — maritime. F. m., or. ♄

   2. *Caule herbaceo.* —   2. Tige herbacée.

punctata *All.* — ponctué. NICE. ☉
cretica *l.* — de Crète. ☉
thuringiaca *l.* — du Tyrol. ☉
trimestris *l.* — à opercule. F. m. ☉

ALTHÆA et ALCEA *l.* — *ALTHÆA*

rosea *l.* — rose trémière. chine. ♂ (orn.)
— sinensis. — — de Chine.
ficifolia *l.* — à feuill. de figuier. sibérie. ♂
         (orn.)
pallida *wald.* — à fleurs pâles. Hongrie. ♂
officinalis *l.* — officinal. F. ♃ (méd.)
narbonensis *cav.* — de Narbonne. F. m. ♃
cannabina *l.* — à feuill. de chanvre. F. m. ♃
ludwigii *l.* — de Ludwig. sicile. ☉
hirsuta *l.* — velu. F. ☉

MALACHRA — *MALACHRA*
capitata *l.* — à fleurs en tête. AM. m. ☉,
alceæfolia *jacq.* — à feuill. d'alcéa. AM. m. ☉
triloba, — à 3 lobes. ☉

PAVONIA *cav.* — *PAVONIA*
urens *cav.* — piquant. île de F., s. ch. ♄
typhalea *cav.* — à 3 pointes. AM. m., s. ch. ♄
cuneifolia *cav.* ⎫
hibiscus præmorsus *l. f.* ⎬ — cunéiforme. cap, or. ♄
spinifex *cav.* ⎫
hibiscus spinifex *l.* ⎬ — épineux. AM. m., s. ch. ♄
— aristata. — — à longues arêtes.
zeylanica. ⎫
hibiscus zeylanicus *l.* ⎬ — de Ceylan. ☉

URENA — *URENA*
lobata *l.* — à feuill. lobées. AM. m., s. ch. ♄
sinuata *l.* — à feuill. sinuées. AM. m., s. ch. ♄

NAPÆA

    scabra *L.* }
    sida dioïca *cav.* }

    levis *L.* }
    sida napæa *cav.* }

SIDA

    spinosa *L.*
    frutescens *cav.*
    carpinifolia *L.*

    rhombifolia *L.*
    alnifolia *L.*
    unilocularis *l'Her.*
    retusa *L.*
    viscosa *L.*
    angustifolia *cav.*

    umbellata *L.*
    triquetra *L.*
    virgata *cav.*
    periplocifolia *L.*

    nutans *l'Her.*
    fragrans *l'Her.*
    ricinoïdes *l'Her.* }
    palmata *cav.* }
    nudiflora *l'Her.* }
    stellata *cav.* }
    crassifolia *l'Her.*

    mollissima *cav.*
    arborea *L. f.* }
    peruviana *cav.* }
    reflexa *cav.* }
    retrorsa *l'Her.* }
    tiliæfolia.

    gigantea *jacq.*
    palmata *cav.* }
    jatrophoïdes *l'Her.* }
    abutilon *L.*
    indica *L.*
    occidentalis *L.*
    asiatica *L.*
    crispa *L.*
    hirta *cav.* }
    pilosa *l'Her.* }
    mollis *ortéga.*

NAPÆA

    rude. AM. S. ♃

    lisse. AM. S. ♃

SIDA

    épineux. AM. m. ⊙
    arbrisseau. AM. m., s. ch. ♄
    à feuill. de charme. canaries, or. ♄

    rhomboïdal. inde, s. ch. ♄
    à feuill. d'aune. inde. ⊙
    à une loge. île de F. ⊙
    émoussé. inde. ⊙
    visqueux. AM. m., s. ch. ♄
    à feuill. étroites. île de BOURB., s. ch. ♄

    ombellifère. AM. m. ⊙
    triangulaire. AM. m., s. ch. ♄
    effilé. PÉROU, s. ch. ♄
    à feuill. de périploca. AM. m., s. ch. ♄

    à fleurs penchées. PÉR., s. ch. ♄
    odorant. AM. m., s. ch. ♄
    à feuill. de ricin. PÉROU. ⊙

    à fleurs nues. AM. m., s. ch. ♄
    à feuill. épaisses. AM. m., s. ch. ♄

    velouté. PÉROU, s. ch. ♄
    en arbre. PÉROU, s. ch. ♄

    réfléchi. PÉROU, s. ch. ♄
    à feuill. de tilleul. AM. m., s. ch. ♄

    gigantesque. AM. m., s. ch. ♄
    à feuill. palmées. PÉROU. ⊙

    abutilon. suisse. ⊙
    des Indes. s. ch. ♄
    d'occident. AM. m. ⊙
    d'Asie. inde. ⊙
    crépu. caroline. ⊙
    hérissé. inde. ⊙

    à feuill. molles. PÉROU, s. ch. ♄

mauritiana *l'Her.* — de *l'Ile-de-France.* s. ch. ♄

triloba *Jacq.* à 3 *lobes.* cap , or. ♄

hastata *L.* }
anoda hastata *cav.* } à *feuill. hastées.* mexique. ⊙

parviflora. }
anoda parviflora *cav.* } à *petites fleurs.* mexique. ⊙

III. Stamina in tubum corolliferum connata indefinita , fructus simplex multilocularis.

III. Étamines indéfinies réunies en un tube adhérent à la corolle , une capsule à plusieurs loges.

HIBISCUS

solandra *l'Her.* — }
solandra lobata *Murray.* } à 3 *lobes.* île de Bourbon. ⊙

palustris *L.* *des marais.* Am. s. ♃ (orn.)

moscheutos *L.* *moscheutos.* Am. s. ♃ (orn.)

speciosus *H. K.* *lacinié.* Am. s. ♃ (orn.)

pentacarpos *L.* à 5 *fruits.* italie. ♃

populneus *L.* à *feuill. de peuplier.* inde , s. ch. ♄

tiliaceus *L.* à *feuill. de tilleul.* inde , s. ch. ♄

mutabilis *L.* à *fleurs changeantes.* inde , s. ch. ♄

rosa-sinensis *L.* *rose de Chine.* s. ch. ♄ (orn.)

phœniceus *L. f.* *rose.* inde , s. ch. ♄

syriacus *L.* *mauve en arbre.* orient. ♄ (orn.)

ficulneus *L.* à *feuill. de figuier.* ceylan , s. ch. ♄

manihot *L.* à *grandes fleurs.* inde , s. ch. ♄

flabellatus. *en éventail.* N. holl., s. ch. ♄

cannabinus *L.* à *feuill. de chanvre.* inde. ⊙

digitatus. *digité.* s. ch. ♄

abelmoschus *L.* *abelmosc.* inde , s. ch. ♄

esculentus *L.* *comestible.* inde. ⊙ (écon.)

sabdariffa *L.* *oseille de Guinée.* inde. ⊙

tubulosus *cav.* *tubulé.* inde. ⊙

vitifolius *L.* à *feuill. de vigne.* inde , s. ch. ♄

trionum *L.* *vésiculeux.* italie. ⊙

MALVAVISCUS *cav.* MALVAVISCUS

arboreus *cav.* }
achania malvaviscus *H. K.* } *en arbre.* Am. m. , s. ch. ♄

LAGUNEA LAGUNEA

squamea *Vent.* }
hibiscus patersonius *Andr.* } *écailleux.* N. holl. , or. ♄

REDUTEA *Vent.* RÉDUTÉA

heterophylla *Vent.* à *feuill. variables.* Am. m. , s. ch. ♂

GOSSYPIUM
  herbaceum *l.*
  micranthum *cav.*
  arboreum *l.*
  hirsutum *l.*
  vitifolium *lmk.*
  purpurascens.

COTONNIER
  de Malthe. syrie, or. ♄ (écon.)
  à petites fleurs. perse, s.ch. ♄
  en arbre. inde, s.ch. ♄
  velu. Am. m., s. ch. ♄
  à feuill. de vigne. inde, s.ch. ♄
  pourpre. Am. m., s. ch. ♃

IV. Stamina basi in urceolum sessilem connata, omnia fertilia, definita aut indefinita.

IV. Étamines toutes fertiles, définies ou indéfinies, filets réunis à la base en un corps cylindrique sessile et évasé.

MELOCHIA
  pyramidata *l.*
  corchorifolia *l.*
  mollissima.
  tomentosa *l.*

MÉLOCHIA
  pyramidal. brésil, s.ch. ♃
  à feuill. de corète. inde. ☉
  velouté. Am. m., s. ch. ♄
  cotonneux. Am. m., s. ch. ♄

STUARTIA
  malachodendron *l.*
  pentagyna *l.*

STUARTIA
  à 1 style. caroline, or. ♄
  à 5 styles. virginie. ♄

GORDONIA
  lasianthus *l.*
  pubescens *lmk.*

GORDONIA
  à feuill. glabres. carol., or. ♄
  pubescent. caroline, or. ♄

BOMBAX
  ceiba *l.*

FROMAGER
  Ceiba. Am. m., s.ch. ♄

ADANSONIA
  digitata *l.*

BAOBAB
  digité, pain de singe. Afr. m., s. ch. ♄

V. Stamina basi in urceolum sessilem connata, sterilia fertilibus intermixta, definita aut indefinita.

V. Étamines définies ou indéfinies, les unes stériles, les autres fertiles; filets réunis à la base en un cylindre sessile et évasé.

PENTAPETES
  phœnicea *l.*

PENTAPÉTÈS
  écarlate. inde. ☉

THEOBROMA
  cacao *l.*
  cacao sativa *lmk.* }

CACAO
  cultivé. Am. m., s.ch. ♄ (écon.)

ABROMA *jacq.* (*Theobroma l.*)
  fastuosa *jacq.*
  ambroma augusta *l. f.* }

ABROMA
  à larges feuill. inde, s. ch. ♄

GUAZUMA *juss.* (*Theobroma l.*)
  ulmifolia.
  theobroma guazuma *l.*
  bubroma guazuma *wild.* }

GUAZUMA
  à feuill. d'orme. Am. m., s.ch. ♄

DOMBEYA *cav.*
  ferruginea *cav.*

DOMBEYA
  ferrugineux. île de F., s. ch. ♄

BYTTNERIA
  ovata *Lmk.*

VI. *Stamina basi in urceolum germini arcte circumpositum et cum ipso stipitatum connata, plerumque definita et fertilia.*

AYENIA
  pusilla *L.*

HELICTERES
  isora *L.* }
  jamaïcensis *Lmk.* }

STERCULIA
  balanghas *L.*
  platanifolia *L.*

  fœtida *L.*

ORDO XV.

MAGNOLIÆ.

ILLICIUM
  floridanum *L.*
  parviflorum *vent.*

MAGNOLIA
  grandiflora *L.*

  glauca *L.*
  acuminata *L.*
  tripetala *L.* }
  umbrella *Lmk.* }
  macrophylla *Mich.*
  auriculata *Mich.*
  purpurea *curtis.* }
  obovata *Thunb.* }
  discolor *vent.* }
  pumila *Andr.*

LIRIODENDRON
  tulipifera *L.*

  Genera magnoliis affinia.

DILLENIA
  scandens *wild.*

OCHNA
  nitida *L.*

BYTTNÉRIA
  à feuill. ovales. pérou, s. ch. ♄.

VI. Étamines ordinairement définies et fertiles, filets réunis à la base autour de l'ovaire en un cylindre porté sur un pédicelle.

AYENIA
  petit. Am. m., s. ch. ♂

HÉLICTÉRÈS
  isora. Am. m., s. ch. ♄

STERCULIA
  balanghas. inde, s. ch. ♄
  à feuill. de platane. chine, or. ♄
  fétide. inde, s. ch. ♄

ORDRE XV.

LES MAGNOLIERS.

BADIANE
  de la Floride. or. ♄ (écon.)
  à petites fleurs. floride, or. ♄

MAGNOLIA
  à grandes fleurs. floride, or. ♄ (orn.)
  glauque. virginie. ♄ (orn.)
  à feuill. aiguës. Am. s. ♄ (orn.)
  ombrelle. Am. s. ♄ (orn.)
  à grandes feuill. Am. s. ♄ (orn.)
  auriculé. caroline. ♄ (orn.)
  pourpre. chine, s. ch. ♄ (orn.)
  petit. chine, s. ch. ♄ (orn.)

TULIPIER
  de Virginie. ♄ (orn.)

Genres qui ont de l'affinité avec les Magnoliers.

DILLENIA
  sarmenteux. N. Holl., or. ♄

OCHNA
  à feuill. luisantes. Am. m., s. ch. ♄

ORDO XVI.

ANONÆ.

ANONA
squamosa L.

muricata L.

cherimolia *miller.* }
tripetala *H. K.* }
glabra L.
reticulata L.
triloba L.

ORDO XVII.

MENISPERMA.

CISSAMPELOS
pareira L.

MENISPERMUM
canadense L.
virginicum L.
carolinianum L.

ORDO XVIII.

BERBERIDES.

BERBERIS
vulgaris L.
— rubra.
— violacea.
— canadensis.
cretica L.
sibirica *pallas.*
sinensis.

EPIMEDIUM
alpinum L.

HAMAMELIS
virginiana L.

ORDRE XVI.

LES ANONES.

ANONE
écailleuse , pomme canelle.
inde. s. ch. ♄ (alim.)
hérissée , cachiman. Am. m.,
s. ch. ♄ (alim.)
chérimolia. Pérou , s. ch. ♄
(alim.)
glabre. Am. m., s. ch. ♄
cœur de bœuf. Am. m., s. ch. ♄
à 3 lobes , assiminier. Am. s. ♄

ORDRE XVII.

LES MÉNISPERMES.

CISSAMPELOS
pareira-brava. Am. m., s. ch. ♀
(méd.)

MÉNISPERME
de Canada. ♄
de Virginie. ♄
de Caroline. ♄

ORDRE XVIII.

LES VINETTIERS.

BERBÉRIS
épine-vinette. F. ♄ (écon., méd.)
— à fruit rouge.
— à fruit violet.
— de Canada.
de Crète. ♄
de Sibérie. ♄
de Chine. ♄

ÉPIMÉDIUM
des Alpes. F. ♀

HAMAMELIS
de Virginie. Am. s. ♄

ORDO XIX.

TILIACEÆ.

I. Stamina basi monadelpha definita.

WALTHERIA
    americana *L.*
    arborescens *cav.*
    indica *jacq.*

HERMANNIA
    denudata *L.f.*
    hyssopifolia *L.*
    lavandulifolia *L.*
    althæifolia *L.*
    cuneifolia *L.*
    alnifolia *L.*
    micans *schrad.*
    latifolia *jacq.*
    scabra *cav.*
    multiflora *jacq.*

MAHERNIA
    pinnata *L.*
    glabrata *L.f.*

II. Stamina distincta, plerumque indefinita, fructus multilocularis.

CORCHORUS
    hirsutus *L.*
    siliquosus *L.*
    trilocularis *L.*
    olitorius *L.*
    hirtus *jacq.* an *lin.*
    æstuans *L.*
    tridens *L.*

HELIOCARPUS
    americanus *L.*

TRIUMFETTA
    lappula *L.*

FLACURTIA *l'Her.*
    ramontchi *l'Her.*

GREWIA
    nitida *juss.*
    orientalis *L.*
    occidentalis *L.*

ORDRE XIX.

LES TILLEULS.

I. Étamines définies, filets réunis à la base.

WALTHÉRIA

    d'Amérique. s. ch. ♄

HERMANNIA

    lisse. cap, or. ♄
    à feuill. d'hysope. cap, or. ♄
    à feuill. de lavande. cap, or. ♄
    à feuill. d'althéa. cap, or. ♄
    cunéiforme. cap, or. ♄
    à feuill. d'aune. cap, or. ♄

    à feuill. brillantes. cap, or. ♄

    rude. cap., or. ♄
    à fleurs nombr. cap, or. ♄

MAHERNIA

    à feuill. pennées. cap, or. ♄
    lisse. cap, or. ♄

II. Étamines distinctes, ordinairement indéfinies, fruit à plusieurs loges.

CORCHORUS

    velu. Am. m., s. ch. ♄
    siliqueux. Am. m., s. ch. ♄
    à 3 loges. inde. ☉
    cultivé. Afr. ☉ (alim.)
    hérissé. Am. m. ☉
    à 6 pointes. Am. m. ☉
    à 3 pointes. inde. ☉

HÉLIOCARPUS

    d'Amérique. Am. m., s. ch. ♄

TRIUMFETTA
    hérissé. Am. m., s. ch. ♄

FLACURTIA
    ramontchi. inde, s. ch. ♄

GREWIA

    luisant. chine, s. ch. ♄
    d'orient. inde, s. ch. ♄
    d'occident. cap, or. ♄

TILIA
 sylvestris.
 europæa L.
 pubescens H. K.
 americana L.
 alba H. K.

TILLEUL
 sauvage. F. ♄ (orn., méd.)
 commun. F. ♄ (orn., méd.)
 pubescent. AM. S. ♄ (orn.)
 d'Amérique. AM. S. ♄ (orn.)
 argenté. AM. S. ♄ (orn.)

III. *Stamina distincta indefinita, fructus unilocularis.*

III. Étamines distinctes indéfinies, fruit à une loge.

BIXA
 orellana L.

ROCOU
 cultivé. AM. m., s. ch. ♄ (arts.)

ORDO XX.

CISTI.

ORDRE XX.

LES CISTES.

CISTUS.

 1. *Corollæ albæ aut flavescentes.*
 populifolius L.
 laurifolius L.
 ladaniferus L.
 — maculatus.
 monspeliensis L.
 salvifolius L.

  2. *Corollæ roseæ.*
 symphitifolius Lmk. ⎫
 vaginatus H. K. ⎭
 purpureus Lmk.
 villosus L.
 complicatus Lmk.
 incanus L.
 heterophyllus Desf.
 albidus L.
 crispus L.
 creticus L.

CISTE.

 1. Corolles blanches ou jaunâtres.
 à feuill. de peuplier. ESP., or. ♄
 à feuill. de laurier. F. m., or. ♄
 ladanifère. ESP., or. ♄
 — *tacheté.*
 de Montpellier. F. m., or. ♄
 à feuill. de sauge. F. m., or. ♄

  2. Corolles roses.
 à feuill. de consoude. canaries.
  or. ♄
 pourpre. orient, or. ♄
 velu. ESP., or. ♄
 plissé. orient, or. ♄
 incâne. orient, or. ♄
 à feuill. diverses. BARB., or. ♄
 cotonneux. F. m., or. ♄
 crépu. F. m., or. ♄
 de Crète. or. ♄ (méd.)

HELIANTHEMUM (*Cistus* L.).

 1. *Exstipulata fruticosa.*
 umbellatum L.
 halimifolium L.
 ocymoides Lmk.
 alyssoides Lmk.
 calycinum L.
 levipes L.
 fumana L.
 œlandicum L.
 marifolium L.

HÉLIANTHÈME.

 1. Tiges ligneuses, point de stipules.
 ombellifère. F. ♄
 à feuill. d'halime. F. m., or. ♄
 à feuill. de basilic. ESP., or. ♄
 à feuill. d'alysson. F. ♄
 à grand calice. BARBAR., or. ♄
 glauque. F. m., or. ♄
 fumana. F. ♄
 d'œland. F. ♄
 à feuill. de marum. F. ♄

2. *Stipulata fruticosa.*

squamatum ʟ.
lippii ʟ.
canariense ʟ.
lavandulæfolium ʟmk. }
syriacum ʃacq. }
serpyllifolium ʟ.
thymifolium ʟ.
pilosum ʟ.
racemosum ʟ.
vulgare ʟ.
— latifolium.
mutabile ʃacq.

3. *Exstipulata herbacea.*

guttatum ʟ.
canadense ʟ.

4. *Stipulata herbacea.*

ledifolium ʟ.
salicifolium ʟ.
niloticum ʟ.
ægyptiacum ʟ.

Genera cistis affinia, fructu trivalvi, valvis seminiferis, sed definite staminiféra.

VIOLA.

1. *Acaules.*

hirta ʟ.
palustris ʟ.
odorata ʟ.

2. *Caulescentes, stipulis indivisis.*

cenisia ʟ.
canina ʟ.
mirabilis ʟ.
canadensis ʟ.
montana ʟ.
biflora ʟ.
verticillata *ortéga.*

3. *Stipulis pinnatifidis.*

tricolor ʟ.
— hortensis.
rothomagensis.
grandiflora ʟ.
calcarata ʟ.
cornuta ʟ.

2. Tiges ligneuses, feuilles accompagnées
de stipules.

écailleux. ᴇsp., or. ♄
de Lippi. égypte. ☉
des Canaries. or. ♄
à feuill. de lavande. ꜰ.m., or. ♄
à feuill. de serpolet. ꜰ., ᴀlp. ♄
à feuill. de thym. ꜰ.m., or. ♄
velu. ꜰ. ♄
à grappes. ᴇsp., or. ♄
commun. ꜰ. ♄
— à larges feuill.
à fleurs changeantes. ꜰ.m. ♄

3. Tiges herbacées, point de stipules.

maculé. ꜰ. ☉
de Canada. ☉

4. Tiges herbacées, feuilles accompagnées
de stipules.

à feuill. de lédum. ꜰ.m. ☉
à feuill. de saule. ꜰ.m. ☉
du Nil. ☉
d'Egypte. ☉

Genres qui ont de l'affinité avec les Cistes,
fruit à 3 valves, graines attachées aux
valves, étamines définies.

VIOLETTE.

1. Tige nulle.

velue. ꜰ. ♃
des marais. ꜰ. ♃
odorante. ꜰ. ♃ (orn., méd.)

2. Une tige, stipules entières.

du mont Cénis. ꜰ., ᴀlpes. ♃
de chien. ꜰ. ♃
sans corolle. ꜰ. ♃
de Canada. ♃
de montagne. ꜰ., ᴀlpes. ♃
à 2 fleurs. ꜰ., ᴀlpes. ♃
verticillée. ᴍexique. ☉

3. Stipules pinnatifides.

tricolor. ꜰ. ☉
— pensée. (orn.)
de Rouen. ꜰ. ♃
à grandes fleurs. ꜰ., ᴘyrén. ♃
à long éperon. ꜰ., ᴀlpes. ♃
cornue. ꜰ., ᴘyrénées. ♃

20

ORDO XXI.

RUTÆ.

I. *Folia stipulacea sæpius opposita.*

TRIBULUS
  terrestris *l.*
  cistoïdes *l.*

FAGONIA
  cretica *l.*

ZYGOPHYLLUM
  fabago *l.*
  morgsana *l.*
  album *l.*

GUAIACUM
  sanctum *l.*

II. *Folia sæpius alterna nuda.*

BORONIA *smith.*
  pinnata *smith.*

CORREA *Andr.* (*Mazeutoxeron* Bill.)
  alba *Andr.*

CROVEA *Andr.*
  saligna *Andr.*

RUTA
  sylvestris *mill.*
  legitima *Jacq.*
  montana *H. K.*
  graveolens *l.*
  chalepensis *l.*
  linifolia *l.*

PEGANUM
  harmala *l.*

DICTAMNUS
  albus *l.*

  Genera rutis affinia.

MELIANTHUS
  major *l.*
  minor *l.*
  comosus *vahl.*

ORDRE XXI.

LES RUES.

I. Feuilles ordinairement opposées, accompagnées de stipules.

TRIBULUS
  hérissé. F. ☉
  à fleurs de ciste. Am, m. ☉

FAGONIA
  de Crète. orient, s. ch. ♂

FABAGELLE
  commune. orient. ♃
  membraneuse. cap, or. ♄
  à fleurs blanches. barb., or. ☉

GAIAC
  commun. Am. m., s. ch. ♄
    (méd, arts.)

II. Feuilles ordinairement alternes et sans stipules.

BORONIA
  à feuilles pennées. N. holl., or. ♄

CORRÉA
  à fleurs blanches. N. holl., or. ♄

CROVÉA
  à feuill. de saule. N. holl., or. ♄

RUE

  sauvage. Barbarie, or. ♄

  puante. F. m. ♃ (méd.)
  ciliée. Arabie, or. ♄
  à feuill. de lin. Esp., or. ♃

PÉGANUM
  harmala. Barbarie. ♃

FRAXINELLE
  cultivée. F. m. ♃ (orn.)

Genres qui ont de l'affinité avec les Rues.

MÉLIANTE
  à larges feuill. cap., or. ♄
  à feuill. étroites. cap, or. ♄
  velu. cap, or. ♄

DIOSMA	DIOSMA
rubra *l.*	*rouge.* cap, or. ♄ (orn.)
ericoïdes *l.*	*à feuill. de bruyère.* cap, or. ♄ (orn.)
ciliata *l.*	*cilié.* cap, or. ♄ (orn.)
hirsuta *l.*	*velu.* cap, or. ♄ (orn.)

ORDO XXII.

CARYOPHYLLEÆ.

I. Calix partitus, stamina 3, stylus 1 aut sæpius 3.

ORTEGIA
  hispanica *l.*

HOLOSTEUM
  umbellatum *l.*

POLYCARPON
  tetraphyllum *l.*

MOLLUGO
  verticillata *l.*

MINUARTIA
  campestris *l.*
  dichotoma *l.*

POLYCARPEA *lmk.*
  teneriffæ *lmk.*

QUERIA
  canadensis *l.*

II. Calix partitus, stamina 4, styli 2 aut 4.

BUFONIA
  tenuifolia *l.*

SAGINA
  procumbens *l.*
  erecta *l.*
  cerastioïdes *smith.*

III. Calix partitus, stamina 5 ad 8, styli 2, 3 aut 4.

ALSINE
  media *l.*
  segetalis *l.*
  mucronata *l.*

PHARNACEUM
  cerviana *l.*

ORDRE XXII.

LES CARYOPHYLLÉES.

I. Calice partagé, 3 étamines, 1 à 3 styles.

ORTÉGIA
  d'Espagne. ☉

HOLOSTÉUM
  ombellifère. F. ☉

POLYCARPON
  à 4 feuill. F. ☉

MOLLUGO
  verticillé. AM. S. ☉

MINUARTIA
  des champs. ESP. ☉
  dichotome. ESP. ☉

POLYCARPEA
  de Ténériffe. ☉

QUÉRIA
  de Canada. ☉

II. Calice partagé, 4 étamines, 2 ou 4 styles.

BUFONIA
  à feuill. menues. F. ☉

SAGINA
  couché. F. ☉
  droit. F. ☉
  à feuill. de cérastium. F. ☉

III. Calice partagé, 5 à 8 étamines, 2, 3 ou 4 styles.

MORGELINE
  des oiseaux. F. ☉
  des moissons. F. ☉
  pointue. F. ☉

PHARNACEUM
  filiforme. ESP. ☉

MOERHINGIA
  muscosa *L.*

MOERHINGIA
  touffu. F., Alpes. ♃

ELATINE
  hydropiper *L.*
  alsinastrum *L.*

ÉLATINÉ
  à feuill. de serpolet. F. ☉
  verticillé. F. ☉

IV. Calix partitus, stamina 10, styli 3 aut 5.

IV. Calice partagé, 10 étamines, 3 à 5 styles.

SPERGULA
  nodosa *L.*
  arvensis *L.*
  pentandra *L.*
  saginoïdes *L.*

ESPARGOUTTE
  noueuse. F. ♃
  des champs. F. ☉
  à 5 étamines. F. ☉
  à feuill. de sagina. F. ♃

CERASTIUM.

  1. *Capsulis oblongis.*

  perfoliatum *L.*
  vulgatum *L.* ⎱
  viscosum *curtis.* ⎰
  semidecandrum *L.*
  viscosum *L.* ⎱
  vulgatum *curtis.* ⎰
  dichotomum *L.*
  arvense *L.*
  alpinum *L.*

  2. *Capsulis subrotundis.*

  latifolium *L.*
  tomentosum *L.*
  aquaticum *L.*

CÉRASTIUM.

  1. Capsules oblongues.

  perfolié. orient. ☉
  commun. F. ☉

  à 5 étamines. F. ☉

  visqueux. F. ♃

  dichotome. Esp. ☉
  des champs. F. ♃
  des Alpes. F. ♃

  2. Capsules presque rondes.

  à larges feuill. F., Alpes. ♃
  cotonneux. F. ♃
  aquatique. F. ♃

CHERLERIA
  sedoïdes *L.*

CHERLERIA
  sédoïde. F., Alpes. ♃

ARENARIA
  peploïdes *L.*
  tetraquetra *L.*
  biflora *L.*
  trinervis *L.*
  spathulata *Desf.*
  ciliata *L.*
  serpyllifolia *L.*
  balearica *l'Her.*
  montana *L.*
  rubra *L.*
  media *L.*
  dianthoïdes *smith.*
  cucubaloïdes *smith.*
  saxatilis *L.*
  striata *L.*

ARÉNARIA
  à feuill. de peplis. F. ♃
  tétragone. F. m. ♃
  à 2 fleurs. F., Alpes. ♃
  à 3 nervures. F. ☉
  en spatule. Barbarie ☉
  cilié. F., Alpes. ♃
  à feuill. de serpolet. F. ☉
  de Mahon. ♃
  de Montagne. F. ♃
  à fleurs rouges. F. ☉
  membraneux. F. ☉
  à feuill. d'œillet. orient. ♃
  à fleurs de behen. orient. ♃
  des rochers. F. ♃
  strié. F. ♃

verna *l.*
tenuifolia *l.*
fasciculata *l.*
triflora *l.*

printanier. F. ♃
à feuill. menues. F. ☉
fasciculé. F. ☉
à 3 fleurs. F. ♃

STELLARIA
  nemorum *l.*
  holostea *l.*
  graminea *l.*
  uliginosa *curtis.* }
  alsine *wild.* }

STELLULAIRE
  des bois. F. ♃
  des haies. F. ♃
  à feuill. de gramen. F. ♃

  des marais. F. ☉

V. Calix tubulosus, stamina 10, styli 2, 3
aut 5.

V. Calice en tube, 10 étamines, 2, 3 ou
5 styles.

GYPSOPHILA
  repens *l.*
  viscosa *murray.*
  paniculata *l.*
  — grandiflora.
  altissima *l.*
  strutium *l.*
  fastigiata *lmk.* an *lin?*
  perfoliata *l.*
  muralis *l.*
  saxifraga *l.*

GYPSOPHILA
  rampant. F., Alpes. ♃
  visqueux. orient. ☉
  paniculé. sibérie. ♃
  — à grandes fleurs.
  élevé. sibérie. ♃
  strutium. ESP., or. ♄
  corymbifère. suisse. ♃
  perfolié. ESP. ♃
  des murailles. F. ♂
  caliculé. F. ♃

SAPONARIA
  officinalis *l.*
  vaccaria *l.*
  ocymoïdes *l.*
  lutea *l.*
  orientalis *l.*
  porrigens *l.*

SAPONAIRE
  officinale. F. ♃ (méd., écon.)
  anguleuse. F. ☉
  à feuill. de basilic. F. ♃
  jaune. F., Alpes. ♃
  d'orient. ☉
  à longs pédoncules. orient. ☉

DIANTHUS.
    1. *Flores aggregati.*

  barbatus *l.*
  carthusianorum *l.*
  armeria *l.*
  prolifer *l.*
  atrorubens *all.*
  ferrugineus *l.*
  collinus *wald.*

OEILLET.
    1. Fleurs rapprochées.

  de poète. F. ♂ (orn.)
  à 5 nervures. F. ♃
  velu. F. ☉
  prolifère. F. ☉
  brun-pourpre. F., Alpes. ♂
  rouillé. italie. ♂
  des côllines. hongrie. ♃

  2. *Flores solitarii plures in eodem caule.*

  corymbosus.
  caryophyllus *l.*
  — ruber.
  moschatus *mayer.*

  2. Plusieurs fleurs solitaires sur la même
    tige.

  corymbifère. ♃ (orn.)
  des jardins. F. ♃ (orn.)
  — ratafiat.
  mignardise. ♃ (orn.)

plumarius L.	plume. F., Alpes. ♃ (orn.)
superbus L.	superbe. F., Alpes. ♃ (orn.)
chinensis L.	de Chine. ⊙ (orn.)
deltoïdes L.	deltoïde. F. ♃
attenuatus smith.	aminci. F. m. ♃
leptopetalus marschal.	à pétales linéaires. russie. ♃

3. *Caule subunifloro herbaceo.*	3. Tige herbacée ordinairement à une fleur.
alpinus L.	des Alpes. F. ♃
4. *Caule fruticoso.*	4. Tige ligneuse.
arboreus L.	à feuill. épaisses. orient. or. ♄
fruticosus L.	à feuill. aiguës. orient. or. ♄

SILENE.

SILÉNÉ.

1. *Floribus solitariis lateralibus.*	1. Fleurs solitaires latérales.
lusitanica L.	de Portugal. ⊙
quinquevulnera L.	à 5 taches. F. ⊙
cerastioïdes L.	échancré. F. ⊙
gallica L.	non-denté. F. ⊙
tridentata Desf.	à 3 dents. F. m. ⊙
nocturna L.	nocturne. F. m. ⊙
sericea All.	soyeux. F. m. ⊙

2. *Floribus lateralibus confertis.*	2. Fleurs latérales ramassées.
arenaria Desf.	des sables. barbarie. ⊙
nutans L.	à fleurs penchées. F. ♃
amœna L.	à fleurs ternées. tartarie. ♃
paradoxa L.	odorant. italie. ♃
fruticosa L.	arbrisseau. sicile, or. ♄
buplevroïdes L.	à feuill. de buplèvre. orient. ♃
gigantea L.	gigantesque. Afr., or. ♂
viridiflora L.	à fleurs vertes. F., Alpes. ♂

3. *Floribus ex dichotomia caulis.*	3. Fleurs dans les bifurcations des tiges.
sedoïdes Desf.	à feuill. de sédum. barbar. ⊙
conoïdea L.	à gros fruit. F. ⊙
conica L.	conique. F. ⊙
behen L.	faux béhen. orient. ⊙
noctiflora L.	noctiflore. suisse. ⊙
maritima wild.	maritime. F. ♃
antirrhina L.	à feuill. de linaire. Am. s. ⊙
inaperta L.	fermé. Eur. Austr. ⊙
polyphylla L.	fasciculé. Allemagne. ⊙
portensis L.	paniculé. portugal. ⊙
apetala wild.	apétale. ⊙
cretica L.	de Crète. ⊙
muscipula L.	gobbe-mouche. F. m. ⊙
rubella L.	incarnat. orient. ⊙

bipartita *Desf.*	*à fleurs roses*. barb. ⊙ (orn.)
stricta *L.*	*à fleurs serrées*. f. m. ⊙
4. *Floribus terminalibus.*	4. Fleurs terminales.
chloræfolia *smith.*	*à feuill. de chlora.* orient, or. ♃
picta.	*à réseau.*
armeria *L.*	*à bouquets.* f. ⊙ (orn.)
atocion *L.* ⎫	
orchidea *L. f.* ⎭	*atocion.* orient. ⊙
rupestris *L.*	*des rochers.* f., Alpes. ♂
alpestris *Jacq.*	*à 4 dents.* f. ♃
saxifraga *L.*	*saxifrage.* f., Alpes. ♃
vallesia *L.*	*du Valais.* f., Alpes ♃
acaulis *L.*	*sans tige.* f., Alpes. ♃
Cucubalus	BÉHEN
stellatus *L.*	*étoilé.* Am. s. ♃
bacciferus *L.*	*baccifère.* f. ♃
behen *L.*	*commun.* f. ♃
— alpinus.	— *des Alpes.*
— angustifolius.	— *à feuill. étroites.*
roseus.	*à fleurs roses.*
fabarius *wild.*	*dichotome.* sicile. ♃
tataricus *L.*	*de Tartarie.* ♃
sibiricus *L.*	*de Sibérie.* ♃
multiflorus *wild.*	*à fleurs nombreuses.* hongr. ♃
cæspitosus.	*touffu.* ♃
viscosus *L.*	*visqueux.* italie. ♂
catholicus *L.*	*de Rome.* ♃
otites *L.*	*dioïque.* f. ♃
Lychnis	Lychnis
grandiflora *Jacq.* ⎫	*à grandes fleurs.* japon, or. ♃
coronata *thunb.* ⎭	(orn.)
chalcedonica *L.*	*croix de Jérusalem.* russie. ♃
	(orn.)
flos-cuculi *L.*	*des prés.* f. ♃
viscaria *L.*	*visqueux.* f. ♃
alpina *L.*	*des Alpes.* f. ♂
dioïca *L.*	*dioïque.* f. ♃
— rubra.	— *rouge.*
Githago	Githago
segetum. ⎫	*nielle des blés.* f. ⊙
agrostema githago *L.* ⎭	
Agrostema	Agrostéma
coronaria *L.*	*coquelourde.* f. ♂ (orn.)
flos-jovis *L.*	*rose.* f., Alpes. ♃ (orn.)
cœli-rosa *L.*	*maritime.* f. m. ⊙ (orn.)

VI. *Calix tubulosus , stamina pauciora quam 10 , styli 2 aut 3.*

VELEZIA
rigida L.

SAROTHRA
gentianoïdes L.

Genera caryophylleis affinia.

FRANKENIA
levis L.
pulverulenta L.
hirsuta L.

LINUM.

1. *Floribus cæruleis , albis aut rubentibus.*

usitatissimum L.

perenne L.
narbonense L.
tenuifolium L.
alpinum L.
catharticum L.
radiola L.

2. *Floribus luteis.*

gallicum L.
strictum L.
suffruticosum L.
maritimum L.
campanulatum L.

VI. Calice en tube, moins de 10 étamines, 2 ou 3 styles.

VÉLÉZIA
à feuill. roides. ESP. ⊙

SAROTHRA
filiforme. AM. S. ⊙

Genres qui ont de l'affinité avec les Caryophyllées.

FRANKENIA
lisse. F. M. ♃
pulvérulent. F. M. ⊙
velu. orient.

LIN.

1. Fleurs bleues , blanches ou rouges.

cultivé. EUR. AUSTR. ⊙ (écon. méd.)

vivace. sibérie. ♃ (écon.)
de Narbonne. ♃
à feuill. menues. F. ♃
des Alpes. F. ⊙
cathartique. F. ⊙ (méd.)
radiola. F. ⊙

2. Fleurs jaunes.

à petites fleurs. F. ⊙
rude. F. M. ♂
sous-arbrisseau. ESP., or. ♄
maritime. F. ♃
campanulé. F. M., or. ♃

CLASSIS XIV.

DICOTYLEDONES POLYPETALÆ.

(*Stamina perigyna.*)

ORDO I.

SEMPERVIVÆ.

TILLÆA
muscosa L.

CLASSE XIV.

DICOTYLEDONS POLYPÉTALES.

(Étamines attachées au calice.)

ORDRE I.

LES JOUBARBES.

TILLÆA
nain. F. ⊙

BULLIARDA *Dec.*
   vaillantii *Dec.*
   tillæa aquatica *Lmk.* }
   tillæa vaillantii *Wild.* }

BULLIARDA

   de Vaillant. F. ☉

CRASSULA.

    1. *Herbaceæ.*

glomerata *L.*
ciliata *L.*
acutifolia *Lmk.*
rubens *L. f.* }
sedum rubens *L.* }
orbicularis *L.*
lycopodioïdes *Lmk.* }
muscosa *Thunb.* }

    2. *Fruticosa.*

coccinea *L.*
scabra *L.*
perfoliata *L.*
perfossa *Lmk.*
tetragona *L.*
obvallata *L.*
cultrata *L.*
falcata *Dec.*
portulacea *Lmk.* }
obliqua *H. K.* }
lucida *Lmk.* }
spathulata *Thunb.* }
cordata *L. f.*
lactea *H. K.*
cotyledon *Jacq.*

CRASSULE.

    1. Tiges herbacées.

agglomérée. cap. ☉
ciliée. cap, or. ♃
à feuill. aiguës. cap, or. ♃

rouge. F. ☉

orbiculaire. cap, or. ♃

lycopode. cap, or. ♃

    2. Tiges ligneuses.

écarlate. cap, or. ♄ (orn.)
rude. cap, or. ♄
perfoliée. cap, or. ♄
enfilée. cap, or. ♄
tétragone. cap, or. ♄
à feuill. serrées. cap, or. ♄
tranchante. cap, or. ♄
falciforme. cap, or. ♄

à feuill. de pourpier. cap, or. ♄

luisante. cap, or. ♄

en cœur. cap, or. ♄
blanche. cap, or. ♄
cotylédon. cap, or. ♄

COTYLEDON
orbiculata *L.*
hemisphærica *L.*
ungulata *Lmk.*
tuberculosa *Lmk.*
hispida *Lmk.* }
viscosa *Vahl.* }
hispanica *L.*
umbilicus *L.*
lutea *H. K.* }
lusitanica *Lmk.* }
cymosa *Dec.*

COTYLÉDON
orbiculaire. cap, or. ♄
hémisphérique. cap, or. ♄
ongulé. cap, or. ♄
tuberculeux. cap, or. ♄

hispide. Barbarie. ☉

d'Espagne. ☉
nombril de Vénus. F. ♃

jaune. Portugal, or. ♃

corymbifère. ♃

KALANKOE *Adans.*
laciniata *Dec.* }
cotyledon laciniata *L.* }
spathulata *Dec.*

KALANKOÉ

lacinié. inde, s. ch. ♄

en spatule. chine, or. ♄

ægyptiaca *Dec.*	*d'Égypte.* s. ch. ♄
cotyledon ægyptiaca *Lmk.*	
crenata *Dec.*	
vereia crenata *Andr.*	*crénelé.* cap, or. ♄
cotyledon crenata *Vent.*	

SEDUM.   SÉDUM.

1. *Planifolia.*   1. Feuilles planes.

rhodiola.	*odorant.* F., Alpes, or. ♃
rhodiola rosea *L.*	
telephium *L.*	*téléphium.* F. ♃ (méd.)
— purpureum.	— *pourpre.*
— maximum.	— *à larges feuill.*
anacampseros *L.*	*anacampséros.* F. ♃
— longifolium.	— *à feuill. longues.*
aïzoon *L.*	*aïzoon.* sibérie. ♃
stellatum *L.*	*étoilé.* F. ☉
hybridum *L.*	*hybride.* Tartarie. ♃
populifolium *L.*	*à feuill. de peuplier.* sibér. ♃
cepæa *L.*	*cépæa.* F. ☉

2. *Teretifolia.*   2. Feuilles cylindriques.

dasyphyllum *L.*	*à feuill. épaisses.* F., Alpes. ♃
reflexum *L.*	*penché.* F. ♃
virens *H. K.*	*verdoyant.* Portugal. ♃
rupestre *L.*	*des rochers.* F. ♃
altissimum *Poiret.*	*élevé.* Eur. ♃
sempervivum sediforme *Jaeq.*	
hispanicum *L.*	*d'Espagne.* or. ♃
rupestre *Vill.*	
album *L.*	*blanc.* F. ☉
acre *L.*	*vermiculaire.* F. ♃
sexangulare *L.*	*hexagone.* F. ♃
anglicum *L. f.*	*d'Angleterre.* ♃
villosum *L.*	*velu.* F. ☉
nudum *H. K.*	*à tige nue.* canaries, or. ♄
cruciatum.	*à feuill. en croix.* ♃

SEMPERVIVUM   JOUBARBE

arboreum *L.*	*en arbre.* Barbarie, or. ♄
canariense *L.*	*des Canaries.* or. ♄
glutinosum. *H. K.*	*glutineuse.* canaries, or. ♄
tortuosum *H. K.*	*tortueuse.* canaries, or. ♄
villosum *H. K.*	*velue.* canaries, or. ♄
aïzoïdes *Lmk.*	*aïzoïde.* canaries, or. ♄
tectorum *L.*	*des toits.* F. ♃ (méd.)
globiferum *L.*	*à globules.* F. ♃
hirtum *L.*	*hérissée.* suisse. ♃
montanum *L.*	*de montagne.* F., Alpes. ♃

arachnoïdeum *l.*	*toile d'araignée.* F., Alp. ♃
monanthos *H. K.*	*à une fleur.* canaries, or. ♃

PENTHORUM
sedoïdes *l.*

PENTHORUM
à grappes. Am. s. ♃

ORDO II.

SAXIFRAGÆ.

I. *Fructus superus , capsularis birostris.*

HEUCHERA
americana *l.*

SAXIFRAGA.

1. *Foliis integris , caule subnudo.*

longifolia *Lapeyr.*

cotyledon *l.*
pensylvanica *l.*
burseriana *l.*
androsacea *l.*
stellaris *l.*
umbrosa *l.*
hirsuta *l.*
geum *l.*
cuneifolia *l.*
crassifolia *l.*

punctata *l.*
sarmentosa *l. f.*

2. *Foliis indivisis , caule folioso.*

rotundifolia *l.*
oppositifolia *l.*
aizoïdes *wild.*   }
autumnalis *œder.* }
aspera *l.*

3. *Foliis lobatis.*

granulata *l.*
geranioïdes *l.*

tridactylites *l.*
cespitosa *l.*
hypnoïdes *l.*
furcata *Lapeyr.*

ORDRE II.

LES SAXIFRAGES.

I. Ovaire supère , une capsule à deux pointes.

HEUCHERA
d'Amérique. Am. s. ♃

SAXIFRAGE.

1. Feuilles entières, tiges presque nues.

à longues feuill. F., PYRÉN. ♃ (orn.)

cotylédon. F., Alpes. ♃
de Pensylvanie. ♃
à une fleur. F., Alpes. ♃
androsacée. F., Alp. ♃
étoilée. F., Alpes. ♃
ombreuse. F., Alpes. ♃
velue. F., Alpes. ♃
géum. F., Alpes. ♃
cunéiforme. F., Alpes. ♃
à feuill. épaisses. sibérie. ♃ (orn.)
ponctuée. sibérie. ♃
sarmenteuse. Japon. ♃

2. Feuilles entières , tige feuillue.

à feuill. rondes. F., Alpes. ♃
à feuill. opposées. F., Alpes. ♃

aizoïde. F., Alpes. ♃

rude. F., Alpes. ♃

3. Feuilles lobées.

grenue. F. ♃
à feuill. de géranium. F., Py- rénées. ♃
à 3 pointes. F. ⊙
touffue. F., Alpes. ♃
hypnoïde. F., Alp. ♃
fourchue. F., Pyrénées. ♃

decipiens *Ehr.* } palmata *smith.* }	palmée. F., pyrénées. ♃
TIARELLA cordifolia L. biternata *vent.*	TIARELLE à feuill. en cœur. Am. s. ♃ biternée. Am. s. ♃
MITELLA diphylla L. nuda L.	MITELLA à 2 feuill. Am. s. ♃ à tige nue. Asie. ♃
II. *Fructus inferus , capsularis aut* *baccatus.*	II. Ovaire infère , une capsule ou une baie.
CHRYSOSPLENIUM oppositifolium L. alternifolium L.	CHRYSOSPLÉNIUM à feuill. opposées. F. ♃ à feuill. alternes. F. ♃
ADOXA moschatellina L.	ADOXA moschatelle. F. ♃
HYDRANGEA arborescens L. nivea *Mich.* } radiata *wild.* }	HYDRANGEA en arbre. Am. s. ♄ cotonneux. Am. s. ♄

ORDO III.

CACTI.

I. *Petala et stamina definita.*

RIBES.

1. *Inermia.*

rubrum L.
— album.
petræum *Jacq.*
nigrum L.
prostratum *l'Her.* }
glandulosum H. K. }
pensylvanicum *Lmk.* }
floridum *l'Her.* }
alpinum L.

2. *Aculeata.*

cynosbati L.
diacantha *Pallas.*
orientale.
grossularia L.
uvacrispa L.
— rubra.

ORDRE III.

LES CIERGES.

I. Pétales et étamines définies.

GROSEILLIER.

1. Tiges sans épines.

rouge. F. ♄ (écon., méd.)
— blanc.
des rochers. F., Alpes. ♄
cassis. F. ♄ (écon., méd.)

couché. Am. s. ♄

de Pensylvanie. ♄

des Alpes. F. ♄

2. Tiges garnies d'aiguillons.

cynosbati. Am. s. ♄
à 2 aiguillons. Russie. ♄
du Liban. ♄
épineux. F. ♄
à maquereau. F. ♄ (écon.)
— rouge.

II. Petala et stamina indefinita.

CACTUS.

1. *Opuntiæ, caule plano.*

opuntia L.
— ficus-indica.
— tuna.
— polyanthos.
— nana.
— inermis.
coccinellifer L.
curassavicus L.
spinosissimus *H. K.*
phyllanthus L.
pereskia L.

2. *Echino-melocacti subrotundi.*

mammillaris L.
melocactus L.

3. *Erecti cylindrici.*

cylindricus *Lmk.*
heptagonus L.
tetragonus L.
peruvianus L.
royeni L.

4. *Repentes.*

grandiflorus L.

flagelliformis L.
parasiticus L.
triangularis L.
prismaticus.

ORDO IV.

PORTULACEÆ.

I. *Fructus unilocularis.*

PORTULACA
  pilosa L.
  oleracea L.

TALINUM
  anacampseros *wild.* ⎫
  portulaca anacampseros L. ⎬
  patens *wild.*
  reflexum *cav.*

II. Pétales et étamines indéfinies.

CIERGE.

1. Les opuntia, tiges applaties.

opuntia. Afr., s. ch. ♄ (écon.)
— *figue d'Inde.* Am. m., s.ch.
— *tuna.*
— *à fleurs nombreuses.*
— *petit.*
— *sans épines.*
à cochenille. Am. m., s. ch. ♄
de Curaçao. s. ch. ♄
très-épineux. Am. m., s. ch. ♄
scolopendre. Am. m., s. ch. ♄
Pereskia. Am. m., s. ch. ♄

2. Mélocactes hérissés, presque ronds.

mamelonné. Am. m., s. ch. ♄
mélocacte. Am. m., s. ch. ♄

3. Tige droite cylindrique.

cylindrique. Pérou, s. ch. ♄
heptagone. Am. m., s. ch. ♄
tétragone. Am. m., s. ch. ♄
du Pérou. or. ♄
lanugineux. Am. m., s. ch. ♄

4. Tige rampante.

à grandes fleurs. Am. m.,
  s. ch. ♄
serpentin. Am. m., or. ♄
parasite. Am. m., s. ch. ♄
triangulaire. Am. m., s. ch. ♄
prismatique. Am. m., s. ch. ♄

ORDRE IV.

LES PORTULACÉES.

I. Fruit à une loge.

POURPIER
  velu. Am. m. ☉
  cultivé. F. ☉ (alim., méd.)

TALINUM

  anacampséros. cap, or. ♄

  paniculé. Am. m., s. ch. ♄
  jaune. Am. m., s. ch. ♄

trichotomum *veo.* — *trichotome.* s. ch. ♄

fruticosum *wild.* — *ligneux.* ᴀᴍ. ᴍ., s. ch. ♄

TURNERA — *TURNERA*
cistoïdes *l.* — *à fleurs de ciste.* ᴀᴍ. ᴍ. ☉

MONTIA — *MONTIA*
fontana *l.* — *aquatique.* ꜰ. ☉

TAMARIX — *TAMARIX*
gallica *l.* — *de France.* ♄ (orn.)
germanica *l.* — *d'Allemagne.* ♄ (orn.)

TELÉPHIUM — *TÉLÉPHIUM*
imperati *l.* — *d'impérati.* ꜰ. ♃

CORRIGIOLA — *CORRIGIOLA*
littoralis *l.* — *des sables.* ꜰ. ☉

SCLERANTHUS — *SCLÉRANTHUS*
annuus *l.* — *annuel.* ꜰ. ☉
perennis *l.* — *vivace.* ꜰ. ♃

II. Fructus multilocularis. — II. Fruit à plusieurs loges.

TRIANTHEMA — *TRIANTHÉMA*
monogyna *l.* — *monogyne.* ᴀᴍ. ᴍ. ☉

CLAYTONIA — *CLAYTONIA*
virginica *l.* — *de Virginie.* ♃

PORTULACARIA — *PORTULACARIA*
afra *jacq.*
claytonia portulacaria *l.* } — *d'Afrique.* cap, or. ♄

ORDO V. — # ORDRE V.

FICOIDEÆ. — LES FICOIDES.

REAUMURIA — *RÉAUMURIA*
vermiculata *l.* — *à feuill. de sédum.* ʙᴀʀʙ., or. ♄

NITRARIA — *NITRARIA*
scoberi *l.* — *à feuill. entières.* ʀᴜssɪᴇ, or. ♄
tridentata *vesf.* — *à 3 dents.* ʙᴀʀʙᴀʀɪᴇ, or. ♄

SESUVIUM — *SÉSUVIUM*
portulacastrum *l.* — *à feuill. de pourpier.* inde. ♂
revolutifolium *ortega.* — *roulé.* cuba. ♂

AIZOON — *AIZOON*
canariense *l.* — *des Canaries.* ☉
hispanicum *l.* — *d'Espagne.* ☉

GLINUS — *GLINUS*
lotoïdes *l.* — *lotoïde.* ᴇsᴘ. ☉

MESEMBRYANTHEMUM.	*FICOIDE.*
1. *Foliis planis.*	**1. Feuilles planes.**
cristallinum *L.*	*cristalline.* madère. ☉
linguiforme *L.*	*linguiforme.* cap , or. ♃
tortuosum *L.*	*tortueux.* cap , or. ♃
expansum *L.*	*ouvert.* cap , or. ♄
pinnatifidum *L. f.*	*pinnatifide.* cap. ☉
cordifolium *L. f.*	*en cœur.* cap , or. ♄
cuneifolium *Jacq.* ⎫	*cunéiforme.* cap. ☉
limpidum *H. K.* ⎭	
helianthoïdes *H. K.*	*à fleur de soleil.* cap. ☉
2. *Foliis subtus convexis.*	**2. Feuilles convexes en dessous.**
ciliatum *H. K.*	*cilié.* cap , or. ♄
geniculiflorum *L.*	*géniculiflore.* cap , or. ♄
noctiflorum *L.*	*de nuit.* cap , or. ♄
pallens *H. K.*	*pále.* cap , or. ♄
bicolorum *L.* ⎫	*écarlate.* cap , or. ♄
coccineum *Haw.* ⎭	
tuberosum *L.*	*tubéreux.* cap , or. ♄
tenuifolium *L.*	*à feuill. menues.* cap , or. ♄
violaceum *Dec.*	*violet.* cap , or. ♄
stipulaceum *L.*	*à stipules.* cap , or. ♄
corniculatum *L.*	*cornu.* cap , or. ♄
loreum *L.*	*courroie.* cap , or. ♄
verruculatum *L.*	*à feuill. lisses.* cap , or. ♄
echinatum *H. K.*	*hérissé.* cap , or. ♄
viridiflorum *H. K.*	*à fleurs vertes.* cap , or. ♄
splendens *L.*	*luisant.* cap , or. ♄
villosum *L.*	*velu.* cap , or. ♄
micans *L.*	*argenté.* cap , or. ♄
rostratum *L.*	*bec-de-grue.* cap , or. ♃
caninum *Haw.*	*gueule de chien.* cap , or. ♃
felinum *Haw.*	*gueule de chat.* cap , or. ♃
tigrinum *Haw.*	*gueule de tigre.* cap , or. ♃
testiculatum *Jacq.*	*bilobé.* cap , or. ♃
3. *Foliis teretibus.*	**3. Feuilles cylindriques.**
nodiflorum *L.*	*nodiflore.* barbarie. ☉
brachiatum *H. K.*	*étalé.* cap , or. ♄
hispidum *L.*	*hispide.* cap , or. ♄
tuberculatum *Dec.*	*tuberculeux.* cap , or. ♄
striatum *Haw.*	*strié.* cap , or. ♄
barbatum *L.*	*barbu.* cap , or. ♄
stellatum *Mill.*	*étoilé.* cap , or. ♄
calamiforme *L.*	*doigt d'enfant.* cap , or. ♄

4. Foliis triquetris.	*4.* Feuilles triangulaires.
falcatum *L.*	*falciforme.* cap, or. ♄
reptans *H. K.*	*rampant.* cap, or. ♄
spinosum *L.*	*épineux.* cap, or. ♄
glomeratum *L.*	*aggloméré.* cap, or. ♄
glaucum *L.*	*glauque.* cap, or. ♄
spectabile *HAW.*	*à grandes fleurs.* cap, or. ♄
aureum *L.*	*doré.* cap, or. ♄
serratum *L.*	*denté.* cap, or. ♄
scabrum *L.*	*rude.* cap, or. ♄
uncinatum *L.*	*à crochets.* cap, or. ♄
— minus.	— *petit.*
pugioniforme *L.*	*en poignard.* cap, or. ♄
filamentosum *L.*	*filamenteux.* cap, or. ♄
acinaciforme *L.*	*en sabre.* cap, or. ♄
lacerum *HAW.*	*lacéré.* cap, or. ♃
deltoïdes *L.*	*deltoïde.* cap, or. ♄
albidum *L.*	*blanc.* cap, or. ♃
bellidiflorum *L.*	*à fl. de paquerette.* cap, or. ♃
dolabriforme *L.*	*en doloire.* cap, or. ♄
TETRAGONIA	*TÉTRAGONIA*
decumbens *Mill.*	*tombant.* cap, or. ♄
echinata *H. K.*	*hérissé.* cap, or. ⊙
expansa *Murr.*	*étalé.* N. zélande ⊙
cristallina *l'Her.*	*cristallin.* pérou. ⊙

ORDO VI.

ONAGRÆ.

I. *Stylus multiplex.*

MYRIOPHYLLUM
spicatum *L.*
verticillatum *L.*

PROSERPINACA
palustris *L.*

CERCODEA
erecta *Murr.*
halogaris cercodia *H. K.*
halogaris alata *Jacq.*
tetragonia ivæfolia *L.f.*

II. Stylus 1, fructus capsularis, stamina petalis numero æqualia aut pauciora.

TRAPA
natans *L.*

ORDRE VI.

LES ONAGRES.

I. Plusieurs styles.

VOLANT-D'EAU
à épis. F. ♃
verticillé. F. ♃

PROSERPINACA
des marais. Am. s. ♃

CERCODÉA

à tige droite. N. zélande, or. ♄

II. Un style, une capsule, étamines en nombre égal ou moindre que les pétales.

MACRE
flottante. F. ♃ (alim.)

LOPEZIA
  racemosa *cav.*

CIRCÆA
  lutetiana *z.*
  alpina *z.*

III. *Stylus 1, fructus capsularis, stamina petalorum dupla.*

JUSSIÆA
  erecta *z.*

OENOTHERA.

  1. *Capsulis teretibus.*

  biennis *z.*
  suaveolens.
  parviflora *z.*
  muricata *z.*
  longiflora *l.*

  mollissima *z.*
  nocturna *jacq.* }
  albicans *zmk.* }
  sinuata *z.*

  2. *Capsulis angulatis.*

  tetraptera *cav.*
  purpurea *curt.*
  rosea *z.*
  pumila *l.*

GAURA
  biennis *z.*
  fruticosa *jacq.*
  mutabilis *cav.*

EPILOBIUM
  angustifolium *zmk.* }
  angustissimum *H. K.* }
  spicatum *zmk.* }
  angustifolium *H. K.* }
  hirsutum *wild.*
  pubescens *roth.*
  montanum *z.*
  palustre *z.*
  tetragonum *z.*
  dodonei *will.*
  latifolium *Fl. Dan.*
  alpinum *z.*

LOPEZIA
  à grappes. MEXIQUE. ☉ (orn.)

CIRCÉE
  des bois. F. ♃
  des Alpes. F. ♃

III. Un style, une capsule, étamines en nombre double des pétales.

JUSSIÆA
  à tige droite. AM. m. ☉

ONAGRE.

  1. Capsules cylindriques.

  commune. F. ♂
  odorante. AM. s. ♂
  à petites fleurs. AM. s. ♂
  tuberculeuse. AM. s. ♂
  à longues fleurs. BUÉNOS-AYRES,
    or. ♂
  veloutée. BUÉNOS-AYRES. ☉
  noctiflore. cap. ☉
  sinuée. AM. s., or ♂

  2. Capsules anguleuses.

  à 4 ailes. MEXIQUE, s. ch. ♃
  pourpre. AM. s. ☉
  rose. PÉROU, or. ♃
  naine. AM. s. ♃

GAURA
  bisannuelle. AM. s. ♂
  arbrisseau. AM. m., s. ch. ♄
  à fleurs changeantes. MEXIq.,
    s. ch. ♄

EPILOBIUM
  à feuill. étroites. F. ♃ (orn.)

  à grappes. F. ♃ (orn.)

  velu. F. ♃
  pubescent. F. ♃
  à feuill. ovales. F. ♂
  des marais. F. ♃
  tétragone. F. ♃
  de Dodoens. F., ALPES. ♃
  à larges feuill. F., ALPES. ♃
  des Alpes. F. ♃

22

IV. *Stylus 1, fructus baccatus.* | IV. Un style, une baie.

FUSCHIA
  magellanica *zink.*
  coccinea *H. K.*
  lycioïdes *Andr.*

FUSCHIA
  de Magellan. or. ♄ (orn.)
  à feuilles de lycium. Am.,
    s. ch. ♄

ORDO VII.

MYRTI.

1. *Flores in foliorum axillis ant in pedunculis multifloris oppositi, folia plerumque opposita et punctata.*

MELALEUCA
  thymifolia *smith.*
  coronata *Andr.*
  gnidiæfolia *vent.*
  hypericifolia *smith.*

  myrtifolia *vent.*

  ericifolia *Andr.*

  styphelioïdes *smith.*

  diosmæfolia.

LEPTOSPERMUM
  squarrosum.
  myrtifolium.

  thea *wild.*
  pubescens *wild.*
  arachnoïdeum *smith.*
  juniperinum *smith.*

FABRICIA
  levigata *smith.*

METROSYDEROS
  saligna *smith.*
  lanceolata *smith.*
  citrina *curtis.*
  linearis *smith.*
  lophanta *vent.*
  — latifolia.

ORDRE VII.

LES MYRTES.

I. Fleurs opposées dans les aisselles des feuilles ou sur des pédoncules communs, feuilles souvent opposées et parsemées de petites glandes transparentes.

MÉLALEUCA
  à feuill. de thym. N. HOLL., or. ♄

  à feuill. d'hypéricum. N. HOLL., or. ♄
  à feuill. de myrte. N. HOLL., or. ♄
  à feuill. de bruyère. N. HOLL., or. ♄
  à feuill. de styphelia. N. HOLL., or. ♄
  à feuill. de diosma. N. HOLL., or. ♄

LEPTOSPERMUM
  rude. N. HOLL., or. ♄
  à feuill. de myrte. N. HOLL., or. ♄
  théa. N. HOLL., or. ♄
  pubescent. N. HOLL., or. ♄
  arachnoïde. N. HOLL., or. ♄
  à feuill. de génévrier. N. HOLL., or. ♄

FABRICIA
  lisse. N. HOLL., or. ♄

MÉTROSYDÉROS
  à feuill. de saule. N. HOLL., or. ♄
  lancéolé. N. HOLL., or. ♄
  à feuill. linéaires. N. HOLL., or. ♄
  en panache. N. HOLL., or. ♄
  — à feuill. larges.

marginata.
pliniæfolia.

corifolia *vent.*
anomala *vent.* }
hirsuta *Andr.* }
connata.
angustifolia *smith.*
laurifolia.

EUCALYPTUS
robusta *smith.*
resinifera *smith.*
piperita *smith.*
obliqua *l'Her.*

PSIDIUM
pyriferum *L.*
montanum *swartz.*

MYRTUS
communis *L.*

— bœtica.
— romana.
— tarentina.
— belgica.
— mucronata.
pimenta *L.*

tomentosa *H. K.*
horizontalis *vent.*

EUGENIA
uniflora *L.*
jambos *L.*

CALYPTRANTHES *swartz.*
zuzygium *swartz.* }
myrtus zuzygium *L.* }

CARYOPHYLLUS
aromaticus *L.*

DECUMARIA
barbara *L.*

PUNICA
granatum *L.*

— nanum.
— flavum.

bordé. N. HOLL., or. ♄.
à feuill. de plinia. N. HOLL.,
or. ♄
à feuill. de coris. N. HOLL., or. ♄
anomale. N. HOLL., or. ♄
à feuill. réunies. N. HOLL., or. ♄
à feuill. étroites. N. HOLL., or. ♄
à feuill. de laurier. N. HOLL.,
or. ♄

EUCALYPTUS
gigantesque. N. HOLL., or. ♄
résineux. N. HOLL., or. ♃
poivré. N. HOLL., or. ♄
oblique. N. HOLL., or. ♄

GOYAVIER
poire. inde, or. ♄ (alim.)
de montagne. Am. m., s. ch. ♄

MYRTE
commun. F. m., or. ♄ (orn.,
méd.).
— *d'Andalousie.*
— *romain.*
— *de Tarente.*
— *moyen.*
— *pointu.*
pimento, toute-épice. Am. m.,
s. ch. ♄ (écon.)
cotonneux. chine, s. ch. ♄
horizontal. Am. m., s. ch. ♄

EUGÉNIA
à une fleur. Brésil, s. ch. ♄
jamrose. inde, s. ch. ♄ (alim.)

CALYPTRANTHES

zuzygium. Am. m., s. ch. ♄

GIROFLIER
aromatique. moluques, s. ch. ♄
(écon., méd.)

DÉCUMARIA
sarmenteux. caroline. ♄

GRENADIER
cultivé. Afr. s., or. ♄ (écon.,
orn.)
— *nain.*
— *jaune.*

PHILADELPHUS
 coronarius *B.*
 — nanus.
 inodorus *L.*

SERINGAT
 odorant. EUR. AUST. ♄ (orn.)
 — *nain.*
 inodore. CAROLINE. ♄ (orn.)

ORDO VIII.

MELASTOMÆ.

MELASTOMA
 elæagnoïdes *vahl.*

ORDRE VIII.

LES MÉLASTOMES.

MÉLASTOME
 à feuill. de chalef. AM. M.,
 s. ch. ♄

ORDO IX.

SALICARIÆ.

I. Flores polypetali.

LAGERSTROMIA
 indica *L.*

LAUSONIA
 inermis *L.* }
 spinosa *L.* }

LYTHRUM
 salicaria *L.*
 virgatum *L.*
 hyssopifolia *L.*

CUPHEA *jacq.*
 viscosissima *jacq.* }
 lythrum cuphea *L.f.* }

II. Flores sæpe apetali.

ISNARDIA
 palustris *L.*

GLAUX
 maritima *L.*

PEPLIS
 portula *L.*

ORDRE IX.

LES SALICAIRES.

I. Fleurs polypétales.

LAGERSTROMIA
 des Indes. s. ch. ♄ (orn.)

HENNÉ
 d'orient. s. ch. ♄ (arts.)

SALICAIRE
 commune. F. ♃ (orn.)
 effilée. AUTRICHE. ♃ (orn.)
 à feuill. d'hysope. F. ☉

CUPHÉA
 visqueux. BRÉSIL. ☉

II. Fleurs souvent sans pétales.

ISNARDIA
 des marais. F. ♃

GLAUX
 maritime. F. ♃

PEPLIS
 aquatique. F. ☉

ORDO X.

ROSACEÆ.

ORDRE X.

LES ROSACÉES.

I. *Germen simplex inferum polystylum,*
pomum calicino limbo umbilicatum mul-
tiloculare.

I. Un seul ovaire infère, plusieurs styles,
une pomme à plusieurs loges terminée
par un ombilic couronné par le calice.

MALUS (*Pyrus* L.)
  communis.
  — sylvestris.
  — prasomila.
  — paradisiaca.
  — castanea.
  — cavillea.
  — apiosa.
  coronaria H. K.
  sempervirens.
  angustifolia H. K. }
  hybrida.
  baccata L.
  spectabilis H. K.

POMMIER
  commun. F. ♄ (écon.)
  — sauvageon.
  — de reinette.
  — de paradis.
  — de châtaignier.
  — de Calville.
  — d'apis.
  odorant. AM. S. ♄

  toujours vert. AM. S. ♄

  hybride. ♄
  baccifère. sibérie. ♄
  à bouquets. chine. ♄ (orn.)

PYRUS
  communis L.
  — pyraster.
  — pompeiana.
  — rufescens.
  — liquescens.
  pollveria L.
  salicifolia L. f.
  cydonia L.
  — lusitanica.

POIRIER
  commun. (écon.)
  — sauvageon.
  — bon chrétien.
  — de rousselet.
  — de beurré.
  cotonneux. F. ♄
  à feuill. de saule. sibérie. ♄
  coignassier. F. ♄ (écon.)
  — de Portugal.

CRATÆGUS
  torminalis L.
  latifolia Lmk.
  aria L.
  — longifolia.
  chamæmespylus. }
  humilis Lmk.
  arbutifolia Lmk.

  pyrifolia Lmk.

  spicata Lmk.
  racemosa Lmk.
  amelanchier.
  rotundifolia Lmk. }

ALISIER
  des bois. F. (écon.)
  de Fontainebleau. F. ♄
  allouchier. F. ♄
  — à feuill. longues.

  nain. F., Alpes. ♄

  à feuill. d'arbousier. AM. S. ♄
    (orn.)
  à feuill. de poirier. AM. S. ♄
    (orn.)
  à épis. AM. S. ♄ (orn.)
  à grappes. AM. S. ♄ (orn.)

  amélanchier. F. ♄ (orn.)

SORBUS	*SORBIER*
aucuparia *L.*	*des oiseleurs.* F. ♄ (orn.)
domestica *L.*	*cormier.* F. ♄ (écon.)
hybrida *L.*	*de Laponie.* ♄ (orn.)
MESPYLUS (*Cratægus* L.)	*NÉFLIER*
oxyacantha *L.*	*aube-épine.* F. ♄ (orn., écon.)
— plena.	— *double.* (orn.)
— rubra.	— *de Mahon.* (orn.)
monogyna *Jacq.*	*monogyne.* F. ♄
azarolus *L.*	*azerolle.* F. m. ♄ (écon.)
— aronia.	— *d'orient.* ♄ (écon.)
tanacetifolia *poiret.*	*à feuill. de tanaisie.* orient. ♄ (orn.)
tomentosa *L.*	*cotonneux* ou *Pinchaw.* Am. s ♄
corallina. ⎫ acerifolia *poiret.* ⎭	*petit corail.* Am. s. ♄ (orn.)
coccinea *L.*	*écarlate.* Am. s. ♄ (orn.)
latifolia *poiret.*	*à larges feuill.* Am. s. ♄ (orn.)
pyrifolia. ⎫ cornifolia *poiret.* ⎭	*à feuill. de poirier.* Am. s. ♄ (orn.)
linearis.	*à feuill. étroites.* Am. s. ♄ (orn.)
prunifolia *poiret.*	*à feuill. de prunier.* Am. s. ♄ (orn.)
crus-galli *L.*	*pié-de-coq.* Am. s. ♄ (orn.)
pyracantha *L.*	*buisson ardent.* F. m. ♄ (orn.)
cotoneaster *L.*	*cotonéaster.* F., Alpes. ♄ (orn.)
germanica *L.*	*cultivé.* F. ♄ (écon.)
japonica *Thunb.*	*du Japon* ou *bibacier.* ♄ (écon.)

II. Germina plura indefinita calice urceolari supra coaretato tecta, singula monostyla.	II. Plusieurs ovaires indéfinis renfermé dans un calice étranglé à son sommet chaque ovaire surmonté d'un style.
ROSA,	*ROSIER.*
1. *Fructibus subglobosis.*	1. Fruits presque ronds.
berberifolia *pallas.*	*à une feuille.* perse, or. ♄
eglanteria *L.* ⎫ lutea *H. K.* ⎭	*églantier.* Allemagne. ♄ (orn.)
— punicea.	— *ponceau.* (orn.)
sulphurea *H. K.*	*jaune.* orient. ♄ (orn.)
spinosissima *L.*	*hérissé.* F. ♄
scotica.	*d'Ecosse.* ♄
cinnamomea *L.*	*canelle.* F., Alpes. ♄
arvensis *L.*	*des champs.* F. ♄
carolina *L.*	*de Caroline.* ♄
parviflora *wild.*	*à petites fleurs.* Am. s. ♄

villosa *l.*	*velu.* F. ♄
sinica *l.*	*de Chine.* ♄

2. *Fructibus ovatis.*

2. Fruits ovales.

remensis.	*de Champagne.* ♄ (orn.)
burgundiaca.	*de Bourgogne* ou *pompon.* ♄ (orn.)
damascena *H. K.*	*de Damas.* ♄ (orn.)
centifolia *l.*	*à cent feuill.* ♄ (orn.)
— unguiculata.	*— onguiculé.* (orn.)
muscosa.	*mousseux.* ♄ (orn.)
maxima.	*de Hollande.* ♄ (orn.)
semperflorens.	*de tous les mois.* ♄ (orn.)
turbinata *H. K.* }	
francofurtensis. }	*à gros cul.* ♄ (orn.)
gallica *l.*	*de Provins.* EUR. ♄ (orn., méd.)
— versicolor.	*— panaché.* (orn.)
bracteata *wend.*	*ae Macartney.* chine. ♄ (orn.)
kamtchatica *vent.*	*du Kamtchatka.* ♄
alba *l.*	*blanc.* EUR. ♄ (orn.)
collina *Murr.*	*des collines.* F. ♄
rubiginosa *l.*	*odorant.* F. ♄
canina *l.*	*de chien.* F. ♄
glauca. }	
rubrifolia *vill.* }	*glauque.* F., Alpes. ♄
alpina *l.*	*des Alpes.* F. ♄
pendulina *l.*	*à fruit pendant.* F. ♄
moschata *l.*	*musqué.* Barb. ♄ (orn., écon.)
diversifolia *vent.* }	
semperflorens *Jacq.* }	*à feuill. variables.* chine , or. ♄ (orn.)
chinensis *Jacq.* }	
sempervirens *l.*	*toujours vert.* Allemagne. ♄
balearica.	*de Mahon.* or. ♄

III. Germina plura definita (rarius unum), calice urceolari supra coaretato tecta, quasi infera, singula monostyla, semina totidem.	III. Ovaires en nombre défini, rarement un seul, surmontés chacun d'un style et renfermés dans un calice étranglé au sommet; autant de graines.

POTERIUM	*PIMPRENELLE*
sanguisorba *l.*	*des jardins.* F. ♃ (écon., méd.)
hybridum *l.*	*hybride.* F. m. ♂
caudatum *H. K.*	*à grappes.* madère , or. ♄
spinosum *l.*	*épineuse.* orient , or. ♄

SANGUISORBA	*SANGUISORBE*
officinalis *l.*	*officinale.* F. ♃ (écon.)
media *l.*	*moyenne.* AM. S. ♃
canadensis *l.*	*de Canada.* ♃

ANCISTRUM
sanguisorbæ *z. f.*

repens *vent.*

AGRIMONIA
eupatoria *z.*
— alba.
— odorata.
repens *z.*
agrimonioïdes *z.*

CLIFFORTIA
ilicifolia *L.*

ALCHIMILLA
vulgaris *L.*

hybrida *L.*
alpina *L.*
pentaphyllea *L.*
aphanes.
aphanes arvensis *L.* }

SIBBALDIA
procumbens *L.*

IV. *Germina plura indefinita vcre supera,
receptaculo communi imposita, singula
monostyla, semina totidem nuda aut
rarius baccata.*

TORMENTILLA
erecta *L.*
reptans *L.*

POTENTILLA.

1. *Foliis pinnatis.*

fruticosa *L.*
anserina *L.*
multifida *L.*
supina *L.*
bifurca *L.*
rupestris *L.*
pensylvanica *L.*

2. *Foliis digitatis.*

recta *L.*
intermedia *L.*
hirta *L.*
argentea *L.*
verna *L.*

ANCISTRUM
à feuill. de pimprenelle. NOUV
zél. ♃

rampant. PÉROU, or. ♃

AIGREMOINE
officinale. F. ♃ (méd.)
— *blanche.*
— *odorante.*
rampante. orient. ♃
à feuill. ternées. italie. ♃

CLIFFORTIA
à feuill. de houx. cap, or. ♄

ALCHIMILLE
commune, pié-de-lion. F. ♃
(méd.)
hybride. F., Alpes. ♃
satinée. F., Alpes. ♃
à 5 feuill. F., Alpes. ♃

perchepierre. F. ⊙

SIBBALDIA
couché. F., Alpes. ♃

IV. Plusieurs ovaires supères et indéfini
attachés à un réceptacle commun, sur
montés chacun d'un style, autant d
graines nues, ou plus rarement renfer
mées dans une baie.

TORMENTILLE
droite. F. ♃
rampante. F. ♃

POTENTILLE.

1. Feuilles pennées.

arbrisseau. sibérie. ♄ (orn.)
argentine. F. ♃ (méd.)
laciniée. F. ♃
couchée. F. ⊙
bifurquée. sibérie. ♃
des rochers. F., Alpes. ♃
de Pensylvanie. ♃

2. Feuilles digitées.

droite. F. m. ♃
moyenne. F., Alpes. ♃
hérissée. F. m. ♃
argentée. F. ♃
printanière. F. ♃

alchimilloïdes *Lapeyr.*	*à feuill. d'alchimille.* F., py- rénées. ♃
aurea L.	*dorée.* F., Alpes. ♃
grandiflora L.	*à grandes fleurs.* F., Alpes. ♃
alba L.	*blanche.* F., Alpes. ♃
incisa.	*incisée.* ♃
reptans L.	*quintefeuille.* F. ♃ (méd.)
lupinoïdes *wild.* valderia *vill.*	*à feuill. de lupin.* F., Alpes. ♃
caulescens L.	*tombante.* F. ♃

3. *Foliis ternatis.*   3. Feuilles ternées.

monspeliaca L.	*de Montpellier.* F. ♃
norvegica L.	*de Norvège.* ♃
parviflora. fragaria sterilis *vill.*	*à petites fleurs.* F. ♃
emarginata. fragaria sterilis L.	*échancrée.* F. ♃

FRAGARIA	*FRAISIER*
vesca L.	*des bois.* F. ♃ (écon., méd.)
— monophylla.	— *à une feuille.*
— efflagellis.	— *sans coulans.*
— semperflorens.	— *de tous les mois.*
— moschata.	— *capiton.*
— nigra.	— *noir.*
— viridis.	— *vert.*
— virginiana.	— *écarlate.*
— chiloensis.	— *du Chili.*
— ananassa.	— *ananas.*

COMARUM	*COMARUM*
palustre L.	*des marais.* F. ♃

GEUM	*BENOITE*
urbanum L.	*officinale.* F. ♃ (méd.)
virginianum *Murr.*	*de Virginie.* ♃
canadense *Murr.* strictum *wild.* alepicum *Jacq.*	*de Canada.* ♃
rivale L.	*des ruisseaux.* F., Alpes. ♃
nutans *Lmk.*	*penchée.* F. ♃
pyrenaïcum *wild.*	*des Pyrénées.* F. ♃
montanum L.	*de montagne.* F., Alpes. ♃
reptans L.	*rampante.* F., Alpes. ♃

DRYAS	*DRYAS*
octopetala L.	*à 8 pétales.* F., Alpes. ♃

23

Rubus.

     1. *Fruticosi.*

idæus *l.*
occidentalis *l.*
villosus *h. k.* }
vulpinus. }
fruticosus *l.*
— inermis.
— laciniatus.
tomentosus *l.*
glandulosus.
pinnatus.
cæsius *l.*
— crispus.
odoratus *l.*

     2. *Herbacei.*

saxatilis *l.*
arcticus *l.*
chamæmorus *l.*

V. Germina plura definita supera mono-styla, capsulæ totidem mono aut poly-spermæ.

Spiræa.

     1. *Herbaceæ.*

filipendula *l.*
aruncus *l.*
ulmaria *l.*
lobata *l.*
trifoliata *l.*

     2. *Fruticosæ.*

sorbifolia *l.*
salicifolia *l.*
lævigata *l.*
tomentosa *l.*
hypericifolia *l.*

crenata *l.*
opulifolia *l.*

VI. Germen unicum monostylum, nux mono aut disperma nuda aut drupacea.

Prunus.

     1. *Cerasi. Nucleo subrotundo.*

caroliniana *wild.*
laurocerasus *l.*
lusitanica *l.*

Ronce.

     1. Tige ligneuse.

framboisier. f. ♄ (écon.)
d'occident. am. s. ♄ (écon.)

velue. am. s. ♄

des haies. f. ♄ (écon., méd.)
— *sans épines.*
— *laciniée.*
cotonneuse. f. ♄
glanduleuse. f., pyrén. ♄
pennée. île de f., s. ch. ♄
à fruit bleu. f. ♄ (écon.)
— *crépue.*
odorante. am. s. ♄

     2. Tige herbacée.

des rochers. f. ♃
du nord. suède. ♃ (écon.)
des marais. suède. ♃ (écon.)

V. Ovaires supères en nombre défini, autant de capsules renfermant une ou plusieurs graines.

Spiræa.

     1. Tige herbacée.

filipendule. f. ♃ (orn.)
à grappes. f. ♃ (orn.)
ulmaire. f. ♃ (orn.)
à feuill. lobées. am. s. ♃ (orn.)
à 3 feuill. am. s. ♃ (orn.)

     2. Tige ligneuse.

à feuill. de sorbier. sib. ♄ (orn.)
à feuill. de saule. sib. ♄ (orn.)
à feuill. lisses. sib. ♄ (orn.)
cotonneux. am. s. ♄ (orn.)
à feuill. d'hypericum. f. ♄ (orn.)

à feuill. crénelées. sib. ♄ (orn.)
à feuill. d'obier. am. s. ♄ (orn.)

VI. Un seul ovaire surmonté d'un style, une noix nue ou recouverte d'une pulpe renfermant une ou deux graines.

Prunier.

     1. Les Cerisiers. Noyau presque rond.

de Caroline. or. ♄
laurier-cerise. f. ♄ (orn.)
azarero. portug., ♄ (orn.)

padus *L.*	merisier à grappes. F. ♄ (orn.)
— rubra.	— à fruit rouge.
virginiana *L.*	de *Virginie.* ♄ (orn.)
serotina *wild.*	tardif. virginie. ♄
pumila *L.*	ragouminier. am. s. ♄ (orn.)
chamæcerasus *jacq.*	chamæcerasus. Autriche. ♄
mahaleb *L.*	mahaleb, ou de *Sainte-Lucie.* F. ♄ (orn.)
semperflorens *wild.* } serotina *Roth.* }	de la *Toussaint.* ♄
cerasus *L.*	cerisier. F. ♄ (écon.)
— nana.	— nain.
— ruberrima.	— de *Montmorency.*
— suavissima.	— royal, ou chériduc.
— juliana.	— guignier à fruit noir.
avium *L.*	merisier. F. ♄ (écon.)
— sylvestris.	— des bois, à fruit rouge.
— nigra.	— des bois, à fruit noir.
— bigarella.	— bigarotier.
persicifolia.	à feuill. de pêcher. ♄

2. *Pruni. Nucleo ovato sub compresso.*   2. Les Pruniers. Noyau oblong, un peu comprimé.

spinosa *L.*	épineux, ou *prunellier.* F. ♄
sinensis. amygdalus pumila *L.* }	de *Chine.* ♄ (orn.)
prostrata *Bill.*	couché. orient. ♄
insititia *L.*	sauvage. F. ♄
brigantina *vill.*	de Briançon. ♄
domestica *L.*	cultivé. F. ♄ (écon.)
— cerea.	— de *Sainte-Catherine.*
— cereolea.	— de *mirabelle.*
— damascena.	— de *Damas.*
— hungarica.	— de *Damas noir.*
— claudiana.	— de reine *Claude.*
myrobolana. cerasifera *wild.* }	de myrobolan. am. s. ♄ (écon.)
acinaria.	de cerisette. am. s. ♄ (écon.)

3. *Armeniacæ. Nucleo orbiculari compresso.*   3. Abricotiers. Noyau orbiculaire et comprimé.

armeniaca *L.*	abricotier. orient. ♄ (écon.)
— dulcis.	— alberge.
— nigra.	— à fruit noir.
— macrocarpa.	— pêche.
AMYGDALUS	AMANDIER
persica *L.*	pêcher. persc. ♄ (écon.)
communis *L.*	cultivé. Asie. ♄ (écon.)
— amara.	— amer.

nana *l.*   *nain.* sibérie. ♄ (orn.)

orientalis *h. k.* ⎫   *satiné.* perse. ♄ (orn.)
argentea *lmk.* ⎭

Genera rosaceis affinia.   Genres qui ont de l'affinité avec les
                                              Rosacées.

CALYCANTHUS   *CALYCANTHUS*
  floridus *l.*   *de Virginie.* ♄ (orn.)
  præcox *l.*   *du Japon.* ♄ (orn.)

HOMALIUM   *HOMALIUM*
  racemosum *l.*   *à grappes.* Am. m., s. ch. ♄

ORDO XI.   # ORDRE XI.

LEGUMINOSÆ.   ## LES LÉGUMINEUSES.

I. *Corolla regularis , legumen multilocu-*   I. Corolle regulière , gousse à plusieurs
lare , sæpius bivalve, dissepimentis trans-   loges monospermes , communément bi-
versis , loculis monospermis , stamina   valve , séparée par des cloisons trans-
distincta.   versales, étamines distinctes.

MIMOSA.   *SENSITIVE.*

    1. *Foliis simplicibus.*   1. Feuilles simples.

verticillata *l'her.*   *verticillée.* N. holl., or. ♄
juniperina *l'her.*   *à feuill. de genévrier.* N. holl.,
                                                   or. ♄

linifolia *vent.*   *à feuill. de lin.* N. holl., or. ♄
floribunda *vent.*   *à fleurs nombreuses.* N. holl.,
                                                   or. ♄

obliqua *smith.*   *oblique.* N. holl., or. ♄
longifolia *andr.*   *à feuill. longues.* N. holl., or. ♄
falcata.   *falciforme.* N. holl., or. ♄
suaveolens *smith.*   *triangulaire.* N. holl., or. ♄
stricta *andr.*   *serrée.* N. holl., or. ♄
heterophylla *lmk.*   ⟍ *à feuill. variables.* île de F.,
                                                   s. ch. ♄

    2. *Foliis simpliciter pinnatis.*   2. Feuilles une fois pennées.

inga *l.*   *ailée.* Am. m. , s. ch. ♄
fagifolia *l.*   *à feuill. de hêtre.* Am. m.,
                                                   s. ch. ♄

    3. *Foliis bi aut trigeminis.*   3. Feuilles deux ou trois fois géminées.

unguis-cati *l.*   *griffe de chat.* Am. m. , s. ch. ♄
fœtida *jacq.*   *puante.* mexique , s. ch. ♄

    4. *Foliis conjugatis simulque pinnatis.*   4. Feuilles conjuguées et pennées.

sensitiva *l.*   *sensible.* brésil , s. ch. ♄
strumbulifera *lmk.*   *tire-bouchon.* pérou , s. ch. ♄
coronillæfolia.   *à feuill. de coronille.* s. ch. ♄
furcata.   *bifurquée.* Afr. , s. ch. ♄

5. *Foliis duplicato pinnatis.*

a. *Aculeata aculeis sparsis.*

pudica L.
asperata L.
sarmentosa.
uncinella.
horridula *mich.*
trinervis.
ceratonia L.

rhodacantha.

b. *Spinosæ spinis axillaribus.*

juliflora *swartz.*
guayaquilensis.
mauroceana.
senegal L.
nilotica L.
indica.
farnesiana L.
eburnea L. f. ⎫
leucacantha *jacq.* ⎭
cornigera L.

c. *Inermes.*

muricata L.
portoricensis *jacq.*
leucocephala *link.*

lophantba *vent.* ⎫
distachia *vent.* ⎭
arborea L. ⎫
filicifolia *link.* ⎭
julibrissin *scop.*
decurrens *vent.*
angustifolia *link.* ⎫
peregrina L. ⎭
lebbek L.
trichodes *jacq.*
scandens L.
botrycephala *vent.*
lentiscifolia.

angustisiliqua *link.* ⎫
virgata *jacq.* ⎭
pubigera.
glandulosa *mich.*
punctata L.

5. Feuilles deux fois pennées.

a. Tige garnie d'aiguillons épars.

commune. AM. m., s. ch. ⊙
rude. AM. m., s. ch. ♄
sarmenteuse. s. ch. ♄
à crochets. s. ch. ♄
hérissée. AM. s., or. ♄
à trois nervures. s. ch. ♄
à feuill. de caroubier. AM. m.,
s. ch. ♄
à épines de rosier. s. ch. ♄

b. Epines axillaires.

à chatons. mexique, s. ch. ♄
de guayaquil. s. ch. ♄
de Maroc. s. ch. ♄
à tige blanche. ÉG., s. ch. ♄
du Nil. Égypte, s. ch. ♄
des Indes. s. ch. ♄
de Farnèse. inde, or. ♄
à épines blanches. inde, s. ch. ♄

à grosses épines. mexique,
s. ch. ♄

c. Tige sans épines.

tuberculeuse. AM. m., s. ch. ♄
de Porto-Rico. s. ch. ♄
à têtes blanches. AM. m.,
s. ch. ♄

en panache. N. HOLL., or. ♄

en arbre. AM. m., s. ch. ♄ (orn.)

arbre de soie. ASIE. ♄
décurrente. N. HOLL., or. ♄
à feuill. étroites, ou tendre à
caillou. AM. m., s. ch. ♄
lebbek. inde, s. ch. ♄
barbue. PÉROU, s. cb. ♄
grimpante. inde, s. ch. ♄
à grappes. N. HOLL., or. ♄
à feuill. de lentisque. mexique,
s. ch. ♄

à gousses étroites. AM. m.,
s. ch. ♄
velue. s. ch. ♄
glanduleuse. AM. s., or. ♄
ponctuée. AM. m., s. ch. ♄

lycopodioides.	à feuill. de lycopode. s.ch. ♄
aquatica *Humboldt.*	aquatique. mexique, s.ch. ♃
GLEDITSIA	*FÉVIER*
triacanthos *L.*	à trois pointes. Am. s. ♄ (arts, orn.)
— levis.	— sans épines.
monosperma *H. K.* } caroliniensis *Lmk.* }	monosperme. Am.s. ♄ (orn.)
sinensis *Lmk.*	de Chine. ♄ (arts, orn.)
macrocanthos.	à gross. épines. chine. ♄ (orn.)
GYMNOCLADUS *Lmk.*	*GYMNOCLADUS*
canadensis *Lmk.* } guilandina dioïca *L.* }	de Canada, chicot, bonduc. ♄
CERATONIA	*CAROUBIER*
siliqua *L.*	commun. F. m., or. ♄ (écon.)
TAMARINDUS	*TAMARIN*
indica *L.*	des Indes. s. ch. ♄ (méd.)
PARKINSONIA	*PARKINSONIA*
aculeata *L.*	épineux. Am. m., s.ch. ♄
SCOTIA *Jacq.*	*SCOTIA*
speciosa *Jacq.* } guayacum afrum *L.* }	écarlate. cap, or. ♄
CASSIA	*CASSE*
absus *L.*	hérissée. égypte. ⊙
tora *L.*	à fruit grêle. Am. m. ⊙
bicapsularis *L.*	à deux loges. Am. m., s. ch. ♄
viminea *L.*	sarmenteuse. Am. m., s. ch. ♄
alata *L.*	ailée. Am. m., s. ch. ♃
corymbosa *Lmk.*	corymbifère. brésil, s. ch. ♄
falcata *L.*	falciforme. Am. m. ⊙
occidentalis *L.*	puante. Am. m., s.ch. ♄ (méd.)
planisiliqua *L.*	à gousse plate. Am. m., s.ch. ♄
auriculata *L.*	auriculée. inde, s. ch. ♄
stipulacea *H. K.*	à gr. stipules. chili, s.ch. ♄
fistula *L.*	des boutiques. inde, s. ch. ♄ (méd.)
latifolia. } an atomaria *L.?* }	à larges feuill. Am. m., s. ch. ♄
senna *L.*	séné d'Italie. ⊙ (méd.)
acutifolia *Lmk.*	lancéolée, ou séné de la palte. égypte, s.ch. ♄ (méd.)
grandiflora. } corymbosa *ortéga.* }	à grandes fleurs. mexique, s. ch. ♄
biflora *L.*	à deux fleurs. Am. m., s. ch. ♄
tomentosa *Lmk.* } multiglandulosa *Jacq.* }	cotonneuse. chili, s. ch. ♄

hirsuta *l. f.*	*velue.* Am. m., s. ch. ♄
glandulosa *l.*	*glanduleuse.* Am. m. ⊙
chamæcrista *l.*	*chamæcrista.* Am. m. ⊙
marylandica *l.*	*de Maryland.* Am. s. ♃

II. *Corolla regularis, legumen uniloculare bivalve, stamina 10 distincta.* — II. Corolle régulière, gousse bivalve à une loge, 10 étamines distinctes.

SPAENDONCEA *Desf.* — *SPAENDONCEA*
tamarindifolia *Desf.* }
cadia purpurea *Forsk.* } — *à feuill. de tamarin.* Afr., s. ch. ♄

HOFFMENSEGGIA *cav.* — *HOFFMENSEGGIA*
falcaria *cav.* }
larrea glauca *ortéga.* } — *falciforme.* Pérou. ♃

MORINGA — *MORINGA*
nux-ben.
guilandina moringa *l.*
hyperanthera moringa *Vahl.* } — *noix de Ben.* inde, s. ch. ♄ (écon., méd.)

HÆMATOXYLUM — *CAMPÊCHE*
campechianum *l.* — *commun.* Am. m., s. ch. ♄ (arts.)

ADENANTHERA — *CONDORI*
pavonina *l.* — *glabre.* inde, s. ch. ♄

POINCIANA — *POINCILLADE*
pulcherrima *l.*
cæsalpinia pulcherrima *swartz* } — *élégante.* inde, s. ch. ♄ (orn.)

CÆSALPINIA — *BRÉSILLET*
sappan *l.* — *sapan.* inde, s. ch. ♄ (arts.)
bahamensis *Lmk.* — *de Bahama.* s. ch. ♄
vesicaria *Lmk.* — *vésiculeux.* Am. m., s. ch. ♄

GUILANDINA — *QUENIQUIER*
bonducella *l.* — *sarmenteux.* inde, s. ch. ♄

III. *Corolla subirregularis, stamina definita distincta aut basi tantum coalita, legumen uniloculare bivalve.* — III. Corolle un peu irrégulière, étamines distinctes ou seulement réunies à la base, gousse bivalve à une loge.

HYMENÆA — *HYMÉNÆA*
courbaril *l.* — *courbaril.* Am. m., s. ch. ♄

BAUHINIA — *BAUHINIA*
porrecta *H. K.* — *allongé.* Am. m., s. ch. ♄
tomentosa *l.* — *cotonneux.* inde, s. ch. ♄

IV. *Corolla papilionacea, stamina distincta, legumen uniloculare bivalve.* — IV. Corolle papilionacée, étamines distinctes, gousse bivalve à une loge.

CERCIS — *GAINIER*
siliquastrum *l.* — *de Judée.* orient ♄ (orn.)
canadensis *l.* — *de Canada.* ♄ (orn.)

ANAGYRIS	ANAGYRIS
fœtida *L.*	fétide. F. m., or. ♄
SOPHORA	SOPHORA
alopecuroïdes *L.*	queue de renard. orient. ♃
flavescens *L.*	jaune. sibérie. ♃
tomentosa *L.*	cotonneux. ceylan, s. ch. ♄
japonica *L.*	du Japon. ♄ (orn.)
microphylla *H. K.*	à petites feuill. N. zél., or. ♄ (orn.)
tetraptera *H. K.*	à quatre ailes. N. zél., or. ♄
PODALYRIA *Lmk.*	PODALYRIA
capensis *wild.*	du Cap. or. ♄
sophora capensis *L.*	
aurea *wild.*	
sophora aurea *H. K.*	à fleurs jaunes. Abyss., s. ch. ♄
virgilia *Lmk.*	
robinia subdecandra *l'Her.*	
australis *wild.*	de Caroline. ♃
sophora australis *L.*	
tinctoria *wild.*	des teinturiers. Am. s. ♃ (arts.)
sophora tinctoria *L.*	
alba *wild.*	à fleurs blanches. caroline. ♃
sophora alba *L.*	
lupinoïdes *wild.*	à feuill. de lupin. Kamtchatka. ♃
sophora lupinoïdes *L.*	
cuneifolia *vent.*	cunéiforme. cap, or. ♄
PULTENÆA	PULTENÆA
ericoïdes *vent.*	à feuill. de bruyère. N. Holl., or. ♄

V. Corolla papilionacea, stamina 10 mono aut diadelpha, legumen uniloculare bivalve.

V. Corolle papilionacée, 10 étamines monadelphes ou diadelphes, gousse bivalve à une loge.

PLATILOBIUM *smith.*	PLATILOBIUM
formosum *smith.*	élégant. N. Holl., or. ♄
scolopendrium *Andr.*	à feuilles de scolopendre. N. Holl., or. ♄
ULEX	AJONC
europæus *L.*	marin. F. ♄ (écon.)
minor *Roth.*	petit. F. ♄
GENISTA.	GENET.
1. *Spinosæ.*	1. Tige épineuse.
anglica *L.*	d'Angleterre. F. ♄
germanica *L.*	d'Allemagne. F. ♄
hispanica *L.*	d'Espagne. F. ♄
lusitanica *L.*	de Portugal. F. ♄

2. *Inermes.*

pilosa *l.*
sagittalis *l.*
tinctoria *l.*
sibirica *l.*
canariensis *l.*
candicans *l.*
juncea. ⎫
spartium junceum *l.* ⎭

SPARTIUM.

1. *Inermia.*

sphærocarpon *l.*
monospermum *l.*
cinereum *wild.* ⎫
genista scoparia *vill.* ⎭
album *Desf.* ⎫
multiflorum *l'Her.* ⎬
genista alba *Lmk.* ⎭
multicaule. ⎫
genista multicaulis *Lmk.* ⎭
purgans *l.*
scoparium *l.*
triquetrum *Lmk.*
nubigenum *H. K.* ⎫
fragrans *Lmk.* ⎭
patens *l.* ⎫
cytisus pendulinus *l. f.* ⎭
virgatum *H. K.*
parviflorum *vent.*
radiatum *l.*
umbellatum *Desf.*
linifolium *Desf.* ⎫
genista linifolia *l.* ⎭

2. *Spinosa.*

aspalathoïdes *Desf.*
ferox *Desf.*
scorpius *l.*
spinosum *l.*
lanigerum *Desf.*
creticum. ⎫
an aspalathus cretica *l.?* ⎭

CYTISUS
sessilifolius *l.*
nigricans *l.*

2. Tige sans épines.

tuberculeux. F. ♄
ailé. F. ♄
des teinturiers. F. ♄ (arts.)
de Sibérie. ♄
des Canaries, or. ♄
blanchâtre. F. m., or. ♄
jonciforme, ou *d'Espagne.*
   F. m. ♄ (orn.)

SPARTIUM.

1. Tige sans épines.

à fruit rond. Barbarie, or. ♄
monosperme. F. m., or. ♄

cendré. F. m. ♄

à fleurs blanches. Barb., or. ♄
  (orn.)

très-rameux. Mahon, or. ♄

purgatif. F. ♄
à balais. F. ♄ (écon.)
triangulaire. Esp., or. ♄

odorant. canaries, or. ♄

étalé. F. m., or. ♄

effilé. Madère, or. ♄
à petites fleurs. orient, or. ♄
à rayons. italie, or. ♄
ombellifère. Barb., or. ♄

à feuill. de lin. Barb., or. ♄

2. Tige épineuse.

aspalat. Barbarie, or. ♄
à grosses épines. Barb., or. ♄
scorpius. F. m., or. ♄
épineux. F. m., or. ♄
laineux. Barb., or. ♄

de Crète. or. ♄

CYTISE
  à feuill. sessiles. Esp. ♄ (orn.)
  à épis. Allemagne. ♄ (orn.)

24

laburnum *l.* — des Alpes, ou *faux ébénier.*
F. ♄ (orn.)

— latifolium. — *à larges feuill.* (orn.)

cajan *l.* — *cajan*, ou *pois d'Angole.*
Am. m., s. ch. ♄

hirsutus *l.* — *hérissé.* F. m. ♄

anagyrius *l'Her.* — *anagyris.* canaries, or. ♄

austriacus *l.* — *d'Autriche.* ♄

divaricatus *l'Her.* ⎫
spartium complicatum *l.* ⎬ *étalé.* F. ♄

proliferus *l.* — *prolifère.* canaries, or. ♄

foliolosus *l'Her.* — *feuillu.* canaries, or. ♄

triflorus *l'Her.* — *à trois fleurs.* F. m., or. ♄

biflorus *l'Her.* — *à deux fleurs.* Hongrie. ♄

supinus *l.* — *couché.* F. ♄

argenteus *l.* — *argenté.* F., Alpes. ♄

volgaricus *l. f.* ⎫
pinnatus *pallas.* ⎬ *du Volga.* ♄

CROTALARIA.

1. *Foliis ternatis.*

arborescens *lmk.* ⎫
incanescens *H. K.* ⎬ *en arbre.* île de F., s. ch. ♄ (orn.)

incana *l.* — *blanche.* Am. m. ☉

purpurascens *lmk.* — *pourpre.* île de F. ☉

2. *Foliis simplicibus.*

sagittalis *l.* — *sagittée.* brésil. ☉

juncea *l.* — *jonciforme.* inde. ☉

semperflorens *vent.* — *toujours fleurie.* inde, s. ch. ♄

retusa *l.* — *émoussée.* inde, s. ch. ☉

bengalensis *lmk.* — *du Bengale.* ☉

verrucosa *l.* ⎫
angulosa *lmk.* ⎬ *tuberculeuse.* inde. ☉
cœrulea *jacq.* ⎭

RAPHNIA

triflora *thunb.* ⎫
crotalaria triflora *l.* ⎬ *à trois fleurs.* cap, or. ♄

retusa *vent.* — *émoussé.* N. Holl., or. ♄

LUPINUS

perennis *l.* — *vivace.* Am. s. ♃

varius *l.* — *bigarré.* F. m. ☉ (orn.)

angustifolius *l.* — *à feuill. étroites.* F. ☉

luteus *l.* — *jaune.* barbaric. ☉ (orn.)

ONONIS. | ONONIS.

1. *Flores purpurei, aut albi.* | 1. Fleurs rouges ou blanches.

arborescens *Desf.* | *en arbre.* Barbarie, or. ♄
antiquorum *L.* | *arrête-bœuf.* F. ♃ (méd.)
arvensis *L.* | *des champs.* F. ♃ (méd.)
altissima *Lmk.* | *élevé.* Allemagne. ♃
mitissima *L.* | *à fleurs serrées.* F. m. ♃
cenisia *L.* | *du mont Cénis.* ♃
alopecuroïdes *L.* | *queue-de-renard.* Esp. ☉
cherleri *L.* | *de Cherler.* F. m. ♃
rotundifolia *L.* | *à feuill. rondes.* F., Alpes. ♃
fruticosa *L.* | *arbrisseau.* F., Alpes. ♄ (orn.)
tridentata *L.* | *à trois dents.* Esp., or. ♄
hirta. | *hérissé.* orient, or. ♃

2. *Flores lutei.* | 2. Fleurs jaunes.

viscosa *L.* | *visqueux.* F. m. ☉
natrix *L.* | *natrix.* F. ♄
parviflora *Lmk.* |
minutissima *Jacq.* non *Lin.* | *à petites fleurs.* F. ♂
columnæ *All.* |
subocculta *Vill.* |
minutissima *L.* | *nain.* F. ♃
saxatilis *Lmk.* |
ornithopodioïdes *L.* | *pié-d'oiseau.* Barbarie. ☉
vaginalis *Vahl.* | *à gaînes.* orient, or. ♄

ARACHIS | ARACHIS
hypogea *L.* | *pistache de terre.* Am. m. ☉
 | (écon.)

EBENUS | EBÉNUS
cretica *L.* | *de Crète.* or. ♄
pinnata *Desf.* | *penné.* or. ♃

ANTHYLLIS. | ANTHYLLIS.

1. *Fruticosæ.* | 1. Tige ligneuse.

barba-jovis *L.* | *satiné.* orient, or. ♄
cytisoïdes *L.* | *à fleurs de cytise.* F. m., or. ♄
hermanniæ *L.* | *d'orient.* or. ♄
erinacea *L.* | *épineux.* Esp., or. ♄

2. *Herbaceæ.* | 2. Tige herbacée.

cornicina *L.* | *cornu.* Esp. ☉
montana *L.* | *de montagne.* F. ♃
tetraphylla *L.* | *à quatre feuill.* F. m. ☉
vulneraria *L.* | *vulnéraire.* F. ☉
— purpurascens. | — *pourpre.*

Dalea

 purpurea *vent.* }
 petalostemum violaceum *mich.* } *violet.* Am. s., or. ♃

 candida. }
 petalostemum candidum *mich.* } *blanc.* Am. s., or. ♃

 linnæi *mich.*   *de Linné.* Am. s. ♃

Daléa

Psoralea

 pinnata *l.*   *à feuill. pennées.* cap , or. ♄
 odoratissima *jacq.*   *odorant.* cap , or. ♄
 verrucosa *wild.* }
 angustifolia *jacq.* } *tuberculeux.* cap , or. ♄
 aphylla *l.*   *sans feuill.* cap , or. ♄
 bituminosa *l.*   *bitumineux.* f. m., or. ♄
 palæstina *gouan.*   *de Palestine.* or. ♄
 glandulosa *l.*   *glanduleux.* pérou, or. ♄
 americana *l.*   *d'Amérique.* s. ch. ♄
 bracteata *l.*   *à grandes bractées.* cap , or. ♄
 corylifolia *l.*   *à feuill. de noisettier.* inde. ☉

Psoraléa

Melilotus (*Trifolium* l.)

 cœrulea *l.*   *bleu.* bohème. ☉ (écon.)
 indica *l.*   *des Indes.* ☉
 — minor.   — *petit.*
 officinalis *l.*   *officinal.* f. ♂ (méd., écon.)
 alba.   *blanc.* sibérie. ♂ (écon.)
 dentata *wald.*   *denté.* hongrie. ☉
 polonica *l.*   *de Pologne.* ☉
 italica *l.*   *d'Italie.* ☉
 cretica *l.*   *de Crète.* ☉
 messanensis *l.*   *de Messine.* ☉

Mélilot

Trifolium.

1. *Lotoïdea. Leguminibus tectis polyspermis.*

 lupinaster *l.*   *à feuill. de lupin.* sibérie. ♃
 strictum *l.*   *serré.* f. ☉
 hybridum *l.*   *hybride.* f. ♃
 repens *l.*   *rampant.* f. ♃
 alpinum *l.*   *des Alpes.* f. ♃
 involucratum *wild.*   *à involucre.* ♃

2. *Lagopoïdea. Calicibus villosis.*

 subterraneum *l.*   *souterrain.* f. ☉
 cherleri *l.*   *de Cherler.* f. m. ☉
 lappaceum *l.*   *bardane.* f. ☉
 rubens *l.*   *rouge.* f. ♃ (écon.)
 pratense *l.*   *des prés.* f. ♃ (écon.)
 diffusum *wald.*   *étalé.* hongrie. ♂
 alpestre *l.*   *à deux têtes.* f., Alpes. ♃

Trèfle.

1. Les Lotoïdes. Gousses polyspermes recouvertes par le calice.

2. Les Lagopodes. Calices velus.

flexuosum *jacq.* } medium *afz.* }	*tortueux.* F., Alpes. ♃
pannonicum *l.*	*de Hongrie.* ♃
ochroleucum *l.*	*jaunâtre.* F. ♃
squarrosum *l.*	*hérissé.* F. ☉
incarnatum *l.*	*incarnat.* F. ☉
— pallidum.	— *pâle.*
angustifolium *l.*	*à feuill. étroites.* F. m. ☉
arvense *l.*	*des moissons.* F. ☉
saxatile *All.* } thymiflorum *vill.* }	*des rochers.* F., Alpes ♂
stellatum *l.*	*étoilé.* F. m. ☉
clypeatum *l.*	*bouclier.* orient. ☉
alexandrinum *l.*	*d'Alexandrie.* ☉ (écon.)
scabrum *l.*	*rude.* F. ☉
glomeratum *l.*	*aggloméré.* F. ☉
parviflorum *wild.*	*à petites fleurs.* hongrie. ☉
striatum *l.*	*strié.* F. ☉
suffocatum *l.*	*nain.* F. m. ☉

3. *Vesicaria. Calicibus inflatis ventricosis.* — 3. Les vésiculeux. Calices renflés.

spumosum *l.*	*écumeux.* F. ☉
tomentosum *l.*	*cotonneux.* F. ☉
fragiferum *l.*	*fraise.* F. ♃

4. *Lupulina. Vexillis corollæ inflexis.* — 4. Les Lupulins. Etendard de la corolle abaissé.

montanum *l.*	*de montagne.* F. ♃
agrarium *wild.* } aureum *pollich.* }	*des champs.* F. ☉
spadiceum *l.*	*brun.* F. ☉
procumbens *smith.*	*tombant.* F. ☉
filiforme *smith.*	*filiforme.* F. ☉

MEDICAGO. — *LUSERNE.*

1. *Leguminibus lunatis.* — 1. Gousse falciforme.

arborea *l.*	*en arbre.* orient, or. ♄
radiata *l.*	*radiée.* italie. ☉
circinnata *l.*	*pennée.* italie. ☉
sativa *l.*	*cultivée.* F. ♃ (écon.)
falcata *l.*	*falciforme.* F. ♃
lupulina *l.*	*des prés.* F. ♂

2. *Leguminibus cochleatis.* — 2. Gousse en limaçon.

prostrata *l. f.*	*couchée.* hongrie. ♃
marina *l.*	*maritime.* F. m., or. ♃
orbicularis *l.*	*orbiculaire.* F. ☉
tornata *l.*	*barillet.* F. ☉
— minor.	— *petit barillet.*

elegans *wild.*	*élégante.* sicile. ⊙
tuberculata *wild.*	*tuberculeuse.* F. m. ⊙
aculeata *wild.*	*à aiguillons.* ⊙
rigidula *L.*	*rude.* ⊙
intertexta *L.*	*entrelacée.* F. m. ⊙
globulifera.	*à globules.* ⊙
tribuloïdes *Lmk.*	*à grosses pointes.* barbarie. ⊙
ciliaris *L.*	*ciliée.* F. m. ⊙
maculata *wild.* ⎫ arabica *L.* ⎭	*tachée.* F. ⊙
coronata *L.*	*couronnée.* F. m. ⊙
denticulata *wild.*	*denticulée.* F. m. ⊙
apiculata *wild.*	*à petites pointes.* eur. ⊙
minima *L.*	*velue.* F. ⊙
laciniata *L.*	*laciniée.* F. ⊙

TRIGONELLA.

1. *Flores in pedicello communi.*

platicarpos *L.*	*à gousses larges.* sibérie. ⊙
corniculata *L.*	*cornue.* F. ⊙
cancellata.	*pié-d'oiseau.* ⊙
prostrata.	*couchée.* orient. ⊙
laciniata *L.*	*laciniée.* égygte. ⊙

2. *Flores sessiles.*

monspeliaca *L.*	*de Montpellier.* ⊙
spinosa *L.*	*épineuse.* crète. ⊙
polycerata *L.*	*à gousses longues.* F. m. ⊙
fœnum-grecum *L.*	*fénu-grec.* F. m. ⊙ (méd.)

TRIGONELLE.

1. Fleurs portées sur un pédoncule commun.

2. Fleurs sessiles.

Lotus

edulis *L.*	*comestible.* orient. ⊙
siliquosus *L.*	*à grosses gousses.* F. ♃
tetragonolobus *L.*	*à quatre ailes.* orient. ⊙
conjugatus *L.*	*conjugué.* F. ⊙
peregrinus *L.* ⎫ oligoceratos *Lmk.* ⎭	*étranger.* barbarie. ⊙
hispidus.	*hérissé.* F. m. ⊙
arabicus *L.*	*d'Arabie.* or. ♃
creticus *L.*	*argenté.* orient. or. ♄
jacobæus *L.*	*à fleurs brunes.* afr., or. ♂
ornithopodioïdes *L.*	*comprimé.* esp. ⊙
prostratus *Desf.*	*couché.* orient, or. ♃
corniculatus *L.*	*pié-d'oiseau.* F. ♃
— major.	— *élevé.*
— tenuifolius.	— *à feuill. étroites.*
hirsutus *L.*	*velu.* F. m., or. ♄

LOTIER

rectus *L.*	*à tige droite.* F. m. ♃
dorycnium *L.*	*dorycnium.* F. m., or. ♄
DOLICHOS	*DOLIC*
lablab *L.*	*lablab.* Égypte. ☉ (orn.)
— albus.	*— à fleurs blanches.*
sinensis *L.*	*de Chine.* ☉
sesquipedalis *L.*	*à longues gousses.* Am. m. ☉
unguiculatus *L.*	*onguiculé.* Am. m. ☉
luteolus *Jacq.*	*jaunâtre.* Am. m. ☉
articulatus *Lmk.*	*articulé.* Am. m., s. ch. ♃
minimus *L.*	*à petites gousses.* Am. m., s. ch. ♃
lignosus *L.*	*ligneux.* inde, or. ♄ (orn.)
urens *L.*	*brûlant.* Am. m., s. ch. ♄
ensiformis. ⎱	*pois-sabre.* Am. m., s. ch. ♄
acinaciformis *Jacq.* ⎰	
gladiatus *Jacq.*	*à grandes gousses.* Am. m., s. ch. ♄
soja *L.*	*soja.* Japon. ☉
biflorus *L.*	*à deux fleurs.* inde. ☉
PHASEOLUS	*HARICOT*
vulgaris *L.*	*commun.* inde. ☉ (écon.)
coccineus *Lmk.* ⎱	*écarlate.* Am. m. ☉ (écon., orn.)
multiflorus *Wild.* ⎰	
lunatus *L.*	*arqué.* inde. ☉ (écon.)
vexillatus *L.*	*à grand étendart.* Am. m. ☉
caracalla *L.*	*caracolle.* inde, or. ♄ (orn.)
paniculatus *Mich.*	*en panicule.* Am. s. ♃
radiatus *Lmk.* an *Lin.?*	*à rayons.* ceylan. ☉
semi-erectus *L.*	*pourpre.* Am. m. ☉
nanus *L.*	*nain.* inde. ☉ (écon.
stipularis *Lmk.* ⎱	*à grandes stipules.* inde. ☉
an dolichos trilobus *L.?* ⎰	
sphærospermus *L.*	*à graines rondes.* inde. ☉
ERYTHRINA	*ERYTHRINA*
herbacea *L.*	*herbacé.* caroline, or. ♃
corallodendrum *L.*	*arbre de corail.* Am. m., s.ch. ♄
abyssinica *Lmk.*	*d'Abyssinie.* s. ch. ♄
aculeatissima.	*très-épineux.* s. ch. ♄
portoricensis.	*de Porto-Rico.* s. ch. ♄
CLITORIA	*CLITORIA*
ternatea *L.*	*ternatéa* s. ch. ♂
— alba.	*— à fleurs blanches.*
heterophylla *Lmk.*	*à feuilles variables.* inde, s. ch. ♃
brasiliana *L.*	*du Brésil.* ☉
virginiana *L.*	*de Virginie.* ☉

glabella.
galacia glabella *mich.* } glabre. Am. s.

GLYCINE
  monoïca *l.*
  caribæa *l.*
  tomentosa *l.*
  bituminosa *l.*
  apios *l.*
  frutescens *l.*
  bimaculata *curt.*
  rubicunda *curt.*
  coccinea *curt.*

GLYCINÉ
  monoïque. Am. s. ♃
  des Antilles. s. ch. ♄
  cotonneux. Am. s. ♃
  bitumineux. cap, or. ♃
  apios. Am. s. ♃
  arbrisseau. Am. s. ♄ (orn.)
  à deux taches. N. Holl., or. ♄
  rouge. N. Holl., or. ♄
  écarlate. N. Holl., or. ♄

ABRUS
  precatorius *l.*

ABRUS
  à chapelets. Am. m., s. ch. ♄

AMORPHA
  fruticosa *l.*
  pumila *mich.*
  glabra.

AMORPHA
  faux indigo. Am. s. ♄ (orn.)
  nain. Am. s. ♄
  glabre. Am. s. ♄

PISCIDIA
  erythrina *l.*

PISCIDIA
  erythrina. Am. m., s. ch. ♄

ROBINIA
  pseudo-acacia *l.*

  inermis.
  viscosa *mich.*
  hispida *l.*
  altagana *l'her.*
  caragana *l.*
  pygmæa *l.*
  frutescens *l.*
  chamlagu *l'her.*
  spinosa *l.*
  halodendron *l. f.*
  squamata *vahl.*
  tomentosa *wild.* }
  panacoco *Aublet.* }

ROBINIA
  faux acacia. Am. s. ♄ (orn. écon.)
  sans épines. Am. s. ♄ (orn.)
  visqueux. Am. s. ♄ (orn.)
  acacia rose. Am. s. ♄ (orn.)
  altagana. Daurie. ♄
  caragana. sibérie. ♄ (orn.)
  grèle. sibérie. ♄
  arbrisseau. sibérie. ♄
  chamlagu. chine. ♄ (orn.)
  épineux. sibérie. ♄ (orn.)
  satiné. sibérie. ♄
  écailleux. Am. m., s. ch. ♄
  cotonneux. cayenne, s. ch. ♄

COLUTEA
  arborescens *l.*
  alepica *lmk.* }
  pocokii *wild.* }
  orientalis *lmk.* }
  cruenta *h. k.* }
  frutescens *l.*

BAGUENAUDIER
  arbre. F. m. ♄ (orn.)
  d'Alep. orient. ♄ (orn.)
  d'orient. ♄ (orn.)
  d'Éthiopie. cap, or. ♂ (orn.)

LESSERTIA *dec.*
  perennans *dec.* }
  colutea perennans *l.* }

LESSERTIA
  vivace. sibérie. ♃

annua *Dec.*
colutea herbacea *l.* }   *annuel.* cap. ☉

PHACA   *PHACA*

boetica *l.*   *de Portugal.* or. ♃

astragalina *Dec.*
astragalus alpinus *l.* }   *faux astragale.* F. ♃

alpina *l.*   *des Alpes.* F. ♃

OXYTROPIS *Dec.*   **OXYTROPIS**

campestris *Dec.*
astragalus campestris *l.* }   *des champs.* F. ♃

pilosa *Dec.*
astragalus pilosus *l.* }   *velu.* F., Alpes. ♃

deflexa *Dec.*
astragalus deflexus *Pallas.*
astragalus hians *Jacq.*
astragalus parviflorus *Lmk.* }   *à fruit pendant.* sibérie. ♃

ASTRAGALUS.   *ASTRAGALE.*

1. *Stipulis caulinis, floribus rubris.*   1. Stipules adhérentes à la tige, fleurs rouges.

austriacus *l.*   *d'Autriche.* F. m. ♃

annularis *Forsk.*
maculatus *Lmk.*
subulatus *Desf.* }   *annulaire.* Afr. s. ☉

stella *l.*   *étoilé.* F. m. ☉
sesameus *l.*   *à fleurs sessiles.* F. m. ☉
vesicarius *l.*   *vésiculeux.* F. Alpes. ♃
pentaglottis *l.*   *pentaglotte.* Barbarie. ♃
purpureus *Lmk.*   *pourpre.* F. m. ♃
hypoglottis *l.*   *hypoglotte.* F. ☉
glaux *l.*   *glaux.* Esp. ☉
onobrychis *l.*   *onobrychis.* F. ♃
— alpinus.   *— des Alpes.*
— major.   *— de Sibérie.*
hispidulus *Dec.*   *hérissé.* Égypte. ☉
sulcatus *l.*   *sillonné.* sibérie. ♃

2. *Stipulis caulinis, floribus ochroleucis.*   2. Stipules adhérentes à la tige, corolle d'un blanc jaune.

depressus *l.*   *déprimé.* F. ♃
contortuplicatus *l.*   *recroquevillé.* sibérie. ☉
trimestris *l.*   *hatif.* égypte. ☉
hamosus *l.*   *en hameçon.* F. m. ☉
glycyphyllos *l.*   *à feuill. de réglisse.* F. ♃
cicer *l.*   *pois-chiche.* F. ♃
galegiformis *l.*   *galéga.* sibérie. ♃
asper *Jacq.*
chloranthus *Pallas.* }   *rude.* sibérie. ♃

canadensis *l.*	*de Canada.* ♃
uliginosus *l.*	*des marais.* sibérie. ♃
odoratus *lmk.*	*odorant.* orient. ♃
falcatus *lmk.*	*falciforme.* russie. ♃
christianus *l.*	*de Judée.* or. ♃
tomentosus *lmk.*	*cotonneux.* égypte. ♃
alopecuroïdes *l.*	*queue de renard.* sibérie. ♃
narbonensis *gouan.*	*de Narbonne.* f. m. ♃

3. *Stipulis petiolo adhærentibus , inermes.*   3. Stipules adhérentes au pétiole, feuilles sans épines.

caprinus *l.*	*des chèvres.* barbarie , or. ♃
exscapus *l.*	*sans tige.* suisse. ♃
incanus *l.*	*blanc.* f. m. ♃
monspessulanus *l.*	*de Montpellier.* f. ♃

4. *Spinescentes.*   4. Feuilles terminées par une épine.

longifolius *lmk.*	*à longues feuill.* orient. ♄
massiliensis *lmk.* }	
tragacantha *l.* }	*de Marseille.* f. m. ♄
sempervirens *lmk.* }	
aristatus *l'her.* }	*toujours vert.* f., Alpes. ♄
tragacantha *vill.* }	

BISERRULA   BISERRULA

pelecinus *l.*	*rateau.* barbarie. ☉

GLYCYRRHIZA   RÉGLISSE

echinata *l.*	*hérissée.* tartarie. ♃
glabra *l.*	*officinale.* f. ♃ (méd.)
- fœtida *desf.*	*puante.* barbarie. ♃

GALEGA   GALÉGA

officinalis *l.*	*officinal.* f. ♃ (écon.)
rosea *lmk.*	*rose.* cap , or. ♄
pulchella *scop.* }	
stricta *h. k.* }	*élégant.* cap , or. ♄
cinerea *l.*	*cendré.* am. m. ☉
coronillæfolia.	*à feuill. de coronille.* s. ch. ♄
caribæa *l.*	*des Antilles.* s. ch. ♄
pubescens *lmk.*	*pubescent.* am. m. ♄
longifolia *jacq.* }	*à longues feuill.* am. m. ♄
clitoria micrantha *scop.* }	

INDIGOFERA   INDIGOTIER

viscosa *lmk.*	*visqueux.* am. m., s. ch. ♃
tinctoria *l.*	*des teinturiers.* inde , s. ch. ♂ (arts.)
anil *l.*	*anil.* inde , s. ch. ♂ (arts.)
argentea *l.* }	*argenté.* orient, or. ♄ (arts.)
glauca *lmk.* }	

macrostachya *vent.*	*à gros épis.* chine, or. ♄
australis *wild.*	*austral.* N. HOLL., or. ♄
enneaphylla *L.*	*à neuf folioles.* inde. ⊙

LATHYRUS.

GESSE.

1. *Pedunculis unifloris.*

1. Pédoncules à une fleur.

aphaca *L.*	*aphaca.* F. ⊙
nissolia *L.*	*sans vrilles.* F. ⊙
axillaris *Lmk.* ⎱	*axillaire.* F. m. ⊙
sphæricus *Retz.* ⎰	
cicera *L.*	*sillonnée.* ESP. ⊙
sativus *L.*	*cultivée.* F. ⊙ (écon.)
setifolius *L.*	*à feuill. étroites.* F. m. ⊙
turgidus *Lmk.*	*renflée.* ♃

2. *Pedunculis bifloris.*

2. Pédoncules à deux fleurs.

clymenum *L.*	*d'Espagne.* ⊙
articulatus *L.*	*articulée.* F. m. ⊙
odoratus *L.*	*odorante.* ceylan. ⊙ (orn.)
tingitanus *L.*	*de Tanger.* ⊙
annuus *L.*	*jaune.* F. m. ⊙

3. *Pedunculis multifloris.*

3. Pédoncules à plusieurs fleurs.

hirsutus *L.*	*velue.* F. ⊙
tuberosus *L.*	*tubéreuse.* F. ♃ (écon.)
pratensis *L.*	*des prés.* F. ♃
sylvestris *L.*	*sauvage.* F. ♃
latifolius *L.*	*à larges feuill.* F. m. ♃
palustris *L.*	*des marais.* F. ♃

PISUM

POIS

sativum *L.*	*cultivé.* F. ⊙ (écon.)
— excorticatum.	*— sans parchemin.*
— umbellatum.	*— à bouquets.*
arvense *L.*	*des champs.* F. ⊙
maritimum *L.*	*maritime.* F. ♃
ochrus *L.*	*ailé.* F. m. ⊙

OROBUS

OROBE

lathyroïdes *L.*	*à feuill. de gesse.* sibérie. ♃
vernus *L.*	*printanier.* F. ♃
luteus *L.*	*jaune.* F., Alpes. ♃
tuberosus *L.*	*tubéreux.* F. ♃
albus *L. f.*	*blanc.* Autriche. ♃
sylvaticus *L.*	*des bois.* F., Alpes. ♃
niger *L.*	*noir.* F. ♃
tomentosus.	
lathyrus tomentosus *cav.* ⎱	*cotonneux.* pérou; s. ch. ♄
vicia tomentosa *wild.* ⎰	

VICIA. — VESCE

1. *Pedunculis elongatis.* — 1. Pédoncules allongés.

pisiformis L.	pisiforme. F. ♃
dumetorum L.	des buissons. F. ♃
sylvatica L.	des bois. F. ♃
cracca L.	à fleurs nombreuses. F. ♃
onobrichioïdes *All.*	à feuill. de sainfoin. F., Alp. ☉
atropurpurea *Desf.*	brun-pourpre. Barbarie. ☉
bengalensis L.	du Bengale. ☉
biennis L.	bisannuelle. sibérie. ♂
monanthos. ⎱ ervum monanthos L. ⎰	à une fleur. F. ☉
ervilia *wild.* ⎱ ervum ervilia L. ⎰	ers. F. ☉

2. *Floribus axillaribus subsessilibus.* — 2. Fleurs axillaires presque sessiles.

sepium L.	des haies. F. ♃
sativa L.	cultivée. F. ☉ (écon.)
— angustifolia.	— à feuill. étroites.
peregrina L.	échancrée. F. ☉
torulosa.	bosselée. ☉
lathyroïdes L. ⎱ ervum soloniense L. ex *wild.* ⎰	printanière. F. ☉
lutea L.	jaune. F. ☉
hybrida L.	hybride. F. ☉
narbonensis L.	de Narbonne. ☉

FABA (*Vicia* Lin.) — FÈVE

major L.	de marais. Perse. ☉ (écon.)
— minor.	— petite, ou féverolle.
— viridis.	— verte.

ERVUM — LENTILLE

hirsutum L.	velue. F. ☉
tetraspermum L.	à quatre graines. F. ☉
lens L.	cultivée. F. m. ☉ (écon.)
— minor.	— petite.

CICER — CICER

arietinum L.	pois-chiche. orient. ☉ (écon.)

VI. *Legumen articulatum, articulatis mo-nospermis.* — VI. Gousse articulée, articulations mo-nospermes.

SCORPIURUS — CHENILLETTE

vermiculata L.	écailleuse. F. m. ☉
muricata L.	hérissée. F. m. ☉
sulcata L.	sillonnée. F. m. ☉

ORNITHOPUS — PIÉ-D'OISEAU

perpusillus L.	petit. F. ☉
compressus L.	comprimé. F. m. ☉
scorpioïdes L.	queue de scorpion. F. m. ☉

HIPPOCREPIS
  unisiliquosa *L.*
  multisiliquosa *L.*
  comosa *L.*
  balearica *H. K.*

HIPPOCRÉPIS
  à gousses solitaires. F. m. ☉
  à plusieurs gousses. F. m. ☉
  des champs. F. ♃
  de Mahon. or. ♄

CORONILLA
  emerus *L.*
  valentina *L.* }
  stipularis *Lmk.* }
  glauca *L.*
  juncea *L.*
  minima *L.*
  varia *L.*
  globosa *Lmk.*
  cretica *L.*
  securidaca *L.*

CORONILLE
  émérus. F., Alpes. ♄ (orn.)
  à grandes stipules. F. m., or. ♄
  glauque. F. m., or. ♄
  jonciforme. F. m., or. ♄
  petite. F. ♃
  bigarrée. F. ☉ (orn.)
  globuleuse. orient. ♃
  de Crète. ☉
  à gousses plates. F. ☉

HEDYSARUM.

  1. *Foliis simplicibus.*

  alhagi *L.*
  maculatum *L.*
  vaginale *L.*
  verpertilionis *L. f.*

  gangeticum *L.*

SAINFOIN.

  1. Feuilles simples.

  à la manne. syrie. ♃
  panaché. inde. ☉
  à gaines. inde. ☉
  aile d'oiseau. cochinchine ,
    s. ch. ♂
  du Gange. s. ch. ♄

  2. *Foliis ternatis.*

  junceum *L.*
  coriaceum.
  canadense *L.*
  canescens *L.?*
  marylandicum *L.*
  diffusum.
  gyrans *L. f.*

  2. Feuilles ternées.

  effilé. sibérie. ♃
  à feuill. coriaces. or. ♄
  de Canada. ♃
  blanchâtre. Am. s., or. ♃
  de Maryland. ♃
  étalé. s. ch. ♄
  oscillant. Bengale , s. ch. ♂

  3. *Foliis pinnatis.*

  alpinum *L.*
  obscurum *L.*
  coronarium *L.*
  flexuosum *L.*
  fruticosum *L.*
  muricatum *Jacq.*
  lanuginosum.
  onobrychis *L.*
  saxatile *L.*
  caput-galli *L.*
  crista-galli *L.*

  3. Feuilles pennées.

  des Alpes. F. ♃
  à fruit lisse. Alpes. ♃
  d'Espagne. ♂ (écon., orn.)
  tortueux. orient. ☉
  arbrisseau. sibérie. ♄
  hérissé. Afr. ♃
  laineux. orient. ♃
  cultivé. F. ♃ (écon.)
  des rochers. F., Alpes. ♃
  tête-de-coq. F. m. ☉
  crête-de-coq. orient. ☉

ÆSCHYNOMENE
 grandiflora *L.*
 sesban *L.*
 picta *cav.*
 fusca.

ESCHYNOMENÉ
 à grandes fleurs. inde, s. ch. ♄
 sesban. égypte, s. ch. ♂
 tacheté. N. ESP., s. ch. ♂
 à fleurs brunes. s. ch. ♄

*VII. Corolla papilionacea, legumen cap-
sulare uniloculare submonospermum sæpe
non dehiscens.*

VII. Corolle papilionacée, gousse cap-
sulaire à une loge ordinairement monosperme et ne s'ouvrant point.

DALBERGIA
 latilisiqua.

DALBERGIA
 à gousse large. AM. m., s. ch. ♄

GEOFFRÆA
 inermis *swartz.*

GEOFFRÆA
 sans épines. AM. m., s. ch. ♄

PTEROCARPUS
 ecastaphyllum *L.*

PTÉROCARPUS
 à feuilles simples. AM. m.,
  s. ch. ♄

SECURIDACA
 volubilis *L.*

SÉCURIDACA
 sarmenteux. AM. m., s. ch. ♄

ORDO XII.

TEREBINTHACEÆ.

*I. Germen simplex, fructus unilocularis
monospermus.*

ORDRE XII.

LES TÉRÉBINTHES.

I. Un seul ovaire, fruit à une seule loge
monosperme.

ANACARDIUM
 occidentale *L.*

ANACARDE
 d'occident, ou *noix d'acajou.*
 AM. m., s. ch. ♄ (écon.)

MANGIFERA
 sativa *L.*

MANGUIER
 cultivé. inde, s. ch. ♄ (alim.)

RHUS.
  1. *Foliis pinnatis.*
 coriaria *L.*
 typhinum *L.*
 glabrum *H. K.*
 vernix *L.*
 copallinum *L.*
 semialatum *murr.*
 javanicum *L.*

SUMAC.
  1. Feuilles pennées.
 des corroyeurs. F. m. ♄ (écon.)
 de Virginie. ♄ (orn.)
 glabre. AM. s. ♄ (orn.)
 vernis. AM. s. ♄
 ailé. AM. s. ♄
 semi-ailé. inde, s. ch. ♄
 à feuill. de sorbier. inde, s. ch. ♄

  2. *Foliis ternis.*
 toxicodendron *L.*
 radicans *L.*
 aromaticum *H. K.*
 tomentosum *L.*
 dentatum *thunb.*

  2. Feuilles ternées.
 vénéneux. AM. s. ♄
 traçant. AM. s. ♄ (méd.)
 aromatique. AM. s. ♄
 cotonneux. cap, or. ♄
 denté. cap, or. ♄

cuneifolium *Thunb.*

glaucum.

thezera *Desf.*

rhamnus pentaphyllus *L.* }

oxyacanthoïdes.

angustifolium *L.*

viminale *H. K.*

levigatum *L.*

lucidum *L.*

villosum *L. f.*

undulatum *Jacq.*

nervosum.

3. *Foliis simplicibus.*

cotinus *L.*

II. Germen simplex, fructus multilocularis, loculis quibusdam interdum abortivis.

CNEORUM

tricoccum *L.*

pulverulentum *Vent.*

COMOCLADIA

ilicifolia *L.*

dentata *L.*

AMYRIS

polygama *Cav.*

SCHINUS

molle *L.*

PISTACIA

terebinthus *L.*

trifoliata *L.* }

vera *L.* }

chia.

atlantica *Desf.*

lentiscus *L.*

BURSERA

gummifera *L.*

SPONDIAS

monbin *L.*

III. Germen multiplex, fructus multi-capsularis.

AYLANTUS *Desf.*

glandulosa.

---

cunéiforme. cap , or. ♄

glauque. cap , or. ♄

thézera. barbarie , or. ♄

à feuill. d'aube-épine. orient , or. ♄

à feuill. étroites. cap , or. ♄

flexible. cap , or. ♄

lisse. cap , or. ♄

luisant. cap , or. ♄

velu. cap , or. ♄

ondulé. cap , or. ♄

veiné. cap , or. ♄

3. Feuilles simples.

fustet. F. m. ♄ (arts)

II. Un seul ovaire , fruit à plusieurs loges dont quelques-unes avortent quelquefois.

CAMELÉE

à trois coques. F. m. ♄

pulvérulente. canaries , or. ♄

COMOCLADIA

à feuill. de houx. Am. m. , s. ch. ♄

à feuill. dentées. Am. m. , s. ch. ♄

AMYRIS

polygame. chili , s. ch. ♄

SCHINUS

mollé. pérou , s. ch. ♄

PISTACHIER

térébinthe. F. m. ♄

cultivé. orient , or. ♄ (écon.)

de Chio. or. ♄

de l'atlas. or. ♄ (écon.)

lentisque. F. m. , or. ♄ (écon.)

BURSERA

gommifère. Am. m. , s. ch. ♄

SPONDIAS

monbin. Am. m. , s. ch. ♄

III. Plusieurs ovaires, autant de capsules.

AYLANTE

glanduleux. japon. ♄ (orn.)

BRUCEA *l'her.*	*BRUCÉA*
ferruginea *l'her.*	*ferrugineux.* Afr., s. ch. ♄
FAGARA	*FAGARA*
pterota *l.*	*à feuill. de jasmin.* Am. m., s. ch. ♄
microphylla.	*à petites feuill.* Am. m., s. ch. ♄
ZANTHOXYLUM	*ZANTHOXYLUM*
fraxinifolium *Marschal.* ⎫ cauliflorum *Mich.* ⎬	*à feuill. de frêne.* Am. s. ♄
clava-herculis *l.*	*à gros aiguillons.* Am. m., s. ch. ♄
PTELEA	*PTÉLÉA*
trifoliata *l.*	*à trois feuill.* Am. s. ♄ (orn.)
DODONÆA	*DODONÆA*
viscosa *l.*	*visqueux.* inde, s. ch. ♄
angustifolia *l. f.*	*à feuill. étroites.* inde, s. ch. ♄
triquetra *wild.*	*triangulaire.* N. Holl., or. ♄
JUGLANS	*NOYER*
regia *l.*	*cultivé.* Asie. ♄ (écon.)
— serotina.	*— tardif.*
fraxinifolia *lmk.*	*à feuill. de frêne.* Asie. ♄
alba *l.*	*ikori.* Am. s. ♄
pacan *H. K.* ⎫ cylindrica *lmk.* ⎭	*pacanier.* Am. s. ♄ (écon.)
cinerea *l.*	*cendré.* Am. s. ♄
nigra *l.*	*noir.* Am. s. ♄

ORDO XIII.

RHAMNI.

ORDRE XIII.

LES NERPRUNS.

I. *Stamina petalis alterna, fructus capsularis.*	I. Étamines alternes avec les pétales, une capsule.
SPAPHYLEA	*STAPHYLÉA*
pinnata *l.*	*à feuill. pennées.* F. ♄ (orn.)
trifoliata *l.*	*à feuill. ternées.* Am. s. ♄ (orn.)
EVONYMUS	*FUSAIN*
europæus *l.*	*d'Europe.* F. ♄ (écon.)
latifolius *l.*	*à larges feuill.* F. ♄ (orn.)
americanus *l.*	*d'Amérique.* Am. s. ♄
atropurpureus *Jacq.*	*noir-pourpre.* Am. s. ♄
verrucosus *l.*	*galeux.* Autriche. ♄ (orn.)
CELASTRUS	*CÉLASTRUS*
scandens *l.*	*grimpant.* Am. s. ♄
cassinoïdes *l'her.*	*à feuill. de cassiné.* canaries, or. ♄

octogonus *l'Her.* — octogone. Pérou, s.ch. ♄

lucidus *l.* 〳
cassine concava *Lmk.* 〵 — à feuill. luisantes. cap , or. ♄

buxifolius *l.* — à feuill. de buis. cap , or. ♄

pyracanthus *l.* — à épines rouges. cap., or. ♄

senegalensis *Lmk.* 〳
phyllacanthus *l'Her.* 〵 — du Sénégal. s. ch. ♄

multiflorus *Lmk.* 〳
hispanicus *H. P.* 〵 — à fleurs nombr. cap., or. ♄

II. Stamina petalis alterna , drupa aut bacca. — II. Étamines alternes avec les pétales, un drupe ou une baie.

RUBENTIA — *RUBENTIA*

mauritiana. — *bois d'olive.* île de F., s. ch. ♄

longifolia. 〳
elæodendrum orientale *Jacq.* 〵 — *à longues feuill.* s. ch. ♄

CASSINE — *CASSINÉ*

capensis *l.* — *du Cap.* or. ♄

maurocenia *l.* — *à feuill. convexes.* cap , or. ♄

xylocarpa *vent.* — *à fruit osseux.* Antilles, s. ch. ♄

ILEX — *HOUX*

aquifolium *l.* — *commun.* F. ♄ (écon., orn.)

— crassifolium — *— à feuill. épaisses.*

— ferox. — *— hérisson.*

— serratum. — *— en scie.*

— variegatum. — *— panaché.*

balearica. — *de Mahon.* ♄ (orn.)

maderiensis *Lmk.* 〳
perado *H. K.* 〵 — *de Madère.* or. ♄

cassine *l.* — *à feuill. de laurier.* caroline, or. ♄

— angustifolia. — *— à feuill. étroites.*

æstivalis *Lmk.* 〳
prinoïdes *H. K.* 〵 — *à feuill. de prinos.* carol., or. ♄

vomitoria *H. K.* 〳
cassine peragua *l.* 〵 — *purgatif , apalachine.* Floride, or. ♄

canadensis *Mich.* — *de Canada.* ♄

PRINOS — *PRINOS*

verticillatus *l.* — *verticillé.* Am. s. ♄

glaber *l.* — *lisse.* Am. s. ♄

III. Stamina petalis opposita , fructus drupaceus. — III. Étamines opposées aux pétales , un drupe.

RHAMNUS. — *NERPRUN.*

1. *Spinosi.* — 1. Tige épineuse.

catharticus *l.* — *purgatif.* F. ♄ (arts, méd.)

infectorius *l.* — *graine d'Avignon.* F. m. ♄ (arts.)

26

theezans *l.*	*de Chine.* or. ♄
lycioïdes *l.*	*à feuill. linéaires.* F. m., or. ♄
buxifolius *l.*	*à feuill. de buis.* ESP., or. ♄
oleoïdes *l.*	*à feuill. d'olivier.* ESP., or. ♄
saxatilis *l.*	*des rochers.* F., Alpes. ♄
erythroxylum *Pallas.*	*à longues feuill.* sibérie. ♄

2. *Inermes.*	2. Tige sans épines.
frangula *l.*	*bourgene.* F. ♄ (arts.)
colubrinus *l.*	*ferrugineux.* Am. m., s. ch. ♄
hybridus *l'her.* ⎫	
burgundiacus *H. P.* ⎭	*hybride.* ♄
alpinus *l.*	*des Alpes.* F. ♄
alnifolius *l'her.*	*à feuill. d'aune.* Am. s. ♄
pumilus *l.*	*nain.* F., Alpes. ♄
glandulosus *H. K.*	*glanduleux.* canaries, or. ♄
ellipticus *H. K.* ⎫	
ceanothus reclinatus *l'Her.* ⎭	*elliptique.* Am. m., s. ch. ♄
alaternus *l.*	*alaterne.* F. m. ♄ (orn.)
— angustifolius.	— *à feuill. étroites.*
— hispanicus.	— *d'Espagne.*
— rotundifolius.	— *de Mahon.*
— variegatus.	*panaché.* (orn.)

ZIZYPHUS (*Rhamnus* L.)	*JUJUBIER*
sinensis *Lmk.*	*de Chine.* or. ♄
inguanea *Lmk.*	*croc-de-chien.* Am. m., s. ch. ♄
lotus *l.*	*des lotophages.* TUNIS, or. ♄ (écon.)
sativa.	*cultivé.* orient. ♄ (écon., méd.)
spina-christi *l.*	*napéca.* Égypte, s. ch. ♄ (écon.)
volubilis *l. f.*	*sarmenteux.* Am. s. ♄

PALIURUS (*Rhamnus* L.)	*PALIURUS*
aculeatus.	*épineux.* F. m. ♄

IV. *Stamina petalis opposita , fructus tricoccus.*   IV. Étamines opposées aux pétales, fruit à trois coques.

COLLETIA	*COLLÉTIA*
obcordata *vent.*	*à feuill. en cœur.* PÉROU, or. ♄

CEANOTHUS	*CÉANOTHUS*
africanus *l.*	*d'Afrique.* cap, or. ♄
microphyllus *Mich.*	*à petites feuill.* Am. s. ♄
americanus *l.*	*d'Amérique.* Am. s. ♄
discolor *vent.*	*de deux couleurs.* N. HOLL., or. ♄

PHYLICA	*PHYLICA*
ericoïdes *l.*	*bruyère du Cap.* or. ♄ (orn.)
axillaris *Lmk.*	*axillaire.* cap, or. ♄
plumosa *l.*	*plumeux.* cap, or. ♄

pubescens *H. K.*	pubescent. cap, or, ♄
buxifolia *L.*	à feuill. de buis, cap, or, ♄
cordifolia *Lmk.*	à feuill. en cœur, cap, or, ♄
myrtifolia *Lmk.*	à feuill. de myrte, cap, or, ♄
ledifolia.	à feuill. de lédum. cap, or, ♄
thymifolia *vent.*	à feuill. de thym. N. HOLL., or, ♄

Genera Rhamnis affinia. — Genres qui ont de l'affinité avec les Nerpruns.

BRUNIA	BRUNIA
lanuginosa *L.*	lanugineux. cap, or. ♄
LASIOPETALUM *smith.*	*LASIOPÉTALUM*
ferrugineum *smith.*	ferrugineux. BOTANY-BAY, or. ♄
GOUANIA	GOUANIA
domingensis *L.*	de Saint-Domingue. s. ch. ♄
mauritiana *Lmk.*	de l'Ile-de-France. s. ch. ♄
integrifolia *Lmk.*	à feuill. entières. s. ch. ♄
AUCUBA *Thunb.*	*AUCUBA*
japonica *Thunb.*	du Japon. or. ♄

CLASSIS XV.

DICOTYLEDONES

APETALÆ.

(*Stamina idiogyna.*)

ORDO I.

EUPHORBIÆ.

I. Styli plures definiti, sæpius tres.

MERCURIALIS	*MERCURIALE*
perennis *L.*	vivace. F. ♃
annua *L.*	annuelle. F. ☉ (méd.)
tomentosa *L.*	cotonneuse. F. m. ♄
elliptica *Lmk.*	elliptique. portugal. or. ♄
EUPHORBIA.	*EUPHORBE.*

1. *Herbaceæ, umbellâ bifidâ aut nulla.*

hypericifolia *L.*	à feuill. d'hypericum. inde. ☉
maculata *Jacq.*	taché. AM. s. ☉
picta *Jacq.*	panaché. s. ch. ♃

CLASSE XV.

DICOTYLEDONS

SANS PÉTALES.

(Fleurs unisexuelles.)

ORDRE I.

LES EUPHORBES.

I. Styles en nombre défini, ordinairement trois.

1. Tige herbacée, ombelle bifide ou nulle.

pilulifera *L.* }
capitata *Lmk.* }   à globules. inde. ☉

thymifolia *L.*   à feuill. de thym. inde. ☉

canescens *L.*   blanchâtre. esp. ☉

chamæsyce *L.*   chamesycé. f. m. ☉

peplis *L.*   péplis. f. m. ☉

prunifolia *Jacq.*   à feuill. de prunier. ☉

2. *Herbaceæ, umbella trifida.*   2. Tige herbacée, ombelle à trois rayons.

peplus *L.*   péplus. f. ☉

falcata *L.*   falciforme. f. ☉

exigua *L.*   menu. f. ☉

3. *Herbaceæ, umbella quadrifida.*   3. Tige herbacée, ombelle à quatre rayons.

lathyris *L.*   épurge. f. ♂ (méd.)

4. *Herbaceæ, umbella quinquefida.*   4. Tige herbacée, ombelle à cinq rayons.

purpurata *Thuil.*   purpurin. f. ☉

alepica *L.*   d'Alep. syrie, or. ♃

segetalis *L.*   des blés. f. ☉

helioscopia *L.*   réveille-matin. f. ☉

serrata *L.*   en scie. f. ♃

verrucosa *L.*   tuberculeux. f. ♃

platiphyllos *L.*   à feuill. larges. f. ☉

buplevroïdes *Desf.*   à feuill. de buplèvre. barbarie, or. ♃

orientalis *L.*   d'Orient. ♃

hyberna *L.*   à feuill. de lauréole. f. ♃

sylvatica *L.*   des bois. f. ♃

5. *Herbaceæ, umbella multifida.*   5. Tige herbacée, ombelle à plus de cinq rayons.

illirica *Lmk.* }
an pilosa *L.?* }   de Dalmatie. ♃

linariæfolia *Lmk.*   à feuill. de linaire. f. ♃

pinifolia *Lmk.*   à feuill. de pin. f. ♃

cyparissias *L.*   petit cyprès. f. ♃

palustris *L.*   des marais. f. ♃

myrsinites *L.*   myrsinités. f. m. ♃

6. *Caulibus suffruticosis aut fruticosis.*   6. Tige ligneuse ou presque ligneuse.

characias *L.*   à fleurs brunes. f. m. ♄

paralias *L.*   maritime. f. ♄

pithyusa *L.*   à feuill. de genévrier. f. ♄

spinosa *L.*   piquant. f. m., or. ♄

mauritanica *L.*   de Mauritanie. or. ♄

virgata.
mauritanica *Lmk.* }   effilé. afr., or. ♄

dendroïdes *L.*   en arbre. barbarie, or. ♄

longifolia *Lmk.* }   *mellifère.* canaries, or. ♄
mellifera *H. K.* }

linearis *Retz.*   *linéaire.* Antilles, s. ch. ♄

cotinifolia *L.*   *à feuill. de fustet.* Am. m., s. ch. ♄

verticillata.   *verticillé.* Am. m., s. ch. ♄

heterophylla *L.*   *à feuill. variables.* Am. m., s. ch. ♄

7. *Carnosæ inermes.*
7. Tige charnue sans épines.

tithymaloïdes *L.* }   *à feuill. ovales.* Am. m., s. ch. ♄
myrtifolia *Lmk.* }

lophogona *Lmk.*   *à crétes.* Madagascar, s. ch. ♄

caput-medusæ *L.*   *tête-de-Méduse.* cap, s. ch. ♄

tridentata *Lmk.* }   *à trois dents.* cap, s. ch. ♄
anacantha *H. K.* }

meloformis *H. K.*   *melon.* cap, s. ch. ♄

8. *Carnosæ aculeatæ.*
8. Tige charnue garnie d'épines.

uncinata *Dec.*   *à crochets.* s. ch. ♄

canariensis *L.*   *des Canaries.* s. ch. ♄

hystrix *Jacq.* }   *hérissé.* cap, s. ch. ♄
loricata *Lmk.* }

neriifolia *L.*   *à feuill. de nérium.* inde, s. ch. ♄

officinarum *L.*   *des boutiques.* cap, s. ch. ♄

PHYLLANTHUS.   *PHYLLANTHUS.*

1. *Fruticosæ.*
1. Tige ligneuse.

grandifolia *L.*   *à grandes feuill.* Am. m., s. ch. ♄

brasiliensis *Poiret.*   *du Brésil,* ou *bois à enivrer.* s. ch. ♄

reticulata *Poiret.*   *à réseau.* île de F., s. ch. ♄

2. *Herbaceæ.*
2. Tige herbacée.

ninuri *L.*   *ninuri.* inde. ☉
caroliniensis *Mich.*   *de Caroline.*

KIRGANELIA *Juss.*   *KIRGANELIA*
phyllanthoïdes.   *à feuill. de phyllanthus.* île de F., s. ch. ♄

XYLOPHYLLA   *XYLOPHYLLA*
falcata *Swartz.*   *falciforme.* Am. m., s. ch. ♄
angustifolia *Swartz.*   *à feuill. étroites.* Am. m., s. ch. ♄
latifolia *Swartz.*   *à feuill. larges.* Am. m., s. ch. ♄
ramiflora *H. K.*   *à fleurs axillaires.* sibérie. ♄

KIGGELLARIA   *KIGGELLARIA*
africana *L.*   *d'Afrique.* cap, or. ♄

CLUTIA	*CLUTIA*
pulchella *L.*	*élégant.* cap, or. ♄
alaternoïdes *L.*	*à feuill. d'alaterne.* cap, or. ♄
ANDRACHNE	*ANDRACHNÉ*
telephioïdes *L.*	*couché.* orient. ♂
AGYNEJA	*AGINÉJA*
impubes *L.*	*glabre.* chine. ☉
BUXUS	*BUIS*
sempervirens *L.*	*toujours vert.* F. ♄ (arts, orn.)
— suffruticosa.	— *nain.*
— angustifolia.	— *à feuill. étroites.*
balearica *Lmk.*	*de Mahon.* ♄
ADELIA	*ADÉLIA*
acitodon *L.*?	*acitodon.* Am. m., or. ♄
RICINUS	*RICIN*
communis *L.*	*commun.* Barbarie. ♄ (méd., écon., orn.)
— rutilans.	— *pourpre.*
inermis *Jacq.*	*à fruit lisse.* inde, s. ch. ♄
JATROPHA	*JATROPHA*
curcas *L.*	*pignon d'Inde.* s. ch. ♄ (méd.)
multifida *L.*	*lacinié.* Am. m., s. ch. ♄
napæifolia *Desrouss.*	*à feuill. de napæa.* Am. m., s. ch. ♄
manihot *L.*	*manioc.* Am. m., s. ch. ♄ (alim.)
gossypiifolia *L.*	*à feuill. de cotonnier.* Am. m., s. ch. ♄
acuminata *Lmk.* ⎱	*à feuill. pointues.* Am. m., s. ch. ♄
panduræfolia *Andr.* ⎰	
ALEURITES *Forst.*	*ALEURITÈS*
moluccana. ⎱	*noix de Bancoul.* inde, s. ch. ♄
croton moluccanum *L.* ⎰	
CROTON.	*CROTON.*
1. *Fruticosa.*	1. Tige ligneuse.
sebiferum *L.*	*arbre à suif.* inde, s. ch. ♄ (écon.)
penicillatum *Vent.* ⎱	*pénicillé.* île de cuba, s. ch. ♄
ciliato-glanduliferum *Ortéga.* ⎰	
punctatum *Jacq.*	*ponctué.* Am. m., s. ch. ♄
balsamiferum *L.*	*balsamique.* Am. m., s. ch. ♄
lacerum.	*lacéré.* s. ch. ♄
2. *Herbacea.*	2. Tige herbacée.
dioïcum *Cav.*	*dioïque.*
argenteum *L.*	*argenté.* Am. m. ☉

tinctorium *L.*	*des teinturiers, ou tournesol.* F. m. ⊙
lobatum *L.*	*lobé.* Am. m., s. ch. ♂
ACALYPHA	*ACALYPHA*
virginica *L.*	*de Virginie.* ⊙
alopecuroïdea *Jacq.*	*queue-de-renard.* ⊙

II. *Stylus unicus.*   II. Un seul style.

TRAGIA	*TRAGIA*
volubilis *L.*	*sarmenteux.* inde, s. ch. ♄
involucrata *L.*	*à involucre.* inde, s. ch. ♄
plumosa.	*plumeux.* Am. m., s. ch. ♄
SAPIUM	*SAPIUM*
laurocerasum.	*à feuill. de laurier - cerise.* Am. m., s. ch. ♄
HIPPOMANE	*MANCENILLIER*
mancinella *L.*	*vénéneux.* Am. m., s. ch. ♄
HURA	*SABLIER*
crepitans *L.*	*élastique.* Am. m., s. ch. ♄
DALECHAMPIA	*DALECHAMPIA*
villosa *Lmk.* } scandens *L.* }	*sarmenteux.* Am. m. ⊙

ORDO II.

CUCURBITACEÆ.

ORDRE II.

LES CUCURBITACÉES.

SICYOS	*SICYOS*
angulata *L.*	*anguleux.* Am. s. ⊙
BRYONIA	*BRYONE*
dioica *Jacq.*	*dioïque.* F. ♃ (méd.)
africana *L.*	*d'Afrique.* cap, or. ♃
laciniosa *L.*	*laciniée.* ceylan, s. ch. ♃
abyssinica *Lmk.*	*d'Abyssinie.* s. ch. ♃
pubescens.	*pubescente.* s. ch. ♃
MELOTHRIA	*MÉLOTRIA*
pendula *L.*	*à fruit pendant.* Am. s. ⊙
MOMORDICA	*MOMORDICA*
pedata *L.*	*en pédale.* Pérou. ⊙
luffa *L.*	*luffa.* ceylan. ⊙
balsamina *L.*	*balsamine.* inde. ⊙
elaterium *L.*	*concombre sauvage.* F. m. ⊙
CUCUMIS	*CONCOMBRE*
colocynthis *L.*	*coloquinte.* Barb. ⊙ (méd.)

prophetarum *l.*	*des prophètes.* Arabie. ☉
anguria *l.*	*d'Amérique.* ☉
acutangulus *l.*	*à angles aigus.* inde. ☉
lineatus *bosc.*	*strié.* cayenne. ☉
melo *l.*	*melon.* Asie. ☉ (alim., méd.)
— saccharinus.	— *brodé.*
— cantalou.	— *cantalou.*
— viridis.	— *vert.*
chate *l.*	*abdelaoui.* Égypte. ☉
dudaïm *l.*	*orange.* Afr. s. ☉
sativus *l.*	*commun.* orient. ☉ (alim.)
— minor.	— *cornichon.*
flexuosus *l.*	*serpentin.* inde. ☉
CUCURBITA	*COURGE*
leucantha *Duchêne.*	*à fleurs blanches.* Am. m. ☉
— lagenaria.	— *cougourde.*
— latior.	— *gourde.*
— pyrotecha.	— *poire à poudre.*
— longa.	— *calebasse.*
pepo *l.*	*pepon.* ☉ (alim.)
— luteus.	— *potiron.*
— viridis.	— *vert.*
melopepo *l.*	*mélopepon* ☉ (alim.)
— verrucosus.	— *tuberculeux.*
— aurantiiformis.	— *orange.*
— pyriformis.	— *pyriforme.*
— clypeatus.	— *bonnet d'électeur.*
— radiatus.	— *artichaut.*
citrullus *l.*	*pasteque.* orient. ☉ (alim.)
TRICHOSANTHES	*TRICHOSANTHÈS*
anguina *l.*	*anguina.* chine. ☉

Genera cucurbitaceis affinia.	Genres qui ont de l'affinité avec les Cucurbitacées.
PASSIFLORA.	*GRENADILLE.*
1. *Foliis simplicibus.*	1. Feuilles simples.
maliformis *l.*	*à gros fruit.* Am. m., s. ch. ♄
laurifolia *l.*	*à feuill. de laurier.* Am. m., s. ch. ♄
quadrangularis *l.*	*quadrangulaire.* Am. m., s. ch. ♄
serratifolia *l.*	*à feuill. en scie,* Am. m., s. ch. ♄
2. *Foliis bilobis.*	2. Feuilles bilobées.
rubra *l.*	*rouge.* Am. m., s. ch. ♄
biflora *Lmk.*	*à deux fleurs.* Am. m., s. ch. ♄

3. *Foliis trilobis.*	3. Feuilles trilobées.
punctata *L.*	*ponctuée.* pérou, s. ch. ♄
lutea *L.*	*jaune.* virginie, or. ♄
suberosa *L.*	*fongueuse.* am. m., s. ch. ♄
minima *L.*	*à petites fleurs.* am. m., s. ch. ♄
heterophylla *H. K.*	*à feuill. variables.* am. m., s. ch. ♄
longifolia *Lmk.*	*à longues feuilles.* am. m., s. ch. ♄
holosericea *L.*	*veloutée.* mexique, s. ch. ♄
peltata *cav.*	*en bouclier.* am. m., s. ch. ♄
fœtida *L.*	*fétide.* am. m. ☉
incarnata *L.*	*incarnate.* am. m., s. ch. ♄
4. *Foliis multilobis.*	4. Feuilles à plus de trois lobes.
cœrulea *L.*	*bleue.* brésil, or. ♄ (orn.)
CARICA	*PAPAYER*
papaya *L.*	*commun.* am. m., s. ch. ♄ (écon., méd.)
monoïca *Desf.*	*monoïque.* s. ch. ♄

ORDO III.

URTICÆ.

I. Flores in communi involucro monophyllo reconditi.

FICUS	*FIGUIER*
carica *L.*	*cultivé.* f. m. ♄ (écon.)
— violacea.	— *violet.*
mauritiana *Lmk.*	*de l'Ile-de-France.* s. ch. ♄
scabra *Jacq.*	*à feuill. rudes.* inde, s. ch. ♄
macrophylla.	*à grandes feuill.* n. holl., or. ♄
laurifolia *Lmk.*	*à feuill. de laurier.* am. m., s. ch. ♄
citrifolia *Lmk.*	*à feuill. de citronier.* am. m., s. ch. ♄
crassinervia.	*à grosses nervures.* am. m., s. ch. ♄
benghalensis *L.*	*du Bengale.* s. ch. ♄
rubiginosa.	*rouillé.* n. holl., or. ♄
populifolia.	*à feuill. de peuplier.* am. m., s. ch. ♄
religiosa *L.*	*des pagodes.* inde, s. ch. ♄
racemosa *L.*	*à grappes.* inde, s. ch. ♄
glaucophylla.	*glauque.* s. ch. ♄
arbutifolia *Lmk.* }	*à feuill. d'arbousier.* am. m., s. ch. ♄
pertusa *L. f.* }	

ORDRE III.

LES ORTIES.

I. Fleurs renfermées dans un involucre monophylle.

pumila *L.*   *réticulé.* chine , s. ch. ♄

benjamina *L.*   *à feuill. striées.* inde ; s.ch. ♄

scandens *Link.*   *sarmenteux.* Am. m. , s.ch. ♄

Dorsténia   **Dorsténia**

contrayerva *L.*   *contrayerva.* Am. m., s.ch. ♃
(méd.)

II. Flores receptaculo communi multifloro impositi , aut squamis involucrantibus capitati , aut distincti sparsi.

II. Fleurs sur un réceptacle commun , ou réunies en une tête accompagnée d'écailles , ou bien distinctes et éparses.

Cecropia   **Cécropia**

peltata *L.*   *en bouclier.* Am.m., s.ch. ♄

Artocarpus   **Jaquier**

incisa *L.*   *arbre à pain.* Taïti , s. ch. ♄
(alim.)

integrifolia *L.*   *à feuill. entières.* Am.m., s.ch. ♄

Morus   **Murier**

alba *L.*   *blanc.* Asie min. ♄ (écon.)

italica *Lmk.*   *d'Italie.* ♄ (écon.)

constantinopolitana.   *de Constantinople.* ♄ (écon.)

nigra *L.*   *noir.* Asie min. ♄ (écon.)

rubra *L.*   *rouge.* Am. s. ♄ (écon.)

Broussonetia   **Broussonétia**

papyrifera *l'Her.* ⎫   *mûrier à papier.* chine. ♄

morus papyrifera *L.* ⎭   (orn., écon.)

Urtica.   **Ortie.**

1. *Foliis alternis.*   1. Feuilles alternes.

baccifera *L.*   *baccifère.* Am.m., s.ch. ♄

nivea *L.*   *cotonneuse.* inde , or. ♄

canadensis *L.*   *de Canada.* ♃

pumila *L.*   *naine.* Am. s. ♃

2. *Foliis oppositis.*   2. Feuilles opposées.

cylindrica *L.*   *cylindrique.* Am. s. ♃

cannabina *L.*   *de Sibérie.* ♃ (écon.)

dioïca *L.*   *dioïque.* F. ♃

urens *L.*   *grièche.* F: ☉

pilulifera *L.*   *à globules.* F. m. ☉

dodartii *L.*   *de Dodart.* ☉

Forskalea   **Forskaléa**

tenacissima *L.*   *à larges feuill.* barbarie. ☉

angustifolia *Retz.*   *à feuill. étroites.* Afr. ☉

Parietaria   **Pariétaire**

officinalis *L.*   *officinale.* F. ♃ (méd.)

judaïca *l.*   *de Indée.* f. ♃
lusitanica *l.*   *de Portugal.* ☉
cretica *l.*   *de Crète.* ♃
arborea *l'Her.*   ⎫
urtica arborea *l. f.* ⎭   *en arbre.* canaries, or. ♄

Humulus   *Houblon*
lupulus *l.*   *cultivé.* f. ♃ (écon.)

Cannabis   *Chanvre*
sativa *l.*   *cultivé.* inde. ☉ (écon.)

Theligonum   *Théligonum*
cynocrambre *l.*   *cynocrambé.* f. ☉

Datisca   *Datisca*
cannabina *l.*   *chanvre de Crète.* orient. ♃

Genera Urticis affinia.   Genres qui ont de l'affinité avec les Orties.

Piper   *Poivre*
medium *jacq.*   *moyen.* am. m., s. ch. ♄
cuneifolium *jacq.*   *cunéiforme.* am. m., s. ch. ♄
magnoliæfolium *jacq.*   *à feuill. de magnolia.* am. m., s. ch. ♄

obtusifolium *l.*   *à feuilles obtuses.* am. m., s. ch. ♃

blandum *jacq.*   *à longs épis.* am. m., s. ch. ♃
acuminatum *l.*   *pointu.* am. m., s. ch. ♃
pellucidum *l.*   *luisant.* am. m., s. ch. ☉
rhomboïdale.   *rhomboïdal.* s. ch. ♃
nitens.   *vernissé.* s. ch. ♃
pulchellum *h. k.*   *élégant.* am. m., s. ch. ♃

Iva   *Iva*
frutescens *l.*   *arbrisseau.* virginie, or. ♄

Ambrosia   *Ambroisie*
bidentata *mich.*   *à deux dents.* am. s. ♃
artemisiæfolia *lmk.*   *à feuill. d'armoise.* am. s. ♃
maritima *l.*   *maritime.* f. ♃
trifida *l.*   *à trois lobes.* am. s. ☉
arborescens *lmk.*   ⎫
xanthium fruticosum *l. f.* ⎬   *en arbre.* pérou, or. ♄
franseria ambrosioïdes *cav.* ⎭

Xanthium   *Lampourde*
strumarium *l.*   *commune.* f. ☉
orientale *l.*   *d'orient.* ☉
spinosum *l.*   *épineuse.* f. m. ☉

ORDO IV.

ᵥ*AMENTACEÆ.*

I. *Flores hermaphroditi.*

FOTHERGILLA
  alnifolia *L. f.*
  — lanceolata.

ULMUS
  campestris *L.*
  — latifolia.
  — suberosa.
  pedunculata *Foug.* ⎫
  effusa *wild.* ⎭
  americana *L.*
  tomentosa.
  pumila *L.*
  chinensis.
  crenata *H. P.* ⎫
  polygama *poiret.* ⎬
  rhamnus carpinifolius *pallas.* ⎭

II. *Flores diclines.*

CELTIS
  australis *L.*
  occidentalis *L.*
  cordata *H. P.* ⎫
  crassifolia *Lmk.* ⎭
  tournefortii *Lmk.*

SALIX
  helix *L.*
  purpurea *L.*
  vitellina *L.*
  alba *L.*
  pentandra *L.*
  triandra *L.*
  babylonica *L.*
  viminalis *L.*
  amygdalina *L.*
  hastata *L.*
  aurita *L.*
  capræa *L.*
  — ulmifolia.
  glauca *L.*
  incubacea *L.*
  arenaria *L.*

ORDRE IV.

LES AMENTACÉES.

I. Fleurs hermaphrodites.

FOTHERGILLA
  à feuill. d'aune. Am. s. ♄
  — *lancéolé.*

ORME
  champêtre. F. ♄ (arts.)
  — *à larges feuilles.*
  — *fongueux.*
  à longs pédoncules. F. ♄
  d'Amérique. Am. s. ♄
  cotonneux. Am. s. ♄
  nain. sibérie. ♄
  de Chine. or. ♄

  crénelé. sibérie. ♄

II. Fleurs unisexuelles.

MICOUCOULIER
  de Provence. ♄ (arts, orn.)
  de Virginie. ♄ (arts, orn.)
  à feuill. en cœur. Am. s. ♄
    (arts, orn.)
  de Tournefort. orient. ♄

SAULE
  hélix. F. ♄
  osier rouge. F. ♄ (écon.)
  osier jaune. F. ♄ (écon.)
  blanc. F. ♄ (écon.)
  à cinq étamines. F. ♄
  à trois étamines. F. ♄
  de Babylone. orient. ♄ (orn.)
  à longues feuill. F. ♄ (écon.)
  à feuill. d'amandier. F. ♄
  hasté. F. ♄
  auriculé. F. ♄
  marceau. F. ♄
  — *à feuill. d'orme.*
  glauque. F. ♄
  des dunes. F. ♄
  des sables. F. ♄

lapponum l.   de Laponie. f., Alpes. ♄
lanata l.   laineux. f., Alpes. ♄
myrsinites l.   myrsinités. f. ♄
retusa l.   émoussé. f., Alpes. ♄
reticulata l.   réticulé. f., Alpes. ♄
herbacea l.   herbacé. f., Alpes. ♄

POPULUS   PEUPLIER
  alba l.   blanc. f. ♄ (orn.)
  — grisea.   — grisaille.
  tremula l.   tremble. f. ♄
  tremuloïdes mich.   faux tremble. am. s. ♄
  græca h. k.   d'Athènes. orient. ♄ (orn.)
  fastigiata.   }
  dilatata h. k.   }   d'Italie. ♄ (orn.)
  nigra l.   noir. f. ♄
  monilifera h. k.   de Canada. ♄ (orn.)
  virginiana l.   suisse. am. s. ♄ (orn.)
  angulata l.   de Caroline. ♄ (orn.)
  heterophylla l.   argenté. am. s. ♄ (orn.)
  balsamifera l.   baumier. am. s. ♄ (méd.)

MYRICA   MYRICA
  gale l.   galé. f. ♄
  cerifera l.   cirier de la Louisiane. ♄
                                          (écon.)
  pensylvanica lmk.   cirier de Pensylvanie. ♄
                                          (écon.)
  cordifolia l.   à feuill. en cœur. cap , or. ♄
  quercifolia l.   à feuill. de chêne. cap., or. ♄
  trifoliata.   }
  rhus suaveolens l.   }   à feuill. ternées. am. s. ♄

BETULA   BOULEAU
  alba l.   blanc. f. ♄ (écon.)
  nigra l.   noir, ou à canots. am. s. ♄
                                          (écon.)
  lenta l.   merisier. am. s. ♄
  nana l.   nain. sibérie. ♄
  pumila l.   à feuill de marceau. am. s. ♄

ALNUS   AUNE
  communis l.   commun. f. ♄ (écon.)
  — laciniata.   — lacinié.
  incana h. k.   blanc. f., Alpes. ♄
  oblongata h. k.   à feuill. oblongues. eur. ♄
  serrulata h. k.   à feuill. en scie. am. s. ♄

CARPINUS   CHARME
  betulus l.   commun. f. ♄ (orn., écon.)
  — quercifolius.   — à feuill. de chêne.

virginiana *mill.* — *de Virginie.* ♭ (écon.)
ostrya *l.* — *houblon.* italie. ♭ (orn.)
orientalis *lmk.* — *d'orient.* ♭ (orn.)

FAGUS — *FAGUS*

castanea *l.* — *châtaignier.* F. ♭ (arts, alim.)
pumila *l.* — *chincapin.* Am.s. ♭ (alim.)
sylvatica *l.* — *hêtre.* F. ♭ (écon.)
purpurea. — *pourpre.* Am. s. ♭ (orn.)

QUERCUS. — *CHÊNE.*

1. *Foliis perennantibus.* — 1. Feuilles persistantes.

phellos *l.* — *à feuill. de saule.* Am. s. ♭
virens *H. K.* — *vert de Caroline.* or. ♭
ilex *l.* — *yeuse.* F. m. ♭ (écon.)
— integrifolia. — — *à feuill. entières.*
— longifolia. — — *à feuill. longues.*
suber *l.* — *liége.* F. m. ♭ (écon.)
ballota *Desf.* — *ballote,* ou *à glands doux.* Barbarie. ♭ (écon.)

coccifera *l.* — *au kermès.* F. m. ♭ (arts.)

2. *Foliis diciduis.* — 2. Feuilles tombantes.

pseudo suber *Desf.* — *faux liége.* Barbarie., or. ♭
rubra *l.* — *rouge.* Am. s. ♭ (écon.)
tinctoria *mich.* — *quercitron.* Am. s. ♭ (arts.)
robur *l.* — *rouvre.* F. ♭ (écon.)
— pedunculata. — — *à longs pédoncules.*
— glomerata. — — *à trochets.*
— villosa. — — *velu.*
fastigiata *lmk.* — *pyramidal,* ou *cyprès.* F., Pyrénées. ♭

cerris *l.* — *cerris.* F. ♭
— haliphæos. — — *de Bourgogne.*
— tomentosa. — — *de l'Angoumois,* ou *taussin.*

ægylops *l.* — *vélani.* orient. ♭ (arts.)
alba *l.* — *blanc.* Am. s. ♭
prinus *mich.* — *à feuill. de châtaigner.* Am.s. ♭
infectoria *olivier.* — *à la noix de galle.* orient. ♭ (écon.)

CORYLUS — *NOISETTIER*
rostrata *H. K.* — *cornu.* Am. s. ♭
avellana *l.* — *commun.* F. ♭ (écon.)
— alba. — — *avelinier blanc.*
— rubra. — — *avelinier rouge.*
colurna *l.* — *de Byzance.* ♭ (écon.)

LIQUIDAMBAR
styraciflua *l.*
imberbe *h. k.*

COPALME
d'*Amérique.* am. s. ♄ (méd.)
d'*orient.* ♄

COMPTONIA *l'her.*
aspleniifolia *l'her.*

COMPTONIA
à *feuill. d'asplénium.* am. s. ♄

PLATANUS
orientalis *l.*
— acerifolia.
occidentalis *l.*

PLATANE
d'*orient.* ♄ (orn.)
— à *feuill. d'érable.*
d'*occident.* am. s. ♄ (orn.)

ORDO V.

CONIFERÆ.

I. Calix staminifer.

ORDRE V.

LES CONIFÈRES.

I. Calice renfermant les étamines.

EPHEDRA
monostachia *l.*
distachia *l.*
altissima *desf.*

EPHÉDRA
à *un épi.* sibérie. ♄
à *deux épis.* f. ♄
élevé. barbarie, or. ♄

CASUARINA
equisetifolia *l. f.*
torulosa *h. k.*
stricta *h. k.*

CASUARINA
à *feuill. de prêle.* inde, s.ch. ♄
tuberculeux. n. holl., or. ♄
ramassé. n. holl., or. ♄

TAXUS
baccata *l.*

IF
commun. f., Alpes. ♄

II. Calix nullus, squamæ staminiferæ.

II. Calice nul, écailles staminifères.

PODOCARPUS
elongata *l'her.*
taxus elongata *h. k.* }

PODOCARPUS
allongé. cap, or. ♄

JUNIPERUS
communis *l.*
— suecica.
oxycedrus *l.*
drupacea *bill.*
bermudiana *l.*
virginiana *l.*
phœnicea *l.*
sabina mas *c. b.*
sabina fœmina *c. b.*
thurifera *h. k.*
prostrata *mich.*

GENÉVRIER
commun. f. ♄ (écon.)
— *de Suède.*
cade. f. ♄ (écon.)
à *gros fruit.* syrie, or. ♄
des Bermudes. ♄
de Virginie. ♄ (orn.)
de Phénicie. f.m. ♄ (orn.)
sabine mâle. f. ♄ (méd.)
sabine femelle. f. ♄ (méd.)
à *l'encens.* eur. ♄
couché. am. s. ♄

CUPRESSUS	*CYPRÈS*
sempervirens *L.*	*pyramidal.* crète. ♄ (orn.)
— horizontalis.	— *étalé.*
pendula *l'Her.* ⎫	
lusitanica *Mill.* ⎭	*pendant.* GOA, or. ♄
disticha *L.*	*chauve.* AM. S. ♄ (écon.)
thuyoïdes *L.*	*faux thuya.* AM. S. ♄
juniperoïdes *L.*	*faux genévrier.* cap, or. ♄
THUYA	*THUYA*
occidentalis *L.*	*d'occident.* AM. S. ♄ (orn.)
orientalis *L.*	*de la Chine.* ♄ (orn.)
articulata *Vahl.*	*articulé.* BARBARIE, or. ♄
PINUS	*PIN*
sylvestris *L.*	*de Genève.* F. ♄ (écon.)
— rubra.	— *rouge d'Ecosse.*
laricio. ⎫	*laricio.* corse. ♄ (écon.)
pinaster *H. K.?* ⎭	
montana *H. K.*	*mugo.* F., Alpes. ♄
maritima *Lmk.*	*maritime.* F. ♄ (écon.)
pinea *L.*	*à pignons.* F.m. ♄ (écon.)
halepensis *Mill.*	*d'Alep*, ou *de Jérusalem.* F. m., or. ♄
tæda *L.*	*tæda.* AM. S. ♄
echinata *Mill.*	*épineux.* AM. S. ♄
inops *H. K.*	*de Virginie.* ♄
palustris *Mill.*	*de marais.* caroline, or. ♄
strobus *L.*	*de Weimouth.* AM. S. ♄ (orn.)
cembro *L.*	*cembro.* F., Alpes. ♄
ABIES (*Pinus L.*)	*SAPIN*
taxifolia. ⎫	*argenté.* F. ♄ (écon.)
pinus picea *L.* ⎭	
balsamea *L.*	*baumier de Gilead.* AM. S. ♄
canadensis *L.*	*hemlock - spruce.* AM. S. ♄ (écon.)
nigra *H. K.*	*épinette noire.* AM. S. ♄
alba *H. K.*	*épinette blanche.* AM. S. ♄
picea. ⎫	*épicia.* F., Alpes. ♄ (écon.)
pinus abies *L.* ⎭	
LARIX (*Pinus L.*)	*MÉLÈZE*
europæa *L.*	*d'Europe.* F., Alpes. ♄ (écon.)
americana. *Mich.*	*d'Amérique.* ♄
cedrus *L.*	*cèdre du Liban.* ASIE min. ♄ (orn., écon.)

GENERA INCERTAE SEDIS.	GENRES NON CLASSÉS.
ARDISIA *swartz* (*Badula* JUSS.) crenulata *vent.*	ARDISIA crènelé. AM. m., s. ch. ♄
CHLORANTHUS *l'Her.* inconspicuus *l'Her.*	CHLORANTHUS à petites fleurs. chine, s. ch. ♄
AZIMA *Lmk.* tetracantha *Lmk.* monetia barlerioïdes *l'Her.* }	AZIMA à quatre épines. inde, s. ch. ♄
MONOTROPA hypopithys *L.*	MONOTROPA hypopitys. F. ♃
DIONÆA muscipula *L.*	DIONÉE gobe-mouche. caroline, or. ♃
EUCLEA racemosa *L.*	EUCLÉA à grappes. cap, or. ♄
ARISTOTELIA *l'Her.* maqui *l'Her.*	ARISTOTÉLIA maqui. chili, or. ♄
SARRACENIA purpurea *L.* flava *L.*	SARRACÉNIA pourpre. AM. s. ♃ jaune. AM. s. ♃
BEGONIA nitida *H. K.* obliqua *l'Her.* minor *Jacq.* purpurea *swartz.* } hirsuta *Aublet.*	BÉGONIA luisant. Antilles, s. ch. ♃ hérissé. cayenne, s. ch. ♃
SAMYDA serrulata *swartz.*	SAMYDA à feuill. en scie. AM. m., s. ch. ♄
CORIARIA myrtifolia *L.*	REDOUL à feuill. de myrte. F. m. ♄
PANDANUS odoratissimus *L. f.*	VACOUA odorant. s. ch. ♄
BILLARDIERA. scandens *smith.*	BILLARDIÉRA. sarmenteux. N. HOLL., s. ch. ♄
VISNEA mocanera *L. f.*	VISNÉA mocanéra. canaries, or. ♄

APPENDIX.	APPENDIX.

POLYPODIUM
decompositum.

POLYPODE
décomposé. N. Holl., or. ♃

ARUM
seguinum L.

ARUM
vénéneux. Am. m., s. ch. ♄

POTHOS
cordata L.
lanceolata L.

POTHOS
en cœur. Am. m., s. ch. ♃
lancéolé. Am. m., s. ch. ♃

CINNA
arundinacea L.

CINNA
roseau. Am. s. ♃

PANICUM
miliaceum L.
— nigrum.

PANIS
millet. inde ☉ (écon.)
— noir.

AGROSTIS
serotina L. mant.
festuca serotina L. sp. }

AGROSTIS
d'automne. F. m. ♃

FESTUCA
alopecuros rahl.
phleoïdes Desf.
macrostachya.

FESTUCA
plumeux. Barbarie, or. ♃
à épis. F. ☉
à grands épis. ♃

POA
glomerata.

POA
aggloméré. inde. ♃

ERHARTA
panicea smith.
erecta Lmk. }
stipoïdes Bill.

ERHARTA
à fleurs de panis. cap, or. ♃
à fleurs de stipa. N. Holl., or. ♃

SMILAX
oblongata swartz.

dulcis.

SMILAX
à feuill. oblongues. Am. m.,
s. ch. ♄
sucré. N. Holl., or. ♄

RAJANIA
cordata L.

RAJANIA
en cœur. Am. m., s. ch. ♄

COMMELINA
benghalensis L.

COMMELINE
du Bengale. s. ch. ♃

TRADESCANTIA
cristata Jacq.
commelina cristata L. }

ÉPHÉMÈRE
à crêtes. ceylan, s. ch. ♃

YUCCA
boscii.

YUCCA
de Bosc. s. ch. ♄

BULBOCODIUM
   vernum L.

BULBOCODE
   printanier. F. ♃

PANCRATIUM
   amœnum *salisb.*

PANCRATIUM
   élégant. Guyane, s. ch. ♃

HELICONIA
   humilis *Jacq.*

HÉLICONIA
   à feuill. de balisier. Am. m.,
     s. ch. ♃

ARISTOLOCHIA
   indica L.

ARISTOLOCHE
   des Indes. s. ch. ♄

PASSERINA
   grandiflora L.
   spicata L. f.

PASSÉRINE
   à grandes fleurs. cap, or. ♄
   à épis. cap, or. ♄

BANKSIA
   grandis *wild.*

BANKSIA
   sinué. N. Holl., or. ♄

ATRIPLEX
   albicans *H. K.*

ARROCHE
   blanchâtre. cap, or. ♄

CHENOPODIUM
   incisum.

ANSERINE
   incisée.

ERIOGONUM
   tomentosum *Mich.*

ÉRIOGONUM
   cotonneux. caroline, or. ♃

CELOSIA
   paniculata L.

CÉLOSIA
   paniculé. Am. m., s. ch. ♃

GOMPHRENA
   prostrata.

GOMPHRENA
   couché.

JUSTICIA
   spinosa L.
   nasuta L.
   coccinea L.
   paniculata *vahl.*

JUSTICIA
   épineux. Am. m., s. ch. ♄
   tubuleux. inde, s. ch. ♄
   écarlate. cayenne, s. ch. ♄
   paniculé. inde. ☉

NOTELÆA
   rigida.
   longifolia *vent.*

NOTÉLÆA
   à feuill. coriaces. N. Holl., or. ♄
   à longues feuill. mers du sud,
     or. ♄

MONARDA
   purpurea.

MONARDA
   pourpre. ♃

LAVANDULA
   heterophylla.

LAVANDE
   à feuill. variables. or. ♄

MENTHA
   lavandulæfolia.

MENTHE
   à feuill. de lavande. or. ♃

STACHYS
   scordioïdes.

STACHYS
   à feuill. de scordium. maroc,
     or. ♄

OCYMUM	BASILIC
cochleatum.	en cuiller. ⊙
HORMINUM	HORMIN
caulescens *ortéga.*	*jaune.* mexique, or. ♃
COLUMNEA	COLUMNEA
hirsuta *swartz.*	*hérissé.* am. m., s. ch. ♄
SOLANUM	SOLANUM
subrepandum.	*festonné.* am. m., s. ch. ♄
vespertilio *H. K.*	*vespertilio.* canaries, or. ♄
coagulans *forsk.*	*coagulant.* arabie, s. ch. ♄
argenteum.	*argenté.* s. ch. ♄
POGONIA	POGONIA
debilis *Andr.*	*gréle.* n. holl., or. ♄
CORDIA	CORDIA
patagonula *H. K.*	*des Patagons.* or. ♄
VARRONIA	VARRONIA
mollis.	*velouté.* am. m., s. ch. ♄
TOURNEFORTIA	TOURNEFORTIA
lucida.	*luisant.* am. m., s. ch. ♄
ECHIUM	VIPÉRINE
giganteum *L. f.*	*gigantesque.* canaries, or. ♄
ANCHUSA	BUGLOSE
hispida *Forsk.*	*hérissée.* égypte. ⊙
CYNOGLOSSUM	CYNOGLOSSE
micranthum.	*à petites fleurs.*
CONVOLVULUS	LISERON
scoparius *L. f.*	*effilé.* canaries, or. ♄
TABERNÆMONTANA	TABERNÆMONTANA
angustifolia *H. K.*	*à feuill. étroites.* am. s. ♃
STAPELIA	STAPÉLIA
verrucosa *Masson.*	*tuberculeux.* cap, or. ♄
DIOSPYROS	PLAQUEMINIER
obovata *Jacq.*	*ovale-renversé.* s. ch. ♄
SONCHUS	LAITRON
pinnatus *H. K.*	*penné.* madère, or. ♄
LAGASCA	LAGASCA
mollis *cav.*	*velouté.* la havane. ⊙
CENTAUREA	CENTAURÉE
diffusa *Lmk.*	*étalée.* orient, or. ♃
CONYZA	CONYSE
chrysocomoïdes *Desf.*	*chrysocome.* barbarie, or. ♄

CALENDULA	SOUCI
chrysanthemifolia *vent.*	à feuill. de chrysantême. cap, or. ♄
flaccida *vent.*	rougeâtre. cap, or. ♄
ASTER	ASTER
cymbalariæ *H. K.*	cymbalaire. cap, or. ♄
reflexus *L.*	réflechi. cap, or. ♄
OEDERA	OEDERA
prolifera *L.*	prolifère. cap, or. ♄
SPERMACOCE	SPERMACOCE
rubra *Jacq.*	rouge. ☉
PLOCAMA	PLOCAMA
pendula *H. K.*	fétide. canaries, or. ♄
VAUGUERIA	VAUGUERIA
commersonii.	de Commerson. île de F., s. ch. ♄
APIUM	APIUM
prostratum *Bill.*	couché. N. holl., or. ♃
BUPLEVRUM	BUPLÈVRE
difforme *L.*	difforme. cap, or. ♄
DELPHINIUM	DELPHINIUM
puniceum *L. f.*	ponceau. sibérie. ♃
COSSIGNIA	COSSIGNIA
pinnata *Lmk.*	à feuill. pennées. île de F., s. ch. ♄
ELÆOCARPUS	ELÆOCARPUS
serratus *vahl.*	à feuill. en scie. inde, or. ♄
OXALIS	OXALIS
rubella *Jacq.*	rouge. cap, or. ♃
PAVONIA	PAVONIA
parviflora.	à petites fleurs.
HIBISCUS	HIBISCUS
radiatus *wild.*	rayonné. ☉
macrophyllus.	à grandes feuilles. s. ch. ♄
PELARGONIUM	PELARGONE
abrotanifolium.	à feuill. d'aurone. cap, or. ♄
hirtum *Jacq.*	velu. cap, or. ♄
tenuifolium *l'Her.*	à feuill. menues. cap, or. ♄
rapaceum *H. K.*	à grosses racines. cap, or. ♃
LARREA	LARRÉA
nitida *cav.*	luisant. buénos-Ayres, s. ch. ♄
RUTA	RUE
pinnata *L. f.*	à feuill. pennées. canar., or. ♄

CRASSULA
  calycina.

CRASSULE
  à grand calice. N. HOLL., or. ♃

SEDUM
  sexfidum MARSCH.

SÉDUM
  à six divisions.

LEPTOSPERMUM
  lanigerum.

LEPTOSPERMUM
  laineux. N. HOLL., or. ♄

EUCALYPTUS
  oppositifolia.
  angustifolia.

EUCALYPTUS
  à feuill. opposées. N. HOLL., or. ♄
  à feuill. étroites. N. HOLL., or. ♄

DAVIESIA
  denudata VENT.
  pultenæa juncea WILD.

DAVIÉSIA
  à tiges nues. N. HOLL., or. ♄

MELASTOMA
  cymosa VENT.

MÉLASTOMA
  corymbifère. AM. M., s. ch. ♄

HEDYSARUM
  triquetrum L.
  gangeticum L.

SAINFOIN
  triangulaire. inde, s. ch. ♄
  du Gange. s. ch. ♄

POMADERRIS
  apetala BILL.

POMADERRIS
  apétale. N. HOLL., or. ♄

PITTOSPORUM
  undulatum VENT.
  coriaceum ANDR.

PITTOSPORUM
  ondulé. canaries, or. ♄
  coriace. canaries, or. ♄

BURSERA
  paniculata LMK.

BURSÉRA
  bois de colophane. île de F.,
    s. ch. ♄

LOUREIRIA
  cuneifolia CAV.
  mozinna spathulata ORTEGA.

LOUREIRIA
  cunéiforme. MEXIQUE, s. ch. ♄.

MYRICA
  serrata LMK.

MYRICA
  à feuill. en scie. cap, or. ♄

PLANERA
  ulmifolia MICH.

PLANÉRA
  à feuill. d'orme. AM. s. ♄

CASUARINA
  quadridenta.

CASUARINA
  à quatre dents. N. HOLL., or. ♄

PACHISANDRA
  prostrata MICH.

PACHISANDRA
  couché. AM. s. ♃

BALANOPTERIS
  tothila GÆRTNER.

BALANOPTÉRIS
  tothila. inde, s. ch. ♄

INDEX GENERUM.

A

C

I

M

N

O

P

T

U

V

W

X

Y

Z

De l'Imprimerie de FEUGUERAY, rue Pierre-Sarrazin, n° 7.

www.ingramcontent.com/pod-product-compliance
Lightning Source LLC
Chambersburg PA
CBHW071643200326
41519CB00012BA/2385